图书在版编目（CIP）数据

工程隔振设计指南＝Design Guide for Engineering
Vibration Isolation/徐建主编. —北京：中国建筑工业
出版社，2021.1
ISBN 978-7-112-25656-3

Ⅰ.①工… Ⅱ.①徐… Ⅲ.①建筑工程-隔振-指南
Ⅳ.①TU-62

中国版本图书馆 CIP 数据核字（2020）第 237711 号

本书是根据国家标准《工程隔振设计标准》GB 50463—2019 的修订原则和设
计规定，组织标准主要起草人员编写而成。本书在编写过程中，系统总结了国内
外近年来在工程隔振领域的最新研究成果和工程实践，主要内容包括工程隔振基
本概念、主动隔振、被动隔振、屏障隔振、智能隔振、隔振器与阻尼器等。本书
注重对工程隔振设计标准应用中主要问题的阐述，紧密结合工程实际。本书不仅
是国家标准《工程隔振设计标准》应用的指导教材，也是从事工程隔振技术人员
的重要参考书。

本书可供从事工程隔振的科研、设计、施工、产品开发人员使用。

责任编辑：刘瑞霞　咸大庆
责任校对：党　蕾

工程隔振设计指南
Design Guide for Engineering Vibration Isolation
徐　建　主编

*

中国建筑工业出版社出版、发行（北京海淀三里河路 9 号）
各地新华书店、建筑书店经销
唐山龙达图文制作有限公司制版
北京圣夫亚美印刷有限公司印刷

*

开本：787 毫米×1092 毫米　1/16　印张：19¾　字数：493 千字
2021 年 3 月第一版　　2021 年 3 月第一次印刷
定价：78.00 元
ISBN 978-7-112-25656-3
(36679)

工程隔振设计指南

Design Guide for Engineering Vibration Isolation

徐 建 主编

中国建筑工业出版社

本书编委会

主　编：徐　建
副主编：张同亿
编　委：陈政清　万叶青　尹学军　陈　骝　黎益仁　李　惠
　　　　周建军　杨宜谦　郑建国　张　炜　杨　俭　谭　平
　　　　胡明祎　黄　伟　高星亮　邵晓岩　王伟强　刘鹏辉
　　　　宫海军　王建刚

本书编写分工

第一章：概述
　　　　徐　建　万叶青　尹学军　张同亿
第二章：弹性波的传播与衰减
　　　　万叶青　杨　俭　张翠红　梁希强
第三章：隔振设计基本要求
　　　　徐　建　万叶青　胡明祎　王建宁　董本勇
第四章：隔振参数及固有频率
　　　　徐　建　万叶青　黄　伟　谭　平　王建宁
第五章：主动隔振
　　　　徐　建　万叶青　尹学军　周建军　杨宜谦　黎益仁
　　　　刘鹏辉　高星亮　邵晓岩　王伟强　宫海军　赵远杨
第六章：被动隔振
　　　　徐　建　陈　骝　万叶青　胡明祎　王建刚　曹雪生
第七章：屏障隔振
　　　　郑建国　张　炜　钱春宇
第八章：智能隔振
　　　　李　惠　王　建　黄　伟
第九章：隔振器与阻尼器
　　　　徐　建　陈政清　尹学军　陈　骝　高星亮　胡明祎
　　　　杜建国　陈勤儿　牛华伟　王乾安　兰日清　杜林林

前　言

　　随着我国工业现代化的发展，建筑工程中的振动问题越来越引起人们的重视，振动控制已经成为工业工程建设的关键技术。如果振动控制不当，会影响机器装备的正常工作和使用年限，影响仪器仪表测量精度，影响附近人员的身体健康和舒适性，影响建筑的寿命和安全。

　　为了解决工程建设中振动控制关键技术难题，为装备正常运行提供可靠的振动环境保障，我国从事振动控制研究的科技工作者进行了20多年的联合攻关，在基础性技术理论、工程成套技术、振动控制装备、技术标准体系等方面取得了具有国际先进或领先水平的科研成果，其中《工业工程振动控制关键技术研究与应用》获得国家科技进步二等奖。这些成果的产生，为工程振动控制中的重要技术标准《工程隔振设计标准》的修订奠定了基础。

　　本书主要内容包括：国内外工程隔振技术发展现状，我国工程隔振设计标准编写的原则，弹性波的传播与衰减，隔振设计的基本要求，隔振参数及固有频率，旋转式机器、往复式机器、冲击式机器、城市轨道交通的主动隔振，精密仪器及设备、精密机床等的被动隔振，屏障隔振，智能隔振，隔振器及阻尼器等。其中：城市轨道交通主动隔振，屏障隔振，智能隔振，调谐质量减振器、钢丝绳隔振器、电涡流阻尼器等首次纳入国家标准。

　　在本书编写过程中，得到了中国建筑工业出版社的大力支持，并参考了一些学者的著作和论文；尤其是在编写过程中正值新冠肺炎疫情爆发，各位专家在抗击疫情的同时坚持工作，在此一并致谢。

　　本书不妥之处，请批评指正。

中 国 工 程 院 院 士
中国机械工业集团有限公司首席科学家　徐 建
2020 年 3 月

目　　录

第一章 概　述

第一节　国内外工程隔振技术发展现状

一、隔振技术在工业设备中的应用和发展

随着我国经济和技术的发展，人们对生存环境和身体健康关注度的提高，近十几年来我国振动控制技术的水平有了明显的提高。下面从几个代表性的行业来进行分析和说明。

1. 精密加工和精密测量设备的隔振

随着精密加工和精密测量技术的不断发展，这类设备的应用日益广泛，其精度不断提高，其对工作环境条件也有了更高的防振要求，由过去传统的沙垫层、隔振沟、橡胶垫板等简单的隔振方式，向采用高性能隔振装置的方向发展。在我国，中小型精密磨床和三坐标测量机一般采用直接支承（图 1-1-1），大型精密磨床和大型三坐标测量机一般采用带有基础块的弹性隔振基础（图 1-1-2）并逐渐成为标准配置，同时越来越多的精密加工中心和精密铣床等采用弹性隔振基础。隔振器以可预紧、可调平的钢弹簧隔振器为主，根据需要另外配以黏滞阻尼器。

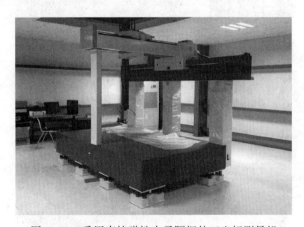

图 1-1-1　采用直接弹性支承隔振的三坐标测量机

目前国内采用弹性基础的最大精密机床基础块长度达 33m，设备重量达 560t，基础块重量达 2300t。最大的三坐标测量机基础块长度达 25.2m。

2. 一般通用设备的隔振

近十几年，我国在电力、钢铁、化工等各行业建设了大批新项目，这些项目中包括了大量通用设备。目前，大部分通用设备（如：鼓风机、空气压缩机、空调机组、水泵、热交换机组、离心机和破碎机等）都根据需要安装了弹性隔振装置，起到了很好的保护设备、降低故障率和减小振动影响的作用。中小型设备一般采用直接支承（图 1-1-3），以钢弹簧隔振器和橡胶隔振器为主，大中型设备则采用钢框架或混凝土基础（图 1-1-4），然后进行弹性支承，通常采用可预紧、可调平的配套黏滞阻尼器的钢弹簧隔振器。

图 1-1-2 采用间接弹性支承隔振的三坐标测量机

采用弹性隔振装置后振动大幅减小，原先只能安装在地面上的振动设备可以放置在高层楼板上或高位框架上面，不仅可以节省土地、优化工艺布置，而且设备的安装调平过程也得以简化。

图 1-1-3 采用直接弹性支承隔振的离心机

图 1-1-4 放置于高架结构的风机采用弹性隔振基础

3. 冲压设备的隔振

　　汽车、电子和家电制造领域是使用冲压设备最多的行业。冲压设备主要指各类压力机，其驱动方式主要分机械和液压两种形式，单机公称压力从几吨到几千吨，公称压力越大其工作时产生的振动也越大。目前在国内，用于生产轿车车身的压力机生产线已基本全部安装了弹簧阻尼隔振装置（图 1-1-5）；电子和家电等行业的高速冲床（冲次通常为200spm以上）基本上都安装了弹簧阻尼隔振装置（图 1-1-6）；对于其他中小型普通冲压设备，弹簧隔振装置也正在逐步取代橡胶垫。随着技术的发展和进步，压力机的自动化程度和精度日益提高，弹簧隔振装置不仅能够减小振动对周围环境的影响，还能够保护设备，降低设备故障率，能够大幅减小基础所受的动载荷，降低对基础的强度和精度要求，自动补偿地基的不均匀沉降。安装弹簧阻尼隔振器后压力机不再需要螺栓固定，大大简化了设备的安装和调平工作。

(a) 我国最早安装弹簧阻尼隔振器的压力机生产线

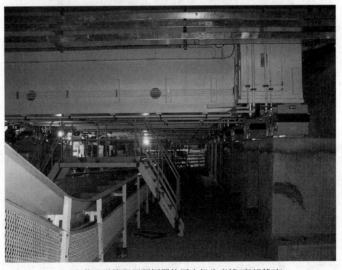

(b) 安装了弹簧阻尼隔振器的压力机生产线(底部基础)

图 1-1-5　安装弹簧阻尼隔振装置的压力机生产线（一）

(c) 安装了弹簧阻尼隔振器的单台压力机(底座已就位)

图 1-1-5　安装弹簧阻尼隔振装置的压力机生产线（二）

图 1-1-6　安装弹簧阻尼隔振器的高速冲床

4. 锻造设备的隔振

我国是世界上使用锻造设备品种和数量最多、分布地区最广的国家。锻造设备主要是各种锻锤和锻造压力机，它们工作时产生强烈振动，会严重影响周围的精密加工和检测设备、厂房、居民住宅，影响办公环境及居民的学习、生活和休息，振动问题是制约该行业发展的重要因素之一。自 2005 年以来，我国绝大多数新安装的锻锤和进口锻造压力机都安装了弹簧阻尼隔振器，在经济发达地区和高技术产业，如航空和汽车制造等行业已经得到普及。在国内，已采用隔振基础的最大模锻锤为 500kJ（图 1-1-7），已采用隔振基础的最大自由锻锤为 520kJ，已采用隔振基础的最大螺旋压力机的最大打击力是 3.55 万 t（图

1-1-8），已采用隔振基础的最大锻造压力机是 4 万 t。

图 1-1-7　国产 16t 模锻锤采用弹性隔振基础

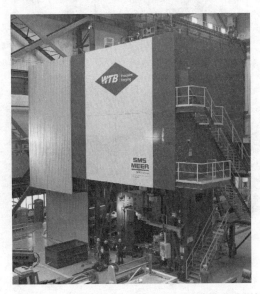

图 1-1-8　最大打击力 3.55 万 t 螺旋压力机采用弹性隔振基础

目前我国已能够设计、制造任何吨位的大型工业设备所需的隔振器，单个隔振器承载能力已达 200t，弹簧隔振器试验检测能力也已达 500t。

随着国家对环境保护要求的日益提高，新建工业项目都需要通过政府相关部门的环境保护评价，其中振动和噪声是项目环评的重要内容。对于已建设投产的项目，当发生居民投诉，且经环保部门测量证明厂界处振动和噪声不达标时，环保部门就会勒令限期整改。一些锻造企业因为当年在项目实施的时候没有重视振动问题，或因为资金原因节省了隔振方面的投入，现在随着人们环保意识的增强和我国环保法规的完善，振动引起的纠纷案例迅速增多。虽然有些项目可以对已有基础进行改造加装隔振器，但是改造成本和停产损失是初始安装隔振器费用的数倍，所以，我国在锻造行业迫切需要尽快推广和普及隔振技术。

二、隔振技术在电力行业的应用和发展

1. 隔振产品的应用

发电厂中产生振动的设备种类多且密集，主机和电控部分对振动又敏感，因此对隔振的需求更高，是我国最早大量应用隔振技术的行业之一。从国外引进到国内自主设计制造，从辅机隔振基础到发电厂主机——汽轮发电机隔振基础，从火电到核电，单机容量从6MW到1750MW，目前正处于推广应用的关键阶段。

在发电厂中目前运用隔振基础的主要有：碎煤机（环锤式）、磨煤机（中速磨、钢球磨、风扇磨等）、风机（一次风机、二次风机等）、给水泵（电动式、汽动式）、汽轮发电机组、汽机基础中间层平台以及其他设备（图1-1-9）。

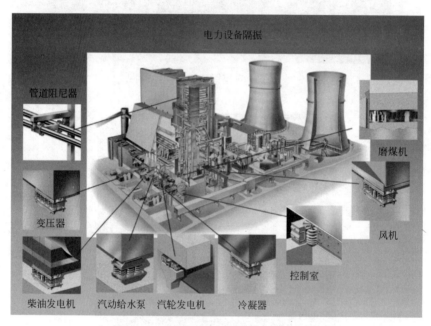

图 1-1-9　隔振技术在电力行业中的运用

另外在变电站中的变压器为了抗震也使用了弹簧隔振装置，从而达到了保护绝缘体在地震作用下不致破坏。

发电厂中辅机的隔振基础运用已经非常普及，尤其是碎煤机与给水泵。由于这类基础是框架结构，与厂房结构联为整体，如果不采用隔振，其振动势必传递到厂房结构上，所以基本上均采用隔振基础。另外对于磨煤机，由于其振动和噪声均比较严重，特别是目前厂区规划对厂房占地面积的控制较严格，所以有些磨煤机的基础就落在了厂房基础上，在这种情况下，磨煤机也必须做隔振基础。

发电厂中的最重要设备——汽轮发电机隔振基础近十几年来比过去有了很大进展，采用隔振基础已建成投运的有600MW的大别山发电厂、1000MW的泰州发电厂二期、1000MW的田湾核电站（图1-1-10）、1000MW的岭澳核电站、1000MW的红沿河核电站、1000MW的宁德核电站、1000MW的方家山核电站、1000MW的福清核电站等，目

前在建或正在设计阶段的还有：1000MW 防城港 3/4 号机、1000MW 田湾 5/6 号机、1000MW 海南昌江核电、1000MW 广东惠州核电等。截至目前已建和在建的燃煤电厂和核电站共有 100 多台汽轮发电机组采用了弹簧隔振基础。

图 1-1-10　田湾核电站 1000MW 汽轮机组主机采用弹簧隔振基础

2. 隔振技术设计、计算与研究

随着隔振基础在电力行业的发展，广大的科技人员、设计人员、隔振专业公司联手进行了众多的隔振基础研究项目，从工程实践中掌握了设计方法，通过理论分析和试验，取得了许多科研成果。近年来编制了有关隔振技术的标准，各设计单位已完全掌握辅机隔振基础的设计方法，使隔振基础在发电厂辅机中得以广泛的推广应用。从大别山发电厂、岭澳核电站和平凉发电厂等项目开始，相关设计单位基本掌握了汽轮发电机组隔振基础的设计方法。在这些工程的运用中，技术人员又进行了大量的测试，用以验证隔振基础动力计算的准确性、设计的合理性、隔振效果预期目标的符合性。在这些实际工程的实践运用中，技术人员们不断探索、总结，使这项技术的应用推广更加成熟。

2007～2010 年由中国电力工程顾问集团有限公司主持，华东电力设计院主要承担，中南电力设计院、西北电力设计院、华北电力设计院参加，由隔而固振动控制有限公司作为合作方，联合针对大型火电汽机基础进行了"汽轮发电机组弹簧隔振技术应用研究"，后又于 2010～2015 年针对大型核电站陆续开展了"大容量半速机核电汽轮发电机的基座设计研究"。以上这些课题完成了国内外技术的调研工作、数模的建立、计算、模型试验、现场实测等几项重要工作。其成果有力地促进了我国主要电力设计院对汽轮发电机隔振基础的设计和计算方法的掌握，为隔振技术在我国发电厂的推广应用起到了积极的作用。

目前在隔振器专业公司配合下大部分电力设计院能够对所有电力设备的隔振基础进行自主设计，包括结构形式、台板配筋、隔振器布置、动力计算、隔振器选型等。在计算方法上：对于辅机因基础形式的不同分别采用大块式基础单自由体模型，或杆、板有限元模型，而对于汽轮发电机基础则统一采用有限元模型进行动力计算。

3. 隔振元件与基础形式

电力行业中由于发电厂设备使用寿命较长（火电 40 年、核电 60 年），且以汽轮发电机组为代表的动力设备要求在三个方向上都要有隔振作用，并且发电厂的运行环境与普通民用建筑相比，有气体、液体等腐蚀影响，而橡胶隔振无法满足三向隔振要求，使用寿命相对较短，加上对环境要求严格，因而不太适宜在发电厂中使用。振动控制元件主要以弹簧隔振器和黏滞阻尼器或其组合为主，隔振器为预紧式，可以随时进行调平。

隔振基础的方法随设备不同而不同，主要有框架支承式、大块支承式，发电厂中的管道隔振主要是支吊式。

4. 隔振基础在电力行业发展中尚存在的问题

隔振技术在我国电力行业中的应用虽然起步较晚，但是经过 20 多年的努力，使这项技术越来越成熟，尤其是在许多技术研究及高端应用方面可以说已经居世界前列。

但是在主机（汽轮发电机）隔振技术的广泛应用推广方面还是由于受到成本、造价上的限制而受到了一定的阻力，使一些本来非常适合采用弹性基础的项目采用了刚性基础，除产生较大振动外，给今后的运行带来了诸如抗震和沉降方面的隐患。

三、隔振技术在轨道交通领域的应用和发展

随着我国轨道交通事业的发展，轨道减振隔振技术也随之上演了从国外引进到国产化再到技术改进与创新引领的三部曲。开始的技术引进，可谓百花齐放，各种类型产品均获得了试验机会；随着工程应用验证和相关研究的展开，一些技术被舍弃，一些则得到了极大发展；相关的规范标准也逐步制订和颁布。

国内现行标准将轨道减振级别分为中等减振、高等减振和特殊减振三级。一些地方标准则增加了一般减振（上海）或初级减振（北京）这一等级，具体分级标准为：针对振动超标小于 5dB 的一般减振地段采用一般减振措施；针对振动超标 5～10dB 的中等减振地段采用中等减振措施；针对振动超标 10～15dB 的高等减振地段采用高等减振措施；针对振动超标 15dB 以上的特殊减振地段采用特殊减振措施。

目前，各等级的减振措施均已有其代表性的减振产品：减振扣件、弹性轨枕和浮置板道床（图 1-1-11）等。其中，减振扣件包括 LORD 扣件、轨道减振器扣件和先锋扣件等（图 1-1-12）；弹性轨枕包括弹性短轨枕、弹性长枕、梯形轨枕等；浮置板道床根据隔振元件的不同可分为橡胶浮置板道床、聚氨酯减振垫浮置板道床和钢弹簧浮置板道床，钢弹簧浮置板道床隔振技术具有较好的隔振效果。

上述轨道隔振技术中，减振扣件属于一般减振措施（如 LORD 扣件）或中等减振措施（轨道减振器扣件和先锋扣件）。与普通道床比较，减振扣件有一定的减振效果，可以满足 3～8dB 的减振要求。

弹性轨枕中的弹性短轨枕、弹性长轨枕一般采用橡胶套靴或弹性垫板实现减振（图 1-1-13）。

高等减振措施包括橡胶减振垫浮置板、聚氨酯减振垫浮置板与采用固体阻尼隔振器的中量级钢弹簧浮置板，这些技术目前在国内均获得了很好的应用。

钢弹簧浮置板道床将承载轨道车辆运行的道床用高弹性隔振器支撑起来，使道床与隧道仰拱和隧道壁之间留有一定间隙，两者之间仅通过隔振器相接，隔振器上部结构所受的车辆动扰力通过隔振器传递到结构底部，在此过程中由隔振器进行调谐、滤波、吸收能量，达到隔振减振的目的。

图 1-1-11 盾构中的（预制式）钢弹簧浮置板道床

(a) LORD 扣件   (b) 轨道减振器扣件   (c) 先锋扣件

图 1-1-12 减振扣件

钢弹簧浮置板主要技术特点：系统固有频率低（5～12Hz），减振效果好，隧道壁插入损失可到 18dB 以上；弹簧隔振器寿命长且可更换；同时具有三维弹性，水平方向位移小，无需附加限位装置；施工简单，既可现场浇注，又可工厂预制，灵活方便；检查或更换弹簧十分方便，不用拆卸钢轨，不影响地铁运行；基础沉降造成的高度变化也可以方便快速地在隔振器上进行调整适应。以上这些特点，使钢弹簧浮置板技术在世界范围内得到广泛应用（图 1-1-14）。

随着相关技术应用越来越多，目前轨道减振技术发展更多关注 RAMS（可靠性＋可用性＋维修性＋安全性）和全寿命周期成本。钢弹簧浮置板的预制化发展就是一个典范。

钢弹簧浮置板道床的一大优点是，主要减振元件（钢弹簧隔振器）可以很方便地检查

 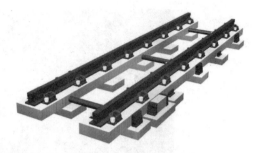

图 1-1-13　弹性短轨枕和梯形轨枕

图 1-1-14　上海地铁四川路高架上采用钢弹簧浮置板技术

和更换。相比之下，钢筋混凝土板体就存在难以维护和更换的问题。预制浮置板技术在提升浮置板施工质量和速度的同时，也实现了混凝土板体可更换功能；最终提升了整个钢弹簧浮置板道床系统可用性和维修性，极大地降低了钢弹簧浮置板道床的全寿命周期成本。

四、减隔振技术在建筑和桥梁领域的应用与发展

1. 隔振技术在建筑领域的应用与发展

当建筑邻近轨道交通或公路交通，及附近区域有工业企业的重型机械工作时，地面或者结构传递的振动将对建筑物产生较大影响，如影响居民的舒适度以及精密仪器等设备的正常运行，影响振动敏感建筑（音乐厅等）的使用功能。因此，越来越多的建筑在设计阶段就需要考虑采取隔振措施。

目前在建筑上应用的隔振方法主要有浮置地板、房中房和建筑整体隔振三种方式。

（1）浮置地板

在房间结构地面上再做一层可浮置的混凝土板，并用弹性隔振元件予以支承浮置，构成浮置地板。浮置混凝土板的厚度一般在 130～200mm 之间，与房间结构地面的间隙一般为 30～50mm，隔振元件一般采用钢弹簧隔振器、橡胶垫或者聚氨酯垫，墙壁采用吸隔声处理。这种隔振方式具有比较好的撞击声隔声性能，可以有效隔离来自地面的固体传声。主要应用于剧院和音乐厅中对撞击声隔声要求较高、跨度较大的空间，以及高层建筑

的设备层隔振。该隔振方式施工简单，性价比较高。目前国内已有不少工程实例，如东方艺术中心、苏州科技文化中心和武汉大剧院等就采用了该技术，隔振元件采用的是可调平的钢弹簧隔振器。图1-1-15、图1-1-16为上海东方艺术中心排演厅采用钢弹簧浮置地板来隔离环境振动和二次噪声。

图 1-1-15 上海东方艺术中心

图 1-1-16 排练厅弹簧隔振器布置图

（2）房中房隔振

当建筑使用空间要求具有更高的隔声性能时，可在该使用空间中再建一个具有独立墙壁、底板和顶板的内层房间，将内层房间支承在隔振元件上，这种方式为房中房隔振。隔振元件一般为可预紧、可调平的钢弹簧隔振器，四周墙壁及顶棚与外部墙壁和顶板之间没有任何刚性连接或接触，留有一层空腔。内房与外房仅在底板处通过隔振器连接。

房中房隔振技术可以有效隔离来自各个方向的振动和固体传声，可以保证局部空间的声学性能，在对音质要求较高的剧院、音乐厅以及声学实验室等得到了广泛的应用。国家大剧院中5个高档录音室就采用了房中房隔振技术（图1-1-17）。

（3）建筑物整体隔振

在建筑物与基础之间通过隔振元件连接，把整个建筑物浮筑于隔振元件之上，建筑物与基础之间由常规的刚性连接变成弹性连接，这种隔振方式称为建筑物的整体隔振，隔振器所在层可以是独立的隔振层，也可以与设备层或车库层等相结合（图1-1-18）。

图 1-1-17　国家大剧院采用了房中房隔振降噪技术

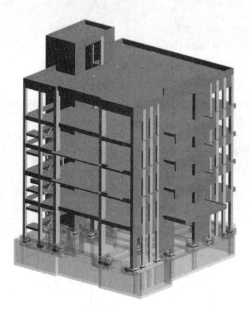

图 1-1-18　建筑整体隔振示意图

整体隔振技术主要用于对固体传声要求非常严格、附近有明显振源的建筑，比如附近有地铁、城际铁路或高铁经过。隔振元件一般采用钢弹簧隔振器或者聚氨酯弹性垫。建筑物整体隔振可以有效地隔离来自各个方向振源的振动和固体声，可以保证整栋建筑物的振动和声学性能。

在隔振元件的选用上，要综合建筑物与振源距离、建筑使用功能、隔振目标等多项因素来共同确定。一般来说，对于附近有明显振源、建筑使用功能对振动和噪声要求较高的建筑，建议采用弹簧隔振装置，其他则可以采用聚氨酯弹性垫。目前国内已有数十栋建筑采用了建筑整体隔振技术，取得了良好的隔振效果。图 1-1-19、图 1-1-20 分别为采用弹簧和聚氨酯材料建筑整体隔振技术的照片。

轨道交通是缓解大城市交通压力的一种有效运行方式，但运行过程中产生的振动和噪声对城市环境是一种较为严重的污染。轨道交通沿线土地昂贵，如因振动问题而导致土地

图 1-1-19 上海某音乐厅采用弹簧整体隔振技术

图 1-1-20 北京某建筑采用聚氨酯整体隔振技术

不能正常使用将造成很大的损失，因此建筑隔振技术尤显重要。随着城市土地资源日益紧缺，综合利用土地、提高土地的利用效率，国内地铁沿线的建筑会越来越多，建筑隔振技术将具有更加广阔的前景。

2. 调谐质量减振技术在建筑和桥梁领域的应用与发展

近年来，世界经济的发展带来了建筑业的突飞猛进，超高层、大跨体育场、大型桥梁等高、大、细、长的柔性工程结构被普遍应用，这些结构在风和人行激励等外荷载的作用下容易产生较大的振动，从而影响结构的正常使用舒适度，因此对这些结构进行振动控制是十分必要的，而调谐质量减振器（Tuned Mass Damper，TMD）是这类结构振动控制的有效措施，其理论成熟、便于安装、减振效果明显，已在国内外广泛应用。

（1）公路桥

调谐质量减振器作为一种积极、有效的振动控制技术，广泛地应用于大跨度公路桥的风振控制，非常有代表性的工程当属已经历多次强台风如"天鸽""山竹"实战检验的国家超级工程港珠澳大桥。作为连接香港、珠海和澳门的超大型跨海通道，港珠澳大桥集桥、岛、隧道于一体，全长 55km，是世界上最长的跨海大桥。港珠澳大桥桥梁工程长约

22.9km，深水区非通航桥孔采用 110m 跨钢箱连续梁，由于跨度大，竖向固有频率低，风洞试验证明在一定风速下会出现涡激共振，对桥梁的疲劳寿命产生不利影响。为了控制钢箱梁的涡激振动，在钢箱梁内安装了 92 套调谐质量减振器（图 1-1-21）。实测结果表明，钢箱梁的阻尼比平均达到了 1.4%，满足了"主桥钢箱梁阻尼比达到 1%"的设计要求。

图 1-1-21　港珠澳大桥采用 TMD 控制风荷载引起的振动

2011 年 12 月 24 日建成通车的崇启长江大桥，在钢箱梁内也设计安装了 32 套 TMD 减振器，抑制由于风引起的涡激振动。TMD 减振系统除用于控制大桥桥面的振动外，还用来控制风荷载引起的桥塔和吊杆的振动，如南京浦义公路桥两个钢桥塔塔高 160m，为了控制风荷载激励下的水平振动，在每个钢塔内均安装了重量为 20t 的水平单摆 TMD 减振器；潮汕环线高速榕江特大桥在每根吊杆内安放了 4 个 TMD 减振器，分别控制吊杆两个方向的振动。国外也不乏采用 TMD 的公路桥案例，英国 Kessock 斜拉桥在主跨设置了 8 个 TMD，使涡激振幅从 20cm 降低到几厘米；泰国曼谷拉玛九世桥，在钢箱梁和桥塔内均设置了 TMD 减振器，减振效果明显。

（2）步行桥

TMD 在步行桥上最为典型的应用是英国伦敦的千禧桥。为迎接千禧年的到来，英国伦敦修建了一座横跨泰晤士河的千禧桥作为纪念。2000 年新年伊始，该桥对游人正式开放，但在桥上人数达到 1500 人左右时，桥梁出现了严重的振动现象，左右摇摆幅度达到 100mm 以上，严重危及行人与桥梁的安全，桥梁在开放仅三天后就被迫关闭。工程师们对桥梁进行了减振改造，安装了 54 套 TMD 和 37 个黏滞阻尼器，结构振动大幅减小。千禧桥于 2012 年 2 月 22 日重新开放迎接游客，TMD 振动控制技术发挥了重要作用（图 1-1-22）。

国内外还有很多类似的工程案例，如 2003 年完工的波兰 Wroclaw 步行桥、韩国首尔 Sun You 步行桥和柏林 Britzer Damm 步行桥。国内步行桥采用 TMD 的工程案例也比较多，如上海浦东机场二期的 23 座登机桥和北京市北三环人行天桥都安装了 TMD 减振器，控制竖向振动；重庆天门洞索桥布置了 29 套 TMD 减振器，分别控制水平和竖向振动。

（3）大跨楼板

图 1-1-22　伦敦千禧桥采用 TMD 控制行人激励引起的振动

随着经济和文化发展的需要，建筑物楼板的跨度越来越大，其中有代表性的是体育馆、会议展览、图书馆和机场建筑。跨度的增大降低了楼板的刚度，使得楼板自振频率降低，当楼板的自振频率与人员步行频率接近时就会发生共振，从而影响人员的舒适度。通过设置 TMD 则可以在不增大构件截面的情况下充分利用现场空间，解决舒适度问题，同时满足经济、美观性等要求。国内已有很多应用 TMD 解决大跨楼板舒适度问题的成功案例，如上海世博会开幕式场馆——上海世博演艺中心。上海世博演艺中心是 2010 年上海世界博览会的配套工程，会场长 220 多米，宽 160 多米，高 40 多米，近似为椭圆形结构。整个演艺中心在地上共有六层，其中第六层有一圈悬挑的外伸圆形平台，最大宽度近40m。悬挑圆形观光平台的低阶固有频率小于 3Hz，特别是在步行频率的中心位置 2Hz附近，有 3 个竖向振动的固有频率，理论分析结果表明会发生人行共振。为解决人行激励引起的楼板共振，在悬挑端共设置了 24 套 TMD 减振装置，实测结果表明，TMD 安装后观光平台的振动大大减小（图 1-1-23）。

与上海世博演艺中心类似，广州亚运会综合体育馆碗端最大的悬挑长度 30 余米，竖向固有频率 2.7Hz，设计安装了 8 套 TMD 装置控制行人激励引起的振动；华为北京展示中心大楼，是重要的展厅及接待各国政要场所，为保证楼板舒适度，在板底安装了 42 套TMD 装置；长沙火车南站 49m 跨高架层大跨楼板布置 56 套 TMD 减振装置用于控制行人激励引起的楼板竖向振动。国外，如英国伦敦 Stakis Metropol 宾馆在大跨楼板底部安装了 7 个 TMD 装置，以控制人致竖向振动；德国 Dresden University 大跨楼板在跨中布置 4 套 TMD 装置控制楼板竖向振动。

（4）高耸结构

随着我国经济的快速发展，高耸结构如雨后春笋般出现，建筑高度不断被刷新，由此带来的振动问题也越来越突出，尤其周边沿海地区，如何保证高耸结构的风振舒适度，成为高耸结构设计必须考虑的问题，调谐质量减振技术是目前用于解决高耸结构风振舒适度问题的较好途径。国内应用较为成功且已经过多次台风检验的工程案例是 2010 年 9 月建

图 1-1-23   上海世博会场馆采用 TMD 控制行人激励引起的振动

成的广州电视塔。广州电视塔总高度 600m，其中塔身高度 450m，天线桅杆 150m，是已建成的世界第一高自立式电视塔。为了控制电视塔的振动，在塔顶对称设置了两套混合调谐控制系统，每套控制系统由被动调谐子系统与主动调谐子系统组合而成，采用该塔中固有的消防水箱作为调谐质量，每个消防水箱含水总重量约 650t（图 1-1-24）。

图 1-1-24   广州电视塔采用混合质量阻尼器（Hybrid Mass Damper，HMD）系统控制风荷载引起的振动

除广州电视塔外，我国上海中心大厦、上海环球金融中心、深圳平安金融中心大厦、台北 101 大厦、杭州湾大桥观光塔、多个机场指挥塔台及钢烟囱等项目都采用了 TMD 减振装置，如上海中心大厦设计安装了质量为 1000t 的摆式电涡流 TMD 装置，台北 101 大厦顶部安装了质量为 660t 的球形摆式 TMD 装置，上海环球金融中心大厦顶部安装了两台 150t 的 TMD 装置；杭州湾大桥观光塔为控制风振加速度顶部安装了质量为 100t 的单摆式 TMD 装置。国外也不乏应用 TMD 装置的高耸结构，如美国纽约 272m 的摩码大厦

在大厦顶部安装了质量为 450t 的双摆 TMD 装置用于控制结构的风振；卡塔尔多哈亚运会 317m 高主塔在塔顶安装了 140t 的双摆 TMD 装置用以控制塔顶位移；321m 高阿联酋迪拜海上人工岛七星级酒店在桅杆处安装了多套 TMD 装置控制风振加速度。

TMD 系统减振机理明确，安装方便，减振效果在实际工程应用中也已得到验证。随着研究的深入与应用的普及，TMD 系统在高耸结构、大跨度桥梁结构、海洋平台等重大工程中发挥的减振作用将会越来越明显。

第二节　工程隔振设计标准简述

一、标准编制的原则

在工业和民用建筑中存在着大量的振动问题，振动不但会影响精密测量仪器的测量和精密加工设备的产品精度，还会影响设备的正常运行和使用寿命；严重时会危及建筑结构的安全。此外，振动也会影响人们办公和生活环境，轻者会影响人体舒适度，引起人的振动疲劳，从而降低工作效率；重者会影响人的健康和安全，长期暴露在强振环境中还会造成振动职业病。

随着我国科技的高速发展，产生振动更大的设备和对振动环境要求更为严格的精密仪器越来越多。与此同时，设备布置的密集度也随之提高，这就为振动控制提高了难度。通常采取常规的结构措施很难满足要求，即使能够满足要求，工程造价也非常昂贵。因此，对设备采取合理有效的隔振措施才是最可行的方案之一。

对于精密仪器设备和大型振动设备，我国国家标准中均有规定。在规定中，对大型振动设备的振动响应幅值给予限制，对精密设备的振动环境提出要求。当大型振动设备的振动超出环境容许振动时，或振动环境不满足精密设备的容许振动时，对大型振动和精密设备均采取隔振措施，其中前者采用主动隔振，后者采用被动隔振。对于条件受限或者有特殊要求的场合，还有屏障隔振和智能隔振等措施。

本标准编制的原则是，根据我国工程建设的需要，总结我国隔振方面的科研成果和工程实践，参考国外的先进经验，为我国工业和民用建筑的隔振设计提供指导，以减小振动对机器设备的正常工作、仪器仪表的测量精度和操作人员身体健康的影响。

二、标准编制的简要过程

该项国家标准修订，是在原《隔振设计规范》GB 50463 基础上，结合近些年的工程实践积累和实验研究成果，对该标准进行补充和完善。标准的修订过程分为七个阶段开展工作。

第一阶段（准备阶段）：

此阶段的工作内容，研究国内外隔振设计工作现状及水平，收集有关科研资料及工程实践经验，提出了标准编制的指导思想、使用范围和重点内容，召开了编制筹备组第一次工作会议，会议一致通过了该标准编制工作大纲及初步分工，确定标准分为九章：

（1）总则；

（2）术语、符号；

（3）基本规定；

（4）隔振参数及固有频率；

（5）主动隔振；

（6）被动隔振；

（7）屏障隔振；

（8）智能隔振；

（9）隔振器与阻尼器。

在此基础上，由主编单位中国机械工业集团有限公司和中国中元国际工程有限公司向住房和城乡建设部标准定额司提出技术标准修订项目申请。住房和城乡建设部以《关于印发 2016 年工程建设标准规范制订、修订计划的通知》建标函〔2015〕274 号文件下达了标准修订任务。

第二阶段（完成初稿编写过程）：

在此阶段中，各参编单位根据分工要求，对所需资料进一步整理和分析，对标准中的重点问题进行专题研究，如主动隔振与被动隔振动力响应的计算方法；旋转式机器、往复式机器、冲击式机器和城市轨道交通的轨道隔振设计方法；精密仪器设备和精密机床的隔振设计方法；有阻尼系统脉冲作用下的传递率分析方法；沟式、排桩式和波阻式屏障隔振的设计方法；智能隔振系统的计算和设计；常用的隔振器和阻尼器（包括圆柱形螺旋弹簧隔振器、碟形弹簧与迭板弹簧隔振器、橡胶隔振器、调谐质量减振器、空气弹簧隔振器、钢丝绳隔振器、黏滞阻尼器和电涡流阻尼器）的设计方法等。在此基础上，编制组提出标准讨论稿，并召开了编制组第二次工作会议。在会议中对标准讨论稿逐章、逐节和逐条地进行了讨论，编制组成员集思广益，对标准的进一步完善提出了很多建议性的意见，对部分还不够成熟的内容提出了需进一步工作后再研究或暂时不纳入标准的建议。

第三阶段（完成征求意见稿编写阶段）：

根据编制组第二次工作会议对讨论稿提出的意见，标准编制组进行了大量的研究工作，特别是按照先进性、实用性、经济性的原则，对标准讨论稿进一步完善，形成了标准征求意见稿，并发往全国 150 个有关设计、科研、教学和生产单位广泛征求意见，有 35 个单位和个人对征求意见稿提出书面审查意见。

第四阶段（完成送审稿编制阶段）：

此阶段先由标准编制组各单位对征求意见稿提出的专家意见，逐条进行认真分析，并对每一条意见提出初步处理意见。之后编制组召开了第三次工作会议，会议根据专家意见，对标准的征求意见稿进行了逐条修改和审定，并完善了隔振设计的基本规定，对新增的城市轨道交通隔振、建筑隔振、屏障隔振及智能隔振设计的内容进行了重点讨论，修订了隔振器和阻尼器设计的内容，增加了电涡流阻尼器、调谐质量减振器、钢丝绳隔振器的规定。在此基础上形成标准送审稿初稿，并发往全国 150 多个有关设计、科研、教学和生产单位进行函审，返回意见 215 条，编制组对返回意见经过认真研究，对送审稿初稿进一步修改，形成标准的送审稿。

第五阶段（规范审查阶段）：

标准组织单位中国机械工业勘察设计协会在北京主持召开了标准审查会。会议对标准送审稿进行了认真细致的审查，认为：标准总结了近年来我国隔振设计的工程实践经验，内容全面、科学合理。标准编制中比较和借鉴了国际先进标准，与我国现行相关标准协调。本标准应用范围广泛，可操作性强，有助于推动我国工程振动领域技术进步，经济效益和社会效益显著。标准总体达到国际先进水平。审查会还对标准提出了许多建设性意见。

第六阶段（完成报批稿阶段）：

在认真研究审查会中专家提出意见的基础上，标准编制组对标准送审稿按照《工程建设标准编写规定》的要求进行修改完善，完成报批稿。

三、标准编制的主要内容

1. 隔振设计的基本规定

（1）隔振方式

选择隔振方式时，应首先保证具有足够的隔振效果，同时力求经济合理、构造简单、施工安装和检修方便；并尽可能降低隔振体系的质量中心，以减小水平摇摆振动；应缩小质量中心与扰力作用线之间的距离，以减小水平与回转耦合振动。

目前隔振方式主要有以下三种：

1）支承式隔振：隔振器设置在被隔振对象的底座和台座结构下，可用于主动隔振或被动隔振，是隔离竖向振动的主要隔振方式。

2）悬挂式隔振：被隔振设备安装在两端铰接刚性吊挂悬挂的刚性台座上或直接将被隔振设备的底座下挂在刚性吊杆上，悬挂式隔振具有较低的水平自振频率，对于水平向隔振较为有效。此外，在悬挂式的吊杆上端或者下端设置受压隔振器，这种隔振方式的竖向和水平向自振频率较低，可用于隔离竖向和水平向振动。

3）地面屏障隔振：这种隔振方式是针对振动沿地面传播的情况，屏障隔振结构设在振动传播的关键路径上，屏障类型主要包括沟式屏障、排桩式屏障、波阻板屏障和组合式屏障，这些隔振方式在某种情况下具有一定的隔振效果，但是很难定量。一般屏障隔振对高频振动的隔振效果较为明显，因此常作为隔振的辅助措施。

（2）设计原则

隔振设计时，应当遵守以下原则：

1）一般情况下，隔振体系的隔振方案可以有多种形式。隔振设计时应根据工程具体情况，满足安全性、适用性和经济性要求，并应通过多种方案进行对比，从中选出最优的隔振方案。

2）被隔振设备下是否设置刚性台座，首先需要考虑被隔振设备的底座刚度是否可以作为一个整体，其次需要考虑设备底部面积能够布置所需的隔振器数量。如能满足上述要求，一般可不设置刚性台座。

3）从隔振动力响应特性可知隔振效果好坏，隔振体系的固有频率与扰力主频之比是关键，实际设计中取两者比例不大于 0.25，这样可以隔离 80% 以上的振动。

4）当弹簧隔振器布置在梁上时，为了避免耦合振动，要求弹簧压缩量不大于支承梁挠度的 10 倍，此时在进行弹簧隔振体系动力分析时可不考虑梁的变形。

5）通过合理地布置隔振器，力求使隔振基础的质心与隔振器的刚度中心在同一铅垂线上，避免产生偏心振动；同时要缩短隔振体系的质心与扰力作用线之间的距离，以减小扰力偏心距。

6）隔振设计时，隔振基础宜设计成单自由度体系，当不能满足要求时，应考虑耦合振动影响，但一般不宜超过两个自由度。

7) 隔振后的被隔振对象，控制点的最大振动响应满足容许振动值的要求。

2. 主动隔振设计

（1）旋转式机器隔振

旋转式机器的隔振在我国有许多成功的实例，特别是在核电站的汽轮发电机组中采用隔振基础，显示出较大的优越性。汽轮发电机、汽动给水泵采用弹簧隔振基础后，可避免将振动传递给周围环境，有利于改善机器的振动情况，并给机组轴系进行快速找平调平提供了方便条件。

一般情况下，旋转式机器隔振采用支承式。汽轮发电机、汽动给水泵等隔振器设置在柱顶或梁顶面，隔振器采用钢螺旋圆柱弹簧隔振器；离心泵、离心通风机等隔振设备在梁顶或底面上，隔振器采用钢螺旋圆柱弹簧隔振器或橡胶隔振器。弹簧隔振器应具有三维隔振性能，并与阻尼器同时使用。

汽轮发电机、汽动给水泵等通常采用钢筋混凝土台座，为了满足设计布置的要求，台座往往设计成梁式、板式或梁板混合式；振动分析采用多自由度体系，并应考虑台座动力特性的影响。离心泵、离心通风机的台座机构可采用钢筋混凝土板或具有足够刚度的钢支架；根据工程经验，当台座刚度远大于隔振体系的刚度时，可将台座结构假定为刚性基座进行动力分析。

（2）往复式机器隔振

往复式机器的扰力和振动较大，主轴转速范围较宽，选择合适的隔振形式可以增强隔振效果，同时也具有经济性。对于试验台或扰力较大的高大机器，一般采用设备底部放在地面以下的支承式，采用这种方式可以降低重心，减小回转振动；对于中小型活塞式压缩机和柴油发电机组等量大面广的设备，在满足振动容许值要求的前提下，采用设备底部放在地面的支承式，采用这种方式可以使设备布置和移动灵活，使用方便。

由于往复式机器的水平扰力和回转力矩较大，前几阶振型都会产生较大的振动，如果按单自由度体系估算基础质量往往偏小，因此，应按满足容许振动标准的要求来确定基础的最小质量。同时，由于发动机的转速是可调的，空压机等在充气和空转之间要经常切换，具有足够的阻尼比不仅是满足机器在开启和停机过程中通过共振区的需要，而且对保证机器平稳正常的运转也是必要的。

由于往复式机器的扰力方向、相位和干扰频率的不同，振动计算一般采用以单一扰力计算质心处或验算点的振动，然后再考虑各扰力的频率和相位差，将单一扰力计算结果按下列原则进行叠加：

1）一谐水平扰力与一谐竖向扰力相位差为90°时，采用平方和开方的方法叠加；

2）当隔振体系的质心至刚度中心的距离大于隔振器至主轴中心的水平距离，或管道连接未采用柔性接头时，隔振体系的实际模型会偏离其计算假定，修通将产生较大振动，此时采用平方和开方就会偏于不安全，应取绝对值叠加；

3）二谐水平扰力和竖向扰力的相位差与汽缸中心线的夹角有关，有时同时达到最大值，有时具有相位差，此时可按同相位叠加；

4）二谐以上扰力所产生的振动与一谐扰力产生的振动的叠加，可按绝对值叠加。

试验台是一种特殊的隔振基础。首先试验台的质量较大，设计时要考虑隔振器的安装与使用；其次由于高温、潮湿、油水等恶劣环境的影响，台面需经常冲洗，隔振器的选择要考虑使用环境的要求，管道与试验台的连接也要考虑柔性接头。

（3）冲击式机器隔振

冲击式机器包括锻锤、压力机等，由于其工作特性不同，隔振设计的要求也存在差异。

1）锻锤隔振分为砧座选隔振和基础下隔振两种方式：砧座下隔振是将隔振器置于砧座与基础之间，基础下隔振是将隔振器置于内外基础之间。当砧座质量较大，依靠砧座质量能够有效地承担振动能量并控制砧座振幅时，可采用砧座下隔振，这种隔振方式相对简单，可减少隔振的工作量；当砧座质量较小时，可采用基础下隔振，通过对砧座和钢筋混凝土台座实行整体隔振，以控制打击后的砧座振幅。

锻锤隔振设计主要应考虑以下三方面的问题：①避免产生连续冲击共振；②控制隔振器上部质量的弹跳；③减少打击能量的损失。

锻锤隔振后，砧座位移的计算采用单自由度有阻尼振动模型，砧座受初始速度激励后，将作自由度衰减振动。基础位移的计算采用单自由度强迫振动模型，隔振系统对基础激励，要以近似视为砧座位移引起的隔振器中弹性与阻尼力对基础的激励，并采用折算后的地基刚度综合考虑基础侧面回填土的影响和地基土的阻尼作用。

锻锤隔振设计时，锻锤的打击中心、隔振器的刚度中心和上部质量的质心应尽可能布置在同一铅垂线上。隔振器采用圆柱螺旋弹簧或橡胶隔振器，当采用圆柱螺旋弹簧隔振器时，需配置阻尼器，以保证隔振体系具有足够的阻尼。

2）压力机隔振分机身下隔振和基础下隔振两种方式：机身下隔振是将隔振器直接置于机身或与机身相连的金属构件之下，基础下隔振是在设备下基础作为配重块，在基础下设置隔振装置。此时，在隔振基础下尚需设置基坑支承整个体系。

压力机隔振设计时，由于压力机隔振后基础的振动远小于压力机自身的振动，分析压力机自身振动时可近似认为基础不动；分析基础振动时，则把因压力机振动引起隔振器变形而作用于基础上的动荷载视为基础振动的扰力。

闭式多点压力机本身质量较大、工作台面宽，通常将隔振器直接安装在机器底部而不另设钢筋混凝土台座；闭式单点压力机由于动力系统在机身上部且工作台面较窄，可在压力机下设置钢台座，在台座下安装隔振器；开式压力机的机身中心与工作台中心不在同一铅垂线上，压力机下需设置台座，在台座下安装隔振器，并通过合理布置隔振器，使机身重心尽可能靠近工作台中心。

（4）城市轨道交通

城市轨道交通采用隔振与减振措施时，施工和列车运营产生的振动及室内二次结构噪声应控制在国家现行标准容许的范围内。

城市轨道交通隔振与减振可采用振源控制、传播路径控制、建筑物振动控制等综合控制措施，并应符合下列规定：

1）振源控制可采用轨道隔振、重型钢轨和无缝线路、阻尼钢轨、钢轨调谐质量阻尼器、减振接头夹板、减轻车辆的簧下质量、优化车辆的悬挂系统、平面小半径曲线处采用轮轨润滑装置、轨道不平顺管理、定期进行车轮镟修或钢轨打磨等措施。

2）传播路径控制可采用屏障隔振，地下线可采用超重型隧道，地面线可采用桩板结构，高架线可采用桥梁隔振支座、桥梁梁体安装调谐质量阻尼器等措施。

3）建筑物振动控制可采用基础隔振、房中房隔振、浮筑楼板隔振等措施。

3. 被动隔振设计

（1）精密仪器及设备隔振

精密仪器设备隔振时，主要考虑环境振动对仪器设备的正常使用。如果精密仪器或设备有运动部件，自身也会产生较大振动时，尚应同时考虑减弱环境振动对精密仪器及设备自身振动影响的综合措施，如减弱地基基础和建筑结构的振动、振动设备的主动隔振和精密仪器及设备被动隔振等。由于精密仪器设备的容许振动值非常微小，振动的影响因素和传递途径又比较复杂，所采取的综合隔振措施也经常分段实施。

精密仪器设备的隔振方案应根据建筑结构状况、精密仪器设备类型等因素确定，确定时应对隔振器、阻尼器和台座形式等进行多方案比较，从中选择最优方案。对于防微振要求较高或大型精密仪器设备，隔振工程需要的投资量较大，尤其应进行经济比较。

（2）精密机床隔振

精密机床对环境要求较高，选择好的场地和振动环境可以减小隔振的难度，设计前应对拟建场地进行环境振动测试，并根据测试结果优选规划方案。

精密机床隔振内容包括：隔振方案的比较和确定、隔振体系固有频率的计算、隔振体系在外部扰力作用下振动响应的计算、当机床本身有较大的内部扰力时还应验算内部扰力产生的振动响应、机床合成振动响应应满足容许振动值的要求。

当机床采用刚性基础时，机床上慢速往复运动的部件不会使机床产生倾斜；当机床采用弹性基础时，往复运动部件会使机床质心变化而使机床产生倾斜，且倾斜过大时，会影响机床的加工精度。当机床有慢速往复运动部件时，应进行机床倾斜度验算，倾斜度的容许值应由制造厂家提供。

一般情况下，机床可不设台座结构。但在下列情况下，机床应设置台座结构，台座结构可采用钢筋混凝土板或钢板：

（1）机床本身刚度较小，采用直接弹性支承不能满足机床的刚度要求时；

（2）机床由若干个分离部分组成，需设置台座结构将各部分连成整体时；

（3）机床的内部扰力产生的振动值超过机床的振动容许值，需设置台座结构增加机床的刚度和配重时；

（4）机床有慢速往复运动部件使机床产生过大倾斜，需设置台座结构增加配重时。

4. 屏障隔振设计

屏障隔振是指对于振动传播路径进行的控制，亦指在振源至受振体（构筑物或设备）之间的土层中设置屏障。当沿土层传播的振动波遇到屏障时，振动波发生反射、折射，阻碍振动的传播，从而减小振动，当然振动波仍然会有一部分透射到屏障的后部，还会在屏障的两端和底部绕射。目前，屏障隔振主要措施有：（1）沟式屏障隔振（空沟或填充沟）；（2）排桩式隔振；（3）波阻板隔振。

5. 智能隔振设计

智能隔振设计是指含伺服型主动控制功能的隔振设计。智能隔振设计应根据隔振对象的特性、振动容许标准、使用条件和重要性程度确定。动力设备的智能隔振应满足结构安全、生产运行和人员舒适需求，精密装备的智能隔振设计应满足生产运行需求。

智能隔振设计，应符合下列规定：

（1）振敏装备或发振装备进行伺服型振动主动控制时，应采用人工智能控制算法；

（2）建筑物被动隔振设计时，应对隔振体系中的智能材料动力特性进行设计；

（3）智能隔振设计系统前三阶振型参与累加系数不宜低于90%；

（4）影响振源的卓越频率高于20Hz时，不宜进行智能隔振设计；

（5）振动幅值高且卓越频带宽时，宜采用两级隔振，一级隔振可采用普通隔振设计，二级隔振可采用智能隔振设计。

6. 隔振器与阻尼器

（1）圆柱螺栓弹簧隔振器

圆柱螺旋弹簧隔振器是一种性能稳定、使用较广的隔振器。其形式可分为支承式和悬挂式：支承式隔振器可用于动力设备的主动隔振和精密仪器设备的被动隔振；悬挂式隔振器可用于动力管道的主动隔振和设备的悬挂隔振。

由于圆柱螺旋弹簧隔振器自身的阻尼较小，为了保证其隔振性能，应根据隔振方向的不同配置阻尼器。当配置材料阻尼和介质阻尼器时，适宜配置于隔振器内，便于布置和安装，同时也节省空间；当在隔振器外配置阻尼器时，阻尼器应与隔振器并联，且两端均与台座结构或支承结构可靠连接，阻尼器的形成、侧向变位空间和使用寿命均应与弹簧相匹配。

（2）碟形弹簧与迭板弹簧隔振器

碟形弹簧与迭板弹簧隔振器适用于锻锤、压力机等承受冲击荷载设备的竖向隔振，碟形隔振器可分为有支承面与无支承面两种形式，迭板弹簧隔振器可分为弓形和椭圆形。

碟形弹簧隔振器安装时，应有不小于0.25倍碟片内锥高度的预压变形量，以防止碟形弹簧断面中点附近产生径向裂纹，提高碟形弹簧的疲劳寿命，也可防止在冲击激励下碟形弹簧上部质量的跳动。

迭板弹簧具有变刚度的性质，迭板弹簧板间摩擦力在加载时阻碍变形发展，使迭板弹簧刚度增大；卸载时阻碍性回复，使迭板弹簧刚度降低；利用迭板弹簧的板间摩擦，可以耗散振动系统的能量，发挥阻滞作用获得期望的阻尼值。

（3）橡胶隔振器

橡胶隔振器具有良好的弹性和内阻尼，构造简单，在工程中得到广泛的应用。橡胶的品种较多，应根据不同隔振对象和使用要求进行选择，除应考虑温度、频率和荷载等影响，还应考虑橡胶的蠕变、疲劳和老化等特征。当隔振器承受动力荷载较大、机器转速高于1600r/min或安装隔振器空间较小时，采用压缩型橡胶隔振器；当隔振器承受的动力荷载较大且机器转速高于1000r/min时，采用压缩-剪切型橡胶隔振器；当隔振器承受的动力荷载较小、机器转速低于600r/min或要求振动各方向的刚度较低时，采用剪切型橡胶隔振器。

橡胶是一种非线性的弹性材料。在容许动力范围内，随着应力的增加，应变量的变化越来越小。在隔振设计时，一般应将橡胶的静态容许应变控制在0.15~0.28范围内，动态容许应变控制在0.05~0.10范围内。

（4）调谐质量减振器

调谐质量减振器是通过在原系统上附加由质量和弹性元件及阻尼组成的子系统，从而减小原系统振动幅值的装置。调谐质量减振器既可以是有阻尼的，也可以是无阻尼的；既可以利用质量块平移运动的惯性力减振，也可以利用质量块旋转运动的惯性力矩减振。

（5）空气弹簧隔振器

空气弹簧是在橡胶气囊中充入一定压力的气体，利用空气的压缩和膨胀发挥弹性作用。由于空气弹簧与其他隔振器相比具有以下特性，使之成为精密仪器和设备隔振的主要隔振元件。

1）固有频率可以做得比较低（1Hz 以下），这是其他隔振器难以做到的。由于空气弹簧的刚度随荷载而改变，因此在不同荷载作用下，其固有频率可以保持不变。

2）可以利用空气弹簧非线性特性，将其荷载-变形曲线设计成理想形状。由于空气弹簧本身结构柔软，其轴向、横向和旋转方向的综合稳定性能较好。

3）阻尼比的大小可通过气流控制，可以获得较大的阻尼比。

4）由于弹簧内部摩擦很小，对高频的吸收性能良好，工作时隔振性能良好。

空气弹簧按其组成分三大类：空气弹簧隔振器、空气弹簧隔振装置和气浮式隔振系统，适用于不同场合。空气弹簧隔振器的刚度因胶囊结构形式不同而变化，常用的胶囊结构形式有自由膜式、约束膜式、囊式和滚膜式。自由膜式及约束膜式应用较多；多曲囊式大于 3 曲时，会产生横向不稳定现象，不宜采用；滚膜式应用较少。

（6）钢丝绳隔振器

钢丝绳隔振器是由钢丝绳穿绕在上下夹板之间组成，利用钢丝绳弯曲以及股与股、丝与丝之间的摩擦、滑移实现耗能的隔振装置。钢丝绳隔振器结构紧凑，安装方便，具有耐油、耐海水、耐臭氧及耐溶剂侵蚀的特性，能在 $-100 \sim 370℃$ 温度范围内正常工作。与其他隔振器相比，钢丝绳隔振器的固有频率低、阻尼大、动变形量大，因此对瞬态冲击引起的振动能够迅速抑制。钢丝绳隔振器的渐软刚度特性，使得设备在正常工作时隔振器的变形小，而遇突发冲击时可以产生大变形，保证设备的正常工作。

即使对于同一种钢丝绳隔振器的结构形式，或者即使钢丝绳隔振器的力学性能相近，但是其尺寸、质量也可能相差非常大。为了满足安装要求，有必要提供钢丝绳隔振器的尺寸、质量参数。当受到冲击时，钢丝绳隔振器的动变形比较大，为了满足使用环境的要求，还要提供钢丝绳隔振器的最大动变形参数。

（7）黏滞阻尼器

黏滞阻尼器是由缸体、活塞、黏滞材料等部分组成，利用活塞在黏滞材料中运动产生黏滞阻尼耗散能量的减振装置。对黏流体阻尼材料应有下列要求：

1）黏流体材料在其使用温度下，应具有较好的黏性，以提高隔振体系的阻尼；同时要求其剪切模量低，尽可能减小阻尼器对隔振体系刚度的影响；

2）黏流体的温度要求范围为 $0 \sim 50℃$；

3）黏流体应具有良好的耐久性和稳定性。

隔振体系中阻尼器的选型，应根据黏流体材料的运动黏度和隔振对象进行综合选择：

1）对旋转式和往复式稳态振动机器主动隔振，采用片型或多动片型，也可采用活塞柱型；

2）对冲击式或随机振动隔振，采用活塞柱型、多动片型或多片型；

3）对水平振动积极隔振，采用锥片型或多片型；

4）对于被动隔振采用锥片型或片型；

5）当黏流体 20℃时的运动黏度不小于 $200m^2/s$ 级时，采用片型。

阻尼器设计时，如阻尼器体积较小，可在隔振器箱体内与弹簧并联设置，阻尼器体积较大时，可与隔振器并联设置；阻尼器必须沿隔振器刚度中心对称设置，其位置应靠近竖向或水平向刚度最大处；单独设置的阻尼器，必须在隔振台座底面及阻尼器底部焊接牢固。

（8）电涡流阻尼器

电涡流阻尼器是一种基于电磁感应原理的全金属结构阻尼器，可以利用导体在磁场中运动产生电涡流效应的耗能原理形成非接触式阻尼。

电涡流阻尼器按结构形式可分为两种，其中板型电涡流阻尼器可取代片型黏滞流体阻尼器，轴向电涡流阻尼器可取代活塞柱型黏滞流体阻尼器。两种电涡流阻尼器均可以设计成实际速度型或放大速度型。实际速度型阻尼器中导体切割磁力线的速度与隔振体系实际振动速度一致。放大速度型阻尼器采用了螺旋等机械措施，使得导体切割磁力线的速度是隔振体系实际振动速度的数十倍以上，其阻尼系数也比同重量的实际速度型阻尼器大数十倍以上。

第二章 弹性波的传播与衰减

第一节 弹性波的概念

一、基本概念

当地基表面受到往复振动荷载作用时，会使土体产生一系列动力响应，使土体内部或表面随着时间的变化而产生应力或应变的变化。这种振动现象称之为波动。当持续时间较长，传播范围较大时，就需要考虑波动效应的影响。一般由人工振源作用在地基土内引起的应力波，其动应变范围大多在 $10^{-5} \sim 10^{-4}$ 以内，这时土体的表现可视为弹性波动，因此在人工振波振动荷载作用条件下，可假定地基土为线性的弹性体。相关的波动名词有下面几种：

1. 波动

振动在弹性介质中的传播，是弹性介质随时间、空间运动的变量。在一维波动情况下，波动函数可表示为 $F(x \pm ct)$。其中 x 为空间变量，t 为时间变量，c 为波的传播速度。

2. 波速

波的能量通过其介质的传播速度。单一简谐波在均匀土介质中传播的速度 c 为相速度。如波在非匀质土层中传播，则波速 $c(k)$ 将随波数 k（或波长）的变化相应产生其传播速度和波形的变化，这种变化称为频散，这变化的波速称为群速。波速是介质的剪切模量、泊松比及质量密度的函数，与波动应力大小和作用时间无关。

3. 质点速度

介质的质点受到振波的扰动时，围绕平衡位置所作的微幅运动的速度。受波动弹性介质中的任一点的质点速度 v，与该点的应力为线性关系。如一维的质点速度为 $v = \sigma(\rho E)^{-1/2}$，其中 E 为一维介质的弹性模量，ρ 为一维介质的质量密度，σ 为介质中与时间 t 有关的动应力。质点速度 v 与波速 c 关系为 $v = \varepsilon c$，其中，动应变 $\varepsilon = \sigma / E$。

4. 波长

在一个周期内，波动所传播的距离。波长 λ 与振动周期 T 及波速 c 的关系为 $\lambda = Tc$，与波数 k 的关系为 $\lambda = 2\pi/k$。其中波数 $k = \omega/c$，ω 为圆频率。

二、弹性体的波动理论

1. 波动方程

在假定土为各向同性、均质、连续弹性介质的条件下，振动在土内传播的波动方程有如下几类：

（1）一维线性坐标下的波动方程为：

$$\frac{\partial^2 u}{\partial t^2} = c^2 \frac{\partial^2 u}{\partial x^2} \tag{2-1-1}$$

式中　u——位移；

　　　c——弹性波速，弹性杆的纵向波速 $c=\sqrt{\dfrac{E}{\rho}}$；

　　　E——弹性模量；

　　　ρ——弹性杆质量密度。

（2）三维线性（笛卡尔）坐标下的波动方程为：

$$\rho\frac{\partial^2 u_x}{\partial t^2}=(\lambda+G)\frac{\partial\bar{\varepsilon}}{\partial x}+G\nabla^2 u_x \tag{2-1-2}$$

$$\rho\frac{\partial^2 u_y}{\partial t^2}=(\lambda+G)\frac{\partial\bar{\varepsilon}}{\partial y}+G\nabla^2 u_y \tag{2-1-3}$$

$$\rho\frac{\partial^2 u_z}{\partial t^2}=(\lambda+G)\frac{\partial\bar{\varepsilon}}{\partial z}+G\nabla^2 u_z \tag{2-1-4}$$

$$\bar{\varepsilon}=\frac{\partial u_x}{\partial x}+\frac{\partial u_y}{\partial y}+\frac{\partial u_z}{\partial z} \tag{2-1-5}$$

$$\nabla^2=\left(\frac{\partial^2}{\partial x^2}+\frac{\partial^2}{\partial y^2}+\frac{\partial^2}{\partial z^2}\right) \tag{2-1-6}$$

式中　u_x——沿 x 方向的位移；

　　　u_y——沿 y 方向的位移；

　　　u_z——沿 z 方向的位移；

　　　ε——体积应变或体积胀缩；

　　　∇^2——直角坐标系下的拉氏算子；

　　　G——剪切模量。

剪切模量 G 与泊松比 μ 和 E 的关系为：

$$G=\frac{E}{2(1+\mu)} \tag{2-1-7}$$

$$\lambda=\frac{2G\mu}{1-2\mu}=\frac{E\mu}{(1+\mu)(1-2\mu)} \tag{2-1-8}$$

（3）圆柱坐标下的波动方程为：

$$\rho\frac{\partial^2 u}{\partial t^2}=(\lambda+2G)\frac{\partial\bar{\varepsilon}}{\partial r}-\frac{2G}{r}\frac{\partial\bar{\omega_z}}{\partial\theta}+2G\frac{\partial\bar{\omega_\theta}}{\partial z} \tag{2-1-9}$$

$$\rho\frac{\partial^2 u_\theta}{\partial t^2}=(\lambda+2G)\frac{1}{r}\frac{\partial\bar{\varepsilon}}{\partial\theta}-2G\frac{\partial\bar{\omega_r}}{\partial z}+2G\frac{\partial\bar{\omega_z}}{\partial r} \tag{2-1-10}$$

$$\rho\frac{\partial^2 u_z}{\partial t^2}=(\lambda+2G)\frac{\partial\bar{\varepsilon}}{\partial\theta}-\frac{2G}{r}\frac{\partial}{\partial r}(r\bar{\omega_\theta})+\frac{2G}{r}\frac{\partial\bar{\omega_r}}{\partial\theta} \tag{2-1-11}$$

$$\bar{\varepsilon}=\varepsilon_{rr}+\varepsilon_{\theta\theta}+\varepsilon_{zz}=\frac{\partial u_r}{\partial r}+\frac{1}{r}\frac{\partial u_\theta}{\partial\theta}+\frac{u_r}{r}+\frac{\partial u_z}{\partial z} \tag{2-1-12}$$

$$\nabla^2=\left(\frac{\partial^2}{\partial r^2}+\frac{1}{r}\frac{\partial}{\partial r}+\frac{1}{r^2}\frac{\partial^2}{\partial\theta^2}+\frac{\partial^2}{\partial z^2}\right) \tag{2-1-13}$$

$$2\bar{\omega}_r = \frac{1}{r}\frac{\partial u_z}{\partial \theta} - \frac{\partial u_\theta}{\partial z} \tag{2-1-14}$$

$$2\bar{\omega}_\theta = \frac{\partial u_r}{\partial z} - \frac{\partial u_z}{\partial r} \tag{2-1-15}$$

$$2\bar{\omega}_z = \frac{\partial u_\theta}{\partial r} + \frac{u_\theta}{r} - \frac{1}{r}\frac{\partial u_r}{\partial \theta} \tag{2-1-16}$$

式中　u_r——沿径向 r 的位移分量；

　　　u_θ——沿切向 θ 的位移分量；

　　　u_z——沿垂直向 z 的位移分量；

　　　$\bar{\omega}_r$——相对 r 轴的转动分量；

　　　$\bar{\omega}_\theta$——相对 θ 轴的转动分量；

　　　$\bar{\omega}_z$——相对 z 轴的转动分量。

（4）平面直角坐标轴下的波动方程：

$$\rho\frac{\partial^2 u_x}{\partial t^2} = (\lambda+G)\frac{\partial \bar\varepsilon}{\partial x} + G\nabla^2 u_x \tag{2-1-17}$$

$$\rho\frac{\partial^2 u_z}{\partial t^2} = (\lambda+G)\frac{\partial \bar\varepsilon}{\partial z} + G\nabla^2 u_z \tag{2-1-18}$$

$$\bar\varepsilon = \frac{\partial u_x}{\partial x} + \frac{\partial u_z}{\partial z} \tag{2-1-19}$$

$$\nabla^2 = \left(\frac{\partial^2}{\partial x^2} + \frac{\partial^2}{\partial z^2}\right) \tag{2-1-20}$$

（5）在没有外力作用的条件下，假设应力、应变函数 ζ 为波动方程的一个通解，上述波动方程就可以简化表示为：

$$\frac{\partial^2 \zeta}{\partial t^2} = c^2\nabla^2\zeta \tag{2-1-21}$$

式中　c——对应空间坐标的波速。

2. 弹性体波

（1）波动方程

在笛卡尔坐标下，沿 x 坐标传播的平面波，在满足波动方程式（2-1-21）的解 $\zeta(x,y,z,t)$ 中，于是有：

$$\zeta = F(x-ct) \tag{2-1-22}$$

此时波动方程的解与 y、z 无关，这种波在与 x 轴垂直的平面上总是同相位、等振幅，因此，称之为平面波。

在球面坐标下，沿径向传播的球面波，在满足波动方程式（2-1-21）的解 $\zeta(r,\theta,t)$ 中，其解与 θ、φ 无关，于是有：

$$\zeta = \frac{1}{r}F(r-ct) \tag{2-1-23}$$

此时波动方程的解与 θ、z 无关，$r=\sqrt{x^2+y^2+z^2}$，这种波在绕圆心的球面上总是同相位、等振幅，因此，称之为球面波。

在波动的传递过程中，同一时刻由同相位组成的面称为波阵面或波前。平面波、圆柱面波和球面波的波阵面分别为平面、圆柱面、球面。

（2）P 波和 S 波

对于无限介质，由式(2-1-2)～式(2-1-4)可得两种波：

其一为 P 波（膨胀波、初波、压缩波、纵波、无转动波）的波速 V_P 为：

$$V_P = \sqrt{\frac{\lambda + 2G}{\rho}} \tag{2-1-24}$$

其二为 S 波（畸变变、剪切波、横波、次波、等体积波）的波速 V_S 为：

$$V_S = \sqrt{\frac{G}{\rho}} \tag{2-1-25}$$

S 波又分为 SH 波和 SV 波，其中 SV 波是与射线垂直的入射面内的 S 波，SH 波是与射线和入射面垂直（与分界面平行）的 S 波。

P 波和 S 波的传播速度之比 V_P/V_S 与泊松比 μ 之间有下列关系式：

$$\frac{V_P}{V_S} = \sqrt{\frac{2(1-\mu)}{(1-2\mu)}} \tag{2-1-26}$$

3. 弹性面波

（1）Rayleigh 波

在弹性半空间上，振动可能出现在半球的表面。对于局限于半空间表面附近的 Rayleigh 波（R 面波），是 P、S 波由于边界作用产生的，其波速 V_R 可由瑞利方程确定：

$$1 - 8\varepsilon^2 + (24 - 16\theta^2)\varepsilon^4 - 16(1-\theta^2)\varepsilon^6 = 0 \tag{2-1-27}$$

$$\theta = \frac{V_S}{V_P} = \sqrt{\frac{1-2\mu}{2-2\mu}} \tag{2-1-28}$$

$$\varepsilon = \frac{V_S}{V_R} \tag{2-1-29}$$

式(2-1-28)是关于 ε^2 的一元三次方程，仅与 θ 有关，因此 ε 值只取决于介质泊松比 μ 值，给定 μ 即可获得 ε 值。

工程上常采用经验公式近似计算 V_R，如下式：

$$V_R = \frac{0.87 + 1.12\mu}{1+\mu} V_S \tag{2-1-30}$$

在各向同性的半无限弹性体内，Rayleigh 波的 $U(z)$、$W(z)$ 函数沿 z 向分布和运动轨迹如图 2-1-1 所示。图中表示的是在半无限弹性体内的 Rayleigh 波，在半空间表面上，波动的质点朝 x 轴负方向运动，在半空间下方，也就是在弹性体内部，则是质点朝 x 轴正方向运动。

在半无限弹性介质中，P 波、S 波和 R 波的传播速度和 μ 的关系如图 2-1-2 所示。已知 $V_R < V_S < V_P$，V_R 略小于 V_S，当 $\mu \to 0.5$ 时，$V_R \to V_S$。当 $\mu = 0.25$ 时，$V_P = \sqrt{3} V_S$。且与频率无关，即 R 波不存在频散现象。

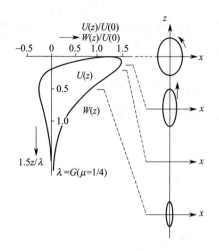

图 2-1-1 沿 z 向运动轨迹

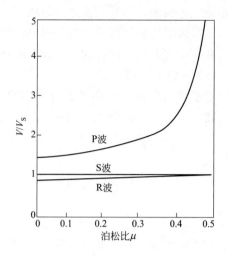

图 2-1-2 R 波与体波的关系

（2）Love 波

在半无限弹性体的表面上存在均匀厚度的弹性层，当表层的 S 波速度比下层小时（$V_S < V'_S$），则存在 Love 波（图 2-1-3）。其相速度 V_L 为：

$$V_L = \omega / K_x \tag{2-1-31}$$

V_L 与 V_S 的关系为：

$$V_L = V_S \sqrt{1 + (K_z / K_x)^2} \tag{2-1-32}$$

式中，K_z、K_x 为与圆频率 ω 相关的常数，V_L 随不同波长接近表层 V_S 或下层 V'_S 而出现频散现象。

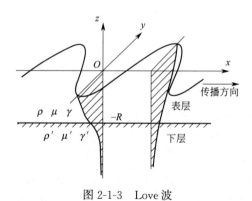

图 2-1-3 Love 波

第二节 弹性波的传播

一、地面弹性波动理论

1. 点源

竖向集中简谐力 $F_V e^{i\omega t}$ 作用在地表面 O 点（图 2-2-1），半空间表面上任一点的竖向位移为 $w_V(t)$：

$$w_{\mathrm{V}}(t)=\frac{F_{\mathrm{V}}\mathrm{e}^{i\omega t}}{Gr}[f_{\mathrm{V}1}(a_{\mathrm{r}}\mu)+if_{\mathrm{V}2}(a_{\mathrm{r}}\mu)] \tag{2-2-1}$$

$$a_{\mathrm{r}}=\frac{\omega r}{V_{\mathrm{S}}} \tag{2-2-2}$$

式中　$f_{\mathrm{V}i}(a_{\mathrm{r}}\mu)$——与无因次频率 a_{r} 相关的位移函数（$i=1,\ 2,\ \cdots$）；

$\quad\quad\ \omega$——圆频率；

$\quad\quad\ V_{\mathrm{S}}$——土介质的剪切波速。

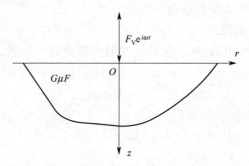

图 2-2-1　竖向集中简谐力作用于 O 点

当 $a_{\mathrm{r}}=0$ 时，$f_{\mathrm{V}1}(0\cdot\mu)=\dfrac{1-\mu}{2}$，$f_{\mathrm{V}2}(0\cdot\mu)=0$，由式（2-2-1）得：

$$w_{\mathrm{V}}=\frac{F_{\mathrm{V}}(1-\mu)}{2\pi Gr} \tag{2-2-3}$$

上式即静态 Boussinesq 解。

2. 面源

地面上半径为 r_0 的圆面积内作用竖向谐和均布力 $F\mathrm{e}^{i\omega t}$（图 2-2-2），受荷圆圆心的竖向位移为 $w_0(a_0,\ t)$：

$$w_0(a_0\cdot t)=\frac{\pi r_0 F\mathrm{e}^{i\omega t}}{G}[f_1(a_0)+if_2(a_0)] \tag{2-2-4}$$

式中　a_0——无量纲频率，$a_0=\dfrac{r_0\omega}{V_{\mathrm{S}}}$；

$\quad\quad f_i(a_0)$——与 a_0 相关的位移函数（$i=1,\ 2,\ \cdots$）。

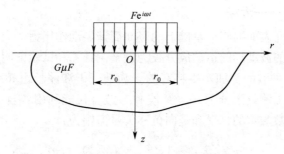

图 2-2-2　圆形分布竖向简谐作用力

由圆心位移式可计算各类情况的地面波动位移，如竖向简谐圆形均布振动作用力

$Fe^{i\omega t}$ 作用下，地面任意点竖向位移 $w(\eta,a_0,t)$ 为：

$$w(\eta,a_0,t)=\frac{\pi r_0 Fe^{i\omega t}}{G}[f_{01}(\eta,a_0)+if_{02}(\eta,a_0)] \qquad (2\text{-}2\text{-}5)$$

$$\eta=\frac{r}{r_0} \qquad (2\text{-}2\text{-}6)$$

$$a_0=\frac{r_0\omega}{V_{\mathrm{S}}}=2\pi\frac{r_0}{\lambda_{\mathrm{S}}} \qquad (2\text{-}2\text{-}7)$$

式中　r——地面上所讨论点与荷载面中心的距离；

　　　λ_{S}——土介质的 S 波波长。

下面以近场振动为例加以说明。按照已知的实测资料，见表 2-2-1。再根据式（2-2-5）进行分析。

激振器的底面积：$A=1.0\mathrm{m}^2$（$r_0=0.5642\mathrm{m}$）；

竖向激振力作用：$F=15000\mathrm{kN}$；

竖向分布力作用：$f=F/A=1.5\mathrm{kN/cm}^2$；

激振器中心距离：$r=1.6\mathrm{m}$ 及 $2.4\mathrm{m}$；

测得竖向振幅为：U_{zr}。

竖向位移的计算公式为：

$$U_{\mathrm{zr}}=\frac{\pi r_0 f}{G}f_0 \qquad (2\text{-}2\text{-}8)$$

$$f_0=\sqrt{f_{01}^2+f_{02}^2} \qquad (2\text{-}2\text{-}9)$$

按照式（2-2-8）计算竖向振幅结果与实测值对比，如表 2-2-1 所示。

竖向振幅（$\mu=0.25$）计算值与实测值比较　　　　　表 2-2-1

N (r/min)	ω (rad/s)	r (m)	a_0	η	V_s (m/s)	G (kg/cm²)	f_0	U_{zr} (mm)	
								计算值	实测值
600	62.8	1.6	0.24	2.84	150	374	0.0429	3.05×10^{-2}	2.5×10^{-2}
810	84.8	1.6	0.40	2.84	120	245	0.0431	4.68×10^{-2}	3.9×10^{-2}
1000	104.7	2.4	0.40	4.25	120	245	0.0306	3.32×10^{-2}	3.25×10^{-2}
1500	157.1	1.6	0.68	2.84	130	287	0.0441	4.09×10^{-2}	3.70×10^{-2}

二、近源波动场——近场

施加在弹性半空间表面的圆形基础上的竖向简谐振动作用力，会使得基础附近产生近源位移波动场，这样的波动场的运动成分较为复杂。计算和试验证明：近场体波在表面的振幅与 R 波相当，三种波的叠加产生特有的干涉波，干涉波长由频率和泊松比控制，稳态激振波动场不可能由测量区分 R 波、P 波和 S 波，仅能利用各自不同的传播速度实现各分量分离，采用复数表示的水平和竖向位移矢量振幅为：

$$\left|u_{\mathrm{x}}\frac{G}{Q}\lambda_{\mathrm{R}}\right|=(RE_{\mathrm{ux}}^2+IM_{\mathrm{ux}}^2)^{\frac{1}{2}}=u_{\mathrm{x}}^* \qquad (2\text{-}2\text{-}10)$$

$$\left|u_{\mathrm{z}}\frac{G}{Q}\lambda_{\mathrm{R}}\right|=(RE_{\mathrm{uz}}^2+IM_{\mathrm{uz}}^2)^{\frac{1}{2}}=u_{\mathrm{z}}^* \qquad (2\text{-}2\text{-}11)$$

式中 u_x——轴对称时表面水平位移分量；

  u_z——轴对称时表面竖向位移分量；

  Q——点源激振强度。

竖向激振点源和位移矢量间相位角为：

$$\alpha_{ux} = \arctan\left(\frac{IM_{ux}}{RE_{ux}}\right) \tag{2-2-12}$$

$$\alpha_{uz} = \arctan\left(\frac{IM_{uz}}{RE_{uz}}\right) \tag{2-2-13}$$

计算考虑了泰勒级数前三项的贡献和泊松比变化（$u = 0.30$、0.35、0.40 和 0.45）的影响，振幅和相位角分别相对归一化径向距离 $R^* = \dfrac{r}{\lambda_R}$，如图 2-2-3 和图 2-2-4 所示。图中曲线为泊松比 $\mu = 0.3$ 时的情况。

图中编号表示为：

①仅为级数中第一项（其幅值仅大于④R 波，其影响距离 R^* 较近）。

②为级数中前两项（其幅值大于①、④，影响距离 R^* 较①远）。

③为级数中前三项（其幅值最大，影响距离 R^* 最远）。

④仅为 R 波（近源内被①～③掩盖，$R^* > 5$ 以远开始出现直到远源以 R 波为主的传播）。

在所有振幅上均有干涉产生，即引起相同径向距离产生一连串最大和最小值（该距离称为干涉波长 λ_i），相位曲线受干涉影响相当小，由图可知：近场体波占支配地位。

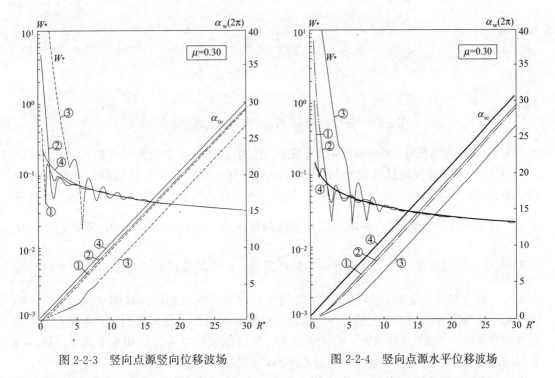

图 2-2-3 竖向点源竖向位移波场   图 2-2-4 竖向点源水平位移波场

一般情况下（$\mu = 0.3 \sim 0.45$），R 波竖向位移分量随 R^* 的衰减较水平分量衰减快，体波的水平分量较竖向分量衰减慢。

三、远源波动场——远场

由动力机器基础、交通运输、工程建设等振动荷载作用产生的主要是人工表面波源，通过土介质传递的能量是 P 波、S 波和 R 波的组合。Miller 等已近似计算出 $\mu=\frac{1}{4}$ 的弹性半空间表面在竖向激振圆形基础作用下这些波能的分配，据此 Woods 绘出了著名的均质各向同性弹性半空间表面上，由圆形基础传来远场位移的波场图，如图 2-2-5 所示。图中仅考虑了泰勒级数的第一项，也略去了第一项中含 $\frac{1}{R^{*3}}$ 的部分（$R^{*}=\frac{r}{\lambda_{R}}$，$r$ 为距波源距离，λ_{R} 为 R 波波长），所以仅适合远场，而近场必须考虑第二、第三项对波场分量的贡献，如图 2-2-3、图 2-2-4 所示。

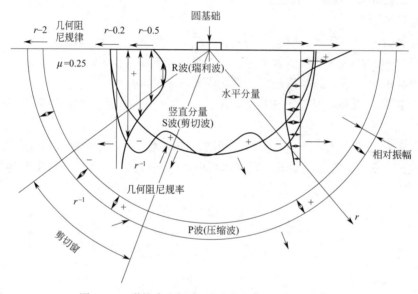

图 2-2-5　弹性半空间表面上圆形基础远场位移波场

图 2-2-5 中波源至每一种波前的距离是按各自波速比例绘制的，三种波速关系见图 2-1-2。

图 2-2-5 表明体波传播从波源沿半球面波前向外辐射，R 波传播沿柱状波前向外辐射，随着离振源距离的增加而波前增大，使每一种波能密度或位移振幅减小，称之为几何阻尼（这里不计材料阻尼），体波的几何衰减规律为 $\frac{1}{R}$（沿地表 R 为 $\frac{1}{r^{2}}$），R 波的衰减规律为 $\frac{1}{\sqrt{R}}$，P 波的质点运动是波前方向的推拉运动，S 波的质点运动是垂直波前方向的横向位移，而 R 波质点运动在半空间表面是与波行进方向相反的逆进椭圆（图 2-1-1），椭圆的垂直轴约为水平轴的 1.5 倍。体波沿波前的阴影区表示质点位移的相对振幅，S 波振幅在倾角 $\theta=20°\sim50°$ 之间最大，称为剪切窗。R 波振幅可分为竖向和水平两个分量，两者与深度均呈指数规律很快衰减，但分布不同，如图 2-1-1 所示。

王贻荪获得了任意泊松比 μ 值的 Lamb 问题精确解，结果表明在竖向集中简谐振动荷载作用下，地面的竖向动位移在其传播范围内均为体波与面波的叠加。在无量纲距离$a_r = \left(\dfrac{\omega}{V_S}\right)r > 3.33$ 时，地面振动面波占优势，即为远场。

远场三种波辐射出去的能量分配是：R 波占 67%、S 波占 26%、P 波占 7%。远源 2/3 总能量由 R 波从表面波源传递以及 R 波沿水平距离衰减比体波慢很多的事实，表明远场地面振动主要是 R 波。

四、近场与远场的界线

由弹性半空间表面在竖向谐和振动的圆形基础作用下的理论与工程实用分析，近源波动场与远源波动场作工程评估时可采用下列公式：

$$r = \begin{cases} 2.5\lambda_R: & 一般土场地(\mu \geqslant 0.35) \\ 5.0\lambda_R: & 较硬岩石场地(\mu \leqslant 0.30) \end{cases} \qquad (2\text{-}2\text{-}14)$$

当 r 小于式(2-2-14) 时为近场波动，r 大于式(2-2-14) 时为远场波动。

对于一般机器基础：

$$r = (15 \sim 20)r_0 \qquad (2\text{-}2\text{-}15)$$

式中 r_0——机器基础当量半径，按波源能量大小取式中高低值。

当 r 小于式(2-2-15) 时为近场波动，即其波动随 r 的衰减主要表现为以体波（P、S 波）为主包含 R 波几何衰减，土材料能量吸收对其影响甚小。当 r 大于式(2-2-15) 时为远场波动，即以 R 波为主包含 P、S 波并与土材料特性密切相关的传播介质能量吸收衰减。因此，当采用式(2-3-5) 和式(2-3-6)，由实测地面衰减反算地基土能量吸收系数 a_0 值时，需注意首先其实测距离为 $r \geqslant 45r_0$，其次应采用 r 大于式(2-2-15) 计算的地面振幅值作为反算振幅。

五、埋深波源

人工振源有不少在地面下一定深度产生，并在地面产生因波源埋深所造成的波动影响。如强振设备下的深基础（桩基等），打桩波源、地下铁道、地下爆破等。其特点是在近源地面振动较无埋源衰减快，而远源却较之衰减慢，并在某一范围的地面上出现振动聚焦现象，即地面振动在这一范围突然增大，然后随其距离继续衰减。波源埋深机理，如图 2-2-6 所示，埋置基础（埋源）的原有质量定参数等效集总的振动方程为：

$$m\ddot{Z} + C_{z\delta}\dot{Z} + K_{z\delta}Z = Q_0 e^{i\omega t} \qquad (2\text{-}2\text{-}16)$$

$$C_{z\delta} = \frac{3.4\sqrt{G_\delta \rho r_\delta^2}}{(1-\mu)} \qquad (2\text{-}2\text{-}17)$$

$$K_{z\delta} = \frac{4G_\delta r_\delta}{(1-\mu)} \qquad (2\text{-}2\text{-}18)$$

$$r_\delta = \delta_r r_0 \qquad (2\text{-}2\text{-}19)$$

$$G_\delta = \delta_G G \qquad (2\text{-}2\text{-}20)$$

式中 μ——土介质泊松比；

$\quad G$——土介质剪切模量；

$\quad \rho$——土介质质量密度。

在式(2-2-16) 中的 δ_r 和 δ_G 与 m 的埋置深度比 $H/r_0 = \delta$ 相关。当 $H = 0$ 时，$\delta = 0$；式

中的 $r_\delta = r_0$、$G_\delta = G$，即 $\delta_r = \delta_G = 1$，于是式（2-2-16）就成为图 2-2-6 无埋深的明置波源。

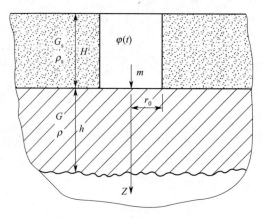

图 2-2-6　半空间内埋深波源

由此埋置波源向外传播的波动，可视波源半径和波源传播介质的弹性性质的相应改变，这种改变导致地面波传播随波源频率产生相应变化。

第三节　弹性波的衰减

一、体波呈半球面传播

在地面作用以 r_0 为半径的面源，近似考虑，如式（2-1-23），体波波前自波源沿半球面向外传播，同时因土壤非完全弹性，能量亦因土材料阻尼耗散，其距波源中心 r 处土面体波振幅为：

$$U_{\mathrm{rps}} = U_0 \sqrt{\frac{r_0^2 \zeta}{r^2}} \exp\left[-\alpha_0 f_0 (r - r_0)\right] \tag{2-3-1}$$

式中　ζ——与波源状态有关的系数；

U_0——波源振幅；

f_0——波源频率；

α_0——地基土能量吸收系数；

r_0——波源半径。

对于体波（P 波、S 波）在土介质每单位体积中的能量，即由波源传输的能量密度具有如下特性：

（1）均以半球面辐射衰减；

（2）单位体积能量密度与球半径 R（在地面为 r）的平方成反比；

（3）土介质的横波波速 V_S（或纵波波速 V_P）及其介质质量密度 ρ 直接影响波能的近场传播，其能量密度与 ρ 的一次方、V_P 的负一次方和 V_S 的四次方成正比；

（4）通过半球面辐射出去的波源总能量与其半径 R 无关（当 R 足够大时）。

二、面波呈环状扩散传播

以 r_0 为半径的面源，近似考虑面波能量呈环状扩散，同时地基土不是完全弹性的，能量还因土材料阻尼而耗散，于是距波源中心 r 处的面波振幅为：

$$U_{rR}=U_0\sqrt{\frac{r_0^2\zeta}{r}}\exp[-\alpha_0 f_0(r-r_0)] \tag{2-3-2}$$

对于面波（R 波）在土介质中的能量密度有如下特性：

(1) 以圆柱面辐射衰减；

(2) 单位面积能量密度与圆柱半径 r 成反比，与其深度 Z 呈指数衰减；

(3) 其能量密度与 ρ 及 V_P 的一次方和 V_S 的平方成反比；

(4) 由圆柱面辐射出去的波源总能量与圆柱半径 r 无关（当 r 足够大时），即在半空间表面任一 r 处圆柱面上，其能量密度的总和与波源面波总能量相等。

三、振动面源引起的地面波动衰减计算

振动面源传给地基土介质的能量，是体波（P、S 波）和面波（R 波）相应传播的组合，将上述两种波叠加起来，可得距波源中心 r 处自由地面振幅为：

$$U_r=\sqrt{(U_{rR})^2+(U_{rps})^2} \tag{2-3-3}$$

由式(2-3-1) 及式(2-3-2)，当忽略体波和面波之间的相位差时，由图 2-2-3 及图 2-2-4 可见这种忽略不影响计算精度，可得：

$$U_r=U_0\sqrt{\frac{r_0}{r}\left[1-\zeta_0\left(1-\frac{r_0}{r}\right)\right]}\exp[-\alpha_0 f_0(r-r_0)] \tag{2-3-4}$$

$$r_0=\mu_1\sqrt{\frac{A}{\pi}} \tag{2-3-5}$$

式中　r——距动力面源中心距离；

U_r——距动力面源中心 r 处地面振幅；

f_0——波源扰动频率（已测资料在 50Hz 以内）；

U_0——波源振幅；

ζ_0——与波源面积有关的几何衰减系数，按表 2-3-1 采用；

r_0——波源半径；

A——波源面积；

μ_1——动力影响系数，可按下列规定取值：

当 $A\leqslant 10\text{m}^2$，$\mu_1=1.00$；

$A=12\text{m}^2$，$\mu_1=0.96$；

$A=14\text{m}^2$，$\mu_1=0.92$；

$A>20\text{m}^2$，$\mu_1=0.80$；

α_0——地基土能量吸收系数（表 2-3-2）。

几何衰减系数 ζ_0 值　　　　　　　　　　　　　　表 2-3-1

土类	振动基础半径或当量半径 r_0(m)							
	$\leqslant 0.5$	1.0	2.0	3.0	4.0	5.0	6.0	$\geqslant 7.0$
一般黏性土、粉土和砂土	0.85~0.99	0.7	0.6	0.55	0.45	0.40	0.35	0.15~0.25

土类	振动基础半径或当量半径 r_0(m)							
	≤0.5	1.0	2.0	3.0	4.0	5.0	6.0	≥7.0
饱和软土	0.85~0.99	0.65~0.70	0.50~0.55	0.45~0.50	0.35~0.40	0.30~0.35	0.25~0.30	0.10~0.20
岩石	0.90~0.99	0.85~0.90	0.80~0.85	0.75~0.80	0.70~0.75	0.65~0.70	0.60~0.65	0.40~0.50

注：1. r_0 为中间值时，可用插入法求 ζ_0 值；

2. 对于饱和软土，当地下水深等于或小于 1m 时，ζ_0 用小值，地下水深度为 1.5~2m 时用大值，深度大于 2.5m 时用一般黏性土的 ζ_0 值；

3. 对岩石、岩面覆盖层 2.5m 以内 ζ_0 用大值，2.5m 以上用小值，超过 6m 用一般黏性土和砂土的 ζ_0 值；

4. 本表系数适用于振动基础埋深 H 与其 r_0 比值 $H/r_0 \leq 2.5$。

式(2-3-4)即为《动力机器基础设计规范》GB 50040 地面振动衰减计算公式。

由以上解可见式(2-3-4)的根号内反映了波的能量密度随着与波源的距离增加而减小，即为几何衰减，根号外的指数项是表示波随土材料耗散。同时，当波源半径 r_0 值小时，ζ_0 值大，即体波所占成分大；当 r_0 值大时，ζ_0 值趋向小，即体波所占成分小，面波成分相应提高，这与精确理论解一致。当 $\zeta_0 \to 0$，$f_0 = 1$，$r_0 = r_1$ 及 $U_0 = Ur_1$。式(2-3-4)即为 Bornitz(1912)的面波公式。

地基土的能量吸收系数 α_0 值　　　　　　表 2-3-2

地基土类别		α_0(s/m)
岩石(覆盖层 1.5~2.0m)	页岩、石灰岩	$(0.385~0.485) \times 10^{-3}$
	砂岩	$(0.580~0.775) \times 10^{-3}$
硬塑的黏土		$(0.385~0.525) \times 10^{-3}$
中密的块石、石灰石、孵石		$(0.950~1.100) \times 10^{-3}$
可塑的黏土、粉质黏土和中密的粗砂		$(0.965~1.200) \times 10^{-3}$
软塑的黏土、粉质黏土、粉土和稍密的中砂、粗砂		$(1.255~1.450) \times 10^{-3}$
淤泥质黏土、粉质黏土、粉土和饱和松散细砂		$(1.200~1.300) \times 10^{-3}$
新近沉积的黏土和非饱和松散砂		$(1.800~2.050) \times 10^{-3}$

注：1. 同一状态下的地基，振动设备大者（如 16t 锻锤），α_0 取小值，振动设备小者 α_0 取较大值；试验用（机械式）激振器，表中 α_0 值乘以 1.5~3.0 倍增大系数（饱和软土、硬黏土，取 1.5；沉积残积土、填土，取 3.0）；

2. 同等情况下，土的孔隙比大，α_0 值取偏大值，孔隙比小，α_0 取偏小值。

显然，Bornitz 式是一根很陡的指数曲线，所以在近源距离处，实测振幅总是小于而远源距离处总是大于按 Bornitz 式计算的振幅。特别是大能量波源所引起的地面振动更是如此，一般与实测衰减曲线只能相交一点，同时又未考虑波源频率（$f_0 = 1$）这一重要因素，因此在此点外即产生误差。这是由于该式原是用于估算地震的面波衰减公式，对于体波不可忽视而工程设计又必须考虑的近源距离是不适用的。

四、《动力机器基础设计规范》GB 50040 地面振动衰减计算公式

为了分解几何衰减中体波与面波干涉效应，采用计算机代数系统对式(2-3-4)中根式

部分进行了分解，找到了其计算精度不变而物理概念更加明确的表达式为：

$$U_r = U_0 \left[\frac{r_0}{r}\zeta + \sqrt{\frac{r_0}{r}}(1-\zeta) \right] e^{-\alpha_0 f_0 (r-r_0)} \qquad (2\text{-}3\text{-}6)$$

式中 ζ——与波源半径有关的几何衰减系数，按表 2-3-3 采用。

几何衰减系数 ζ 值   表 2-3-3

土类	振动基础半径或当量半径 r_0(m)						
	≤0.5	1.0	2.0	3.0	4.0	5.0	6.0	≥7.0
一般黏性土、粉土和砂土	(0.85~0.99) 0.70~0.95	(0.7) 0.55	(0.6) 0.45	(0.55) 0.40	(0.45) 0.35	(0.40) 0.30	(0.35) 0.30	(0.15~0..25) 0.15~0.20
饱和软土	(0.85~0.99) 0.70~0.95	(0.65~0.70) 0.50~0.55	(0.50~0.55) 0.40	(0.45~0.50) 0.35~0.40	(0.35~0.40) 0.30	(0.30~0.35) 0.25~0.30	(0.25~0.30) 0.20~0.25	(0.10~0.20) 0.10~0.20
岩石	(0.90~0.99) 0.80~0.95	(0.85~0.90) 0.70~0.80	(0.80~0.85) 0.65~0.70	(0.75~0.80) 0.60~0.65	(0.70~0.75) 0.55~0.60	(0.65~0.70) 0.50~0.55	(0.60~0.65) 0.45~0.50	(0.40~0.50) 0.30~0.40

注：1. 表 2-3-1 的注 1、2、3、4 对本表均适用；

    2. 括号内数据为表 2-3-1 的 ζ_0 值，以便对照。

五、理论计算与实测比较

1. 式(2-3-4) 和式(2-3-6) 对一般机器基础波源，在 $r \approx 70r_0$ 范围内，其计算结果与实测对比精度相当。同时式(2-3-6) 在近场（几何衰减）时相对安全度较好，当 $r > 70r_0$ 时，式(2-3-6) 的振幅衰减随其距离的增加略快于式(2-3-4) 计算值。

2. 与精确理论计算结果的比较。对 25000kN 热模锻压力机基础，锻压发动机连杆时，地面振动竖向线位移，由实测、有限元与式(2-3-5) 计算结果对比如图 2-3-1 所示。其中 $U_0 = 91\mu m$，$r_0 = 3.35m$，$\zeta = 0.3825$（由表 2-3-3 查得），$\alpha_0 = 1.45 \times 10^{-3}$（由表 2-3-2 查得）。由图可见，式(2-3-5) 计算值较有限元精确计算值与实测结果吻合。特别是工程设计需可靠评估的近源振动，式(2-3-5) 结果能在安全范围。

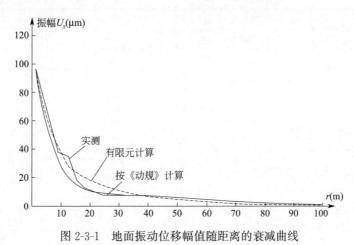

图 2-3-1 地面振动位移幅值随距离的衰减曲线

3. 简谐波源与冲击波源计算与实测结果见表 2-3-4～表 2-3-6。

空压机基础、简谐波源（软塑粉质黏土）　　　　表 2-3-4

距离 r(m)	实测振幅(μm)	计算振幅 U_r(μm)	
		按式(2-3-4)	按式(2-3-5)
2.7	14.4	14.4	14.4
5.5	8.8	8.6	8.8
8.5	5.6	6.4	6.5
12.5	4.0	5.0	5.0
16.5	1.2	4.1	4.1
20.5	1.4	3.6	3.5
24.5	2.0	3.1	3.1
30.5	1.5	2.7	2.6

注：$f_0=5.0$Hz，$\alpha_0=1.35\times10^{-3}$s/m，$\zeta_0=0.47$。

压缩机基础水平激振力大于竖向激振力（硬质粉质黏土）　　　　表 2-3-5

距离 r(m)	实测振幅(μm)	计算振幅 U_r(μm)	
		按式(2-3-4)	按式(2-3-5)
3.75	260.0	260.0	260.0
9.4	110.0	134.4	140.0
19.4	72.0	79.1	82.6
32.4	58.0	51.7	53.7
39.4	48.0	43.1	44.5
49.4	39.0	34.2	35.3

注：$f_0=27.8$Hz，$\alpha_0=0.4\times10^{-3}$s/m，$\zeta_0=0.4$〔对式(2-3-4)〕、0.3〔对式(2-3-5)〕。

大型冲击基础波源、天然地基（硬质粉质黏土）　　　　表 2-3-6

距离 r(m)	实测振幅(μm)	计算振幅 U_r(μm)	
		按式(2-3-4)	按式(2-3-5)
6.0	600.0	600.0	600.0
12.0	380.0	376.6	386.7
20.0	295.0	270.7	279.0
25.0	210.0	234.2	241.2
36.0	200.0	183.8	188.7
50.0	150.0	146.1	149.2
73.0	97.0	109.7	111.3
100.0	70.0	84.0	84.8
150.0	50.0	56.4	56.4
200.0	47.0	40.2	40.1
250.0	41.0	29.7	29.4
300.0	28.0	22.3	22.1
360.0	16.0	16.2	16.0

注：$f_0=9.0$Hz，$\alpha_0=0.425\times10^{-3}$s/m，$\zeta_0=0.35$〔对式(2-3-4)〕、0.30〔对式(2-3-5)〕。

4. 国外的实测对比

近年来，希腊学者 G. A. Athanasopoulos，P. C. Pelekis 及美国学者 G. A. Anag-nostopoulos 在希腊东北部爱琴海边 thessaloniki 市及 Grete 岛北部 Chania 市，做了 17 个场地、41 组现场测试，结果分析如图 2-3-2 所示，其结论认为 Yang 式［即式（2-3-4）］系数 α_0 值与其实测结果甚吻合，R. D. Woods 的 α_0 系数除较低波速的土外，其余均与其实测值偏差甚大。

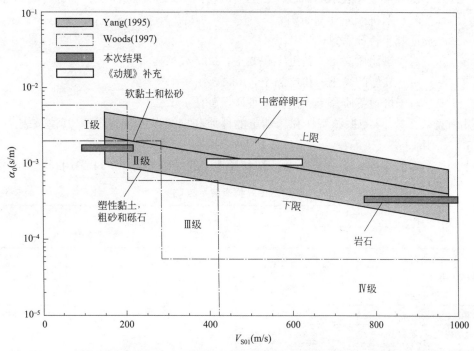

图 2-3-2 G. A. Athanasopoulos 等现场实测 α_0 值与我国规范值及 R. D. Woods 的比较

注：图中 Yang（1995）即我国规范 GB 50040—96［式（2-3-4）］α_0。

六、铁路、道路、地铁、打桩等振源引起的地面振动衰减

按式（2-3-4）计算 U_r，其中振源半径 r_0 按下述取值：

1. 铁路：$r_0=3.00$m。

2. 道路：柔性路面，$r_0=3.25$m；

刚性路面，$r_0=3.00$m。

3. 地铁与隧道，为全埋深波源，其相应关系与图 2-2-6 类似，但有差别：$r\leqslant H$，$r_0=r_m$；$r>H$，$r_0=\delta_r r_m$；且有：

$$r_m=\sqrt{\frac{BL}{\pi}}$$

(2-3-7)

式中　B——隧道宽（m）；

L——牵引机车车身长（m）；

H——隧道底深度（m）；

δ_r——隧道埋深影响系数；

$$\frac{H}{r_m} \leqslant 2.5, \quad \delta_r = 1.30; \quad \frac{H}{r_m} = 2.7, \quad \delta_r = 1.40; \quad \frac{H}{r_m} \geqslant 3.0, \quad \delta_r = 1.50。$$

4. 打桩

$$r_0 = \beta r_p \qquad (2\text{-}3\text{-}8)$$

$$r_p = 1.5\sqrt{\frac{A}{\pi}} \qquad (2\text{-}3\text{-}9)$$

式中 A——桩外形尺寸表示的面积；当为实心桩时，取桩截面面积；当为空心或型钢桩时，取桩截面外围面积。

β——地基土特征系数；

对于淤泥质黏土、新近沉积黏土，β 取 4.0；

对于软塑的黏土、粉质黏土，β 取 5.0；

对于可塑粉质黏土、饱和粉细砂，β 取 6.0。

几何衰减系数 ζ_0 与振源特性和场地土的性质和振源半径 r_0 有关，其值按表 2-3-7～表 2-3-10 采用。

土的能量吸收系数 α_0，根据振源特性和场地土的性质按表 2-3-11 采用。

铁路振源几何衰减系数 ζ_0　　　　　　　　　　表 2-3-7

土类及性状		r_0(m)	ζ_0
土类	V_S(m/s)		
黄土质粉质黏土	230～280		0.800～0.850
粉细砂层下卵石层	220～250		0.985～0.995
黏土及粉质黏土	150～210	3.00	0.850～0.900
饱和污泥质粉质黏土	90～110		0.845～0.880
松散的粉土、粉质黏土	80		0.840～0.885
松散的砾石土	80		0.910～0.980

道路振源几何衰减系数 ζ_0　　　　　　　　　　表 2-3-8

土类及性状		r_0(m)	ζ_0
土类	V_S(m/s)		
黄土质粉质黏土	230～280		
黏土及粉质黏土	150～210	3.00～3.25	0.300～0.400
污泥质粉质黏土	80～110		

地铁振源几何衰减系数 ζ_0　　　　　　　　　　表 2-3-9

土类	r 与 H 的关系	r_0(m)	ζ_0
饱和淤泥质粉质黏土，$V_s=90\sim110\text{m/s}$		5.00	0.800
黏土及粉质黏土，$V_s=150\sim250\text{m/s}$	$r \leqslant H$	6.00	0.800
黄土质粉质黏土，$V_s=230\sim280\text{m/s}$		≥7.00	0.750
黄土质粉质黏土，$V_s=230\sim280\text{m/s}$		5.00	0.400
黏土及粉质黏土，$V_s=150\sim250\text{m/s}$	$r > H$	6.00	0.350
		≥7.00	0.150～0.350

土类	r 与 H 的关系	r_0(m)	ζ_0
饱和淤泥质粉质黏土，$V_s=90\sim110$m/s	$r>H$	5.00	0.300~0.350
		6.00	0.250~0.300
		≥7.00	0.100~0.200
岩石面及其覆盖层土 *，$V_s\geq500$m/s	$r>H$	5.00	0.600~0.650
		6.00	0.600~0.650
		≥7.00	0.400~0.500

* 当岩石覆盖层厚度≥6m时，取一般黏性土（$V_s=150\sim280$m/s）的 ζ_0 值。

打桩振源几何衰减系数 ζ_0 表 2-3-10

土类	r_0(m)	ζ_0
软塑的黏土、粉质黏土，$V_s=150\sim220$m/s 粉质黏土、饱和粉细砂，$V_s=100\sim120$m/s	≤0.50	0.720~0.955
	1.00	0.55
	2.00	0.45
	3.00	0.40
淤泥质黏土，$V_s=80\sim110$m/s 新近沉积的黏土、非饱和松散砂，$V_s=80$m/s	≤5.00	0.700~0.950
	1.00	0.500~0.550
	2.00	0.400
	3.00	0.350~0.400

土的能量吸收系数 α_0 表 2-3-11

振源	土类及性状		α_0
	土名	V_S(m/s)	
铁路	黄土质粉质黏土	230~280	$(1.15\sim1.20)\times10^{-4}$
	粉细砂层下卵石层	220~250	$(1.23\sim1.27)\times10^{-4}$
	黏土及粉质黏土	150~210	$(1.85\sim2.50)\times10^{-4}$
	饱和污泥质粉质黏土	90~110	$(1.30\sim1.40)\times10^{-4}$
	松散的粉土、粉质黏土	80	$(3.10\sim3.50)\times10^{-4}$
	松散的砾石土	80	$(2.10\sim3.00)\times10^{-4}$
道路	黄土质粉质黏土	230~280	$(1.15\sim1.20)\times10^{-4}$
	黏土及粉质黏土	150~220	$(1.20\sim1.45)\times10^{-4}$
	污泥质粉质黏土	80~110	$(1.50\sim2.00)\times10^{-4}$
地铁	黄土质粉质黏土	230~280	$(2.00\sim3.50)\times10^{-4}$
	黏土及可塑的粉质黏土	220~250	$(2.15\sim2.20)\times10^{-4}$
	黏土及软塑的粉质黏土	150~210	$(3.25\sim4.50)\times10^{-4}$
	饱和淤泥粉质黏土	90~110	$(2.25\sim2.45)\times10^{-4}$
	岩石面及其覆盖层土	≥500	$(0.85\sim1.05)\times10^{-4}$

续表

振源	土类及性状		α_0
	土名	V_S(m/s)	
打桩	软塑的黏土、粉质黏土	150~220	$(12.50 \sim 14.50) \times 10^{-4}$
	淤泥质黏土	80~110	$(12.00 \sim 13.00) \times 10^{-4}$
	粉质黏土、饱和细砂	100~120	
	新近沉积的黏土、非饱和松散砂	80	$(18.00 \sim 20.50) \times 10^{-4}$

5. 理论计算与实测比较

（1）火车引起的地面振动线位移随距离衰减，由式（2-3-4）计算，与现场实测对比如图 2-3-3 所示。

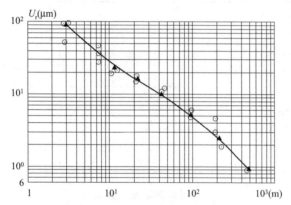

图 2-3-3　火车引起地面振动随距离衰减计算与实测对比

○——实测值；▲——按式（2-3-4）计算值

（2）道路汽车引起的地面振动速度随距离衰减按式（2-3-4）计算，与实测比较如图 2-3-4 所示。图 2-3-5 为大型载重汽车地面振动加速度随距离衰减的计算与实测对比。道路汽车振动衰减实测与计算参数见表 2-3-12。

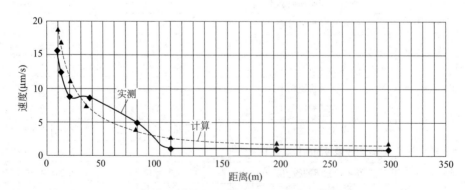

图 2-3-4　汽车振动随距离衰减计算与实测曲线

◆——实测值；▲——按式（2-3-4）计算值

道路汽车振动衰减实测与计算参数 *　　　　　　　　　　　　　　　　表 2-3-12

测试状态（主干道）	反算的 V_0(mm/s)	r_0(m)	ζ_0	α_0(s/m)	f_0(Hz)
车速 20km/h 竖向	40.00	3.25	0.30	0.14×10^{-3}	4.5

* V_0 由实测值反算得出。

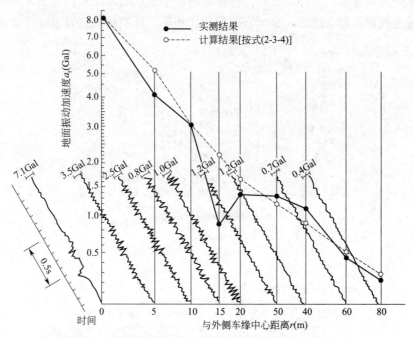

图 2-3-5　大型载重汽车（自重 10.25、载重 20t）车速 60km/h

（砂砾土 $V_S = 110 \sim 280$m/s）

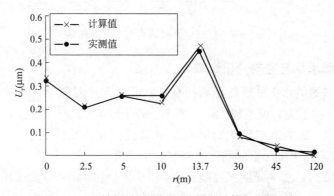

图 2-3-6　地铁振动引起的地面振动计算与实测比较

（3）地铁引起的地面振动计算与实测比较。

一离地面 13.7m 深的地铁振动波源，置于淤泥与砂质淤泥交互层。用激振器在激振频率为 63Hz 时的扰力作用下，其地面振动线位移实测值与按式(2-3-4)计算值如图 2-3-6 所示。其中隧道宽 9.1m，机车车身长 18.2m，$\alpha_0 = 0.45 \times 10^{-3}$；$U_0 = 0.32\mu$m（加速度级为 75dB）；$r \leqslant H$，$r_m = r_0 = 7.26$m，$\zeta_0 = 0.75$；$r > H$，$r_0 = 1.45 r_m = 10.53$m，$\zeta_0 = 0.25$。

（4）打桩引起的地面振动。桩的不同入土深度的地面振动包络线如图 2-3-7 所示，可见到桩尖入土深度达 14m 时，波源处 h 线振幅仅为桩尖在 $2.0\sim2.5m$ 深时 c 线的 1/4，而在距波源水平距离 12.6m（$0.9H$）处的地面振幅 h 线却比 c 线大了 6 倍，在 25.7m 处大了 10 余倍。地面各测点的频率保持与波源相近，因此其质点速度在远源处 h 线也与 c 线具有同样的放大量级，这种现象对打桩环境振动预测很值得注意，切勿以为桩尖入土加深后，打桩地面振动也会减少，实际情况却往往相反，特别是桩尖处于较硬土层时。

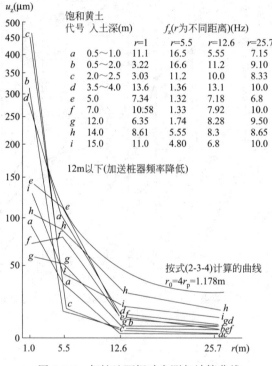

图 2-3-7　打桩地面振动实测与计算曲线

七、地面振动水平与竖向分量衰减

1. 竖向激振波源的水平分量随距离的衰减较其竖向分量复杂。主要表现在近场附近土介质与泊松比（即土类）关系较大，如粉土、砂土（$\mu\approx0.3$）的近场衰减较慢（图 2-2-4）。黏土（$\mu=0.4$）近场衰减较快而远场衰减略慢。在某些情况下，由式（2-3-4）及式（2-3-5）计算值较实测水平分量的精度比其竖向分量低。

2. 水平激振波源，水平分量（与激振方向相同）衰减与竖向衰减相当，水平激振的大型压缩机地面振动实测与按式（2-3-5）计算亦甚吻合。

3. 一些实测资料显示，与主频率对应的地面水平振动衰减规律与其竖向分量相近，水平分量计算值按式（2-3-5）计算可得 $r_0=6.77m$，其计算值与实测值吻合也较好，如图 2-3-8 所示。

4. 考虑不同土层的频散后，可提高其计算精度。

八、地面振动周期的波动效应

1. 波源周期对地面振动衰减效应

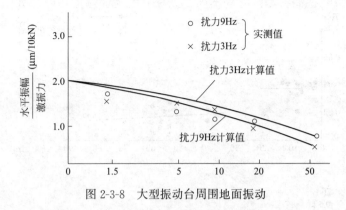

图 2-3-8 大型振动台周围地面振动

同一激振波源，同一地基，在不同扰频（周期）作用下，其不同衰减规律是很明显的。对各类地基，在不同扰频的扰力作用下，其衰减规律的差异是很明显的。因此，波源周期对土材料阻尼这一显著影响，在地面振动计算中，应该充分考虑。式(2-3-4)及式(2-3-5)均在式中的指数项中以 f_0 考虑了这种效应。

图 2-3-8 及图 2-3-9 为现场实测不同波源周期（图以扰频表示）的地面竖向与水平振动衰减变化。

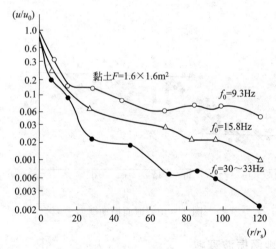

图 2-3-9 竖向波源不同扰频的竖向分量衰减

2. 地面振动周期

由测试可见，对于大能量波源，如重型锻锤、大型压缩机等，在距波源很远的地方，亦能测得与波源扰频相同的周期（图 2-3-10）。但小能量波源在一定距离以外，就失去了波源周期。随所测土介质不同，土面周期变化不一，在岩石面往往低于波源周期（图 2-3-10a），而在软土面则往往高于波源周期（图 2-3-10b）。

图 2-3-10 中，图（a）为中小型锻锤振动时岩石地基上（有覆盖层）最大动位移的周期随距离变化关系；图（b）为污泥质软黏土最大动位移时的周期与距离关系（空压机）；图（c）为列车振动地面最大动位移的周期与距离关系。

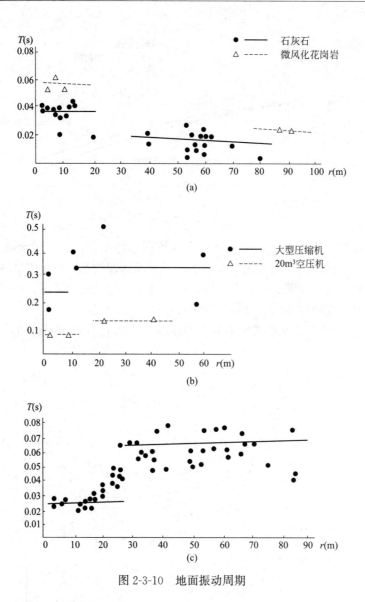

图 2-3-10　地面振动周期

九、波源能量与地面振波衰减

由波源向外辐射的总能量为：

$$W = 4.836 \frac{\pi \omega^2 r_0^4 q^2}{4 \rho V_\rho^3} \qquad (2\text{-}3\text{-}10)$$

上式可表达为：

$$W = \Theta(\omega) f(U_0^2 r_0^4) \qquad (2\text{-}3\text{-}11)$$

$$\Theta(\omega) = \frac{3.8 \omega^2 c_z^2}{\rho V_\rho^3} \qquad (2\text{-}3\text{-}12)$$

式中　U_0——波源振幅（m）；

　　$\Theta(\omega)$——与频率有关的常量。

由式（2-3-11）可见，波源振幅 U_0 和波源半径 r_0 可表达为波源能量的主要变量，其

中 r_0 呈 4 次方增长应为其总能量的主要部分。这就是式（2-3-4）与式（2-3-5）中，以 U_0 和 r_0 表达波源能量的理论结果。

十、波源形状与波传播效应

波源几何形状的波动效应，对矩形波源，长宽比越大，体系的几何阻尼作用越明显。特别在高频段，基底应力聚集到基底长边的两端形成两个振源，使辐射能量更多，因而几何阻尼也越大；在中频段，由于波长与基底尺寸是同数量级，波的传播区域较小，几何阻尼也较小，且阻尼随频率变化不明显；在低频段，由于波长远大于基底尺寸，基础的振动接近点源，波可以向各个不同的方向传播，因而几何阻尼也较大。

波源几何形状和波源尺寸与波长（频率）的关系，对波传播的影响如图 2-3-11 及图 2-3-12 所示，两图分别给出了矩形和圆形波源尺度，在抛物线、均匀、双曲线分布的动荷载（以荷载几何系数表示）作用下，对波传播的影响。显示了频率越高（波长越短），波动衰减越快的规律。

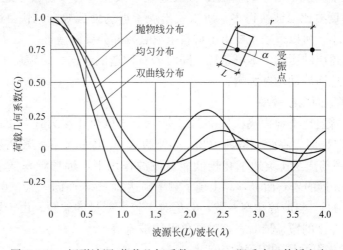

图 2-3-11 短形波源-荷载几何系数（$\alpha=0$，即垂直于传播方向）

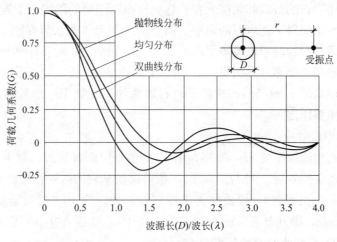

图 2-3-12 圆形波源-荷载几何系数

十一、软土地基地下水深度与波动衰减

饱和软黏土在人工波源作用下地面波动的衰减，在近源和远源均比同样孔隙比及其他共同特征的非饱和土要慢，这可能主要是由于饱水后其波速和剪切模量的变化所引起的。由于其剪切模量的降低，可能引起波源的几何阻尼降低，从而使波源能量逸散于土中减少，集滞于地面增多，于是其近场衰减相应减小。对于远场衰减，因饱水与土骨架一起振动，土与液体的材料阻尼将起主要作用，这种作用比同类孔隙比非饱和土小，故波在饱和土中传播能量损失相应减小因而其远场衰减亦减小。

地下水深度与地面波动衰减效应，经理论与实测分析，已归纳于表 2-3-1 及表 2-3-2中。并在各表的注 2 中分别作了具体说明。

十二、岩石地基上地面振波衰减

岩石地基在人工振波作用下，地面波的传播规律，主要表现在近场比一般土类地基衰减快，远场则较慢。这是由于岩石的 P 波波速比一般土高得多。由于近场以 P 波为主，而 P 波的衰减速度要比面波快得多，所以就出现了近场处振幅衰减快。远场是由于岩石的材料阻尼比土小，所以远场主要由土材料阻尼衰减部分反而慢了。

岩石面上覆盖层的影响，不可忽视。同时岩石构造的走向、覆盖层下岩石面的起伏、层理和节理等对地面波动均有影响。

1. 岩石地基地面振波频率

其波动频率普遍比土地面高。图 2-3-13 是一个微风化花岗岩地基上的 1.5t 模锻锤。其波源频率是 16Hz 时，在距模锻锤 102m 远处约 6.0m 深粉质黏土覆盖层面上的频率是8Hz。显示出一般粉质黏土类地基在较低能量波源作用下，远场频率低于近场频率的特征，可是在 163m 远的岩石面上，却出现了频率高达 28Hz，而同一点 300mm 厚覆盖层的土面频率却是 15Hz，与波源频率一致。但是对于较大能量的波源，由于岩石面层节理裂隙发育，有一定厚度的覆盖层时，这种现象可能被掩盖。

2. 覆盖层和岩石面层的阻尼效应

一般岩石面上的覆盖层，其组织和密度，均较岩石松散，并且面层处的岩石受大气侵蚀，亦比面层下面岩石的节理和裂隙发育，这就使得覆盖层的阻尼大于岩石的阻尼，而面层岩石的阻尼又大于面层下面岩石的阻尼。图 2-3-14 记录了石灰岩在距 3t 模锻锤 22m 处同一点的土面与岩石面的波形，覆盖层厚约 300~500mm。可见岩石面上的振波频率比土面高得多，但阻尼却小得多，其阻尼比 D 约为土面的 1/6。而该岩面上的覆盖层土的阻尼比又是一般土类地基的 1/2~1/4。这就是岩石地基的振动频率虽然较高，而远场源波反而衰减较缓慢的主要原因。

3. 覆盖层的厚度效应

一般基岩上的覆盖层厚度 $H \geqslant 0.33\lambda_R$（$\lambda_R$ 为覆盖层面波波长）就出现覆盖层振动幅值大于基岩层的覆盖层效应。当 $H \geqslant \lambda_R$ 时，覆盖层受基岩的影响甚微。当 $H = [(2n-1)V_s]/(4f_z)$ 时（n 为振型数），覆盖层将出现共振。如图 2-3-13 的覆盖层平均厚度 $H = 5.5m$，$V_s = 186m/s$，得其覆盖层固有频率为 8.45Hz，实测在第 10 点（$r = 102m$）$H = 6m$ 处，$f_z = 8.0Hz$，而此时波源频率为 16Hz。

4. 岩石构造走向与裂隙对振波传播的影响

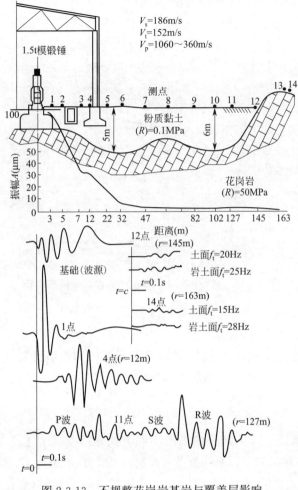

图 2-3-13　不规整花岗岩基岩与覆盖层影响

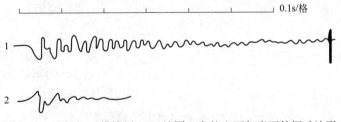

图 2-3-14　距离 3t 模锻锤 22m 处同一点的土面与岩面的振动波形

1—岩石面 $D \approx 0.01$（阻尼比）；2—土面 $D \approx 0.0673$（阻尼比）

　　岩石地基上的波传播，存在明显的方向性，如层理有明显差异的倾斜走向的岩层，振动波沿其向斜和背斜方向传播时，衰减特性也很有差别，波源能量越小，其差别也越大。

　　岩石裂隙间的填充物，往往很软弱松散，这就形成了一条隔振带。振波在通过一些介质不同的层间填充物后，由于波的反射作用，以及填充物存在比岩石较大的阻尼作用而使振幅的衰减加快，或产生不规则突变。图 2-3-15 为沿岩石走向方向与垂直于岩石走向方向两条衰减曲线的衰减差别。可见，垂直于岩石走向的岩石因层理作用加快了地面振动衰减。

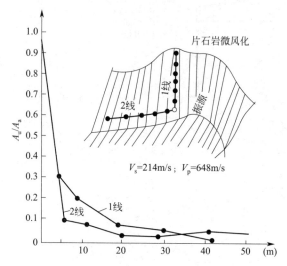

图 2-3-15　岩石构造走向不同地面振动衰减的比较

1 线—风化页岩，锤基础为天然岩石地基。

1a 线—按式（2-3-4）计算值。

2b 线—砂质页岩与砂岩交互岩层，锤基础坐落在砂卵石垫层上。

2 线—同 2b 线，U_0 为砂卵石垫层下基坑的线位移。

2a 线—按式（2-3-4）计算值。

5. 工程实例

两台 160kN 模锻锤，其基础分别采用不同方式坐落在基岩上。如图 2-3-16 所示，1 线为基础直接置于风化页岩上，基底面为 14.5m×12.5m，深为 10.21m，$r_0=6.1$m，1a 线为按式（2-3-4）计算，其中 $\zeta_0=0.6$、$f_0=18$Hz、$\alpha_0=0.75\times10^{-3}$（s/m）。2 线为锤基础坐落在砂卵石垫层上。2a 线为按式（2-3-4）计算，其中 $r_0=6.8$m、$U_0=48\mu$m、$f_0=30$Hz、$\zeta_0=0.5$、$\alpha_0=0.3\times10^{-3}$s/m，覆盖层厚为 0.75m。2b 线中 $U_0=302\mu$m，其余同 2 线。

图 2-3-16 第 1 线（为基础直接坐落在基岩上）可见振波向外辐射的能量比 2b 线大多了，第 2 线的振动波源同 2b 线，只是波源线位移 U_0 为垫层下的基坑振幅，可见由波源辐射的能量相对衰减，比 2b 线慢多了，这是因为基坑直接坐落在岩面半空间，其辐射（几何）衰减与 1 线相近，只是基坑的振动能量小而衰减快一些。

十三、周期波源与冲击波源的地面振动特性

1. 精确理论解。在匀质各向同性弹性半空间表面，突加一集中、竖向单位谐和力 $H(t)e^{j\omega t}$（其中 t 为时间，$H(t)$ 为 Heaviside 阶跃函数，ω 为圆频率）。求得半空间表面竖向位移为：

$$W(r,t)=\frac{a_r e^{j\omega t}}{Gr}(f_1+if_2) \tag{2-3-13}$$

式中　f_1、f_2——精确解的动位移函数。

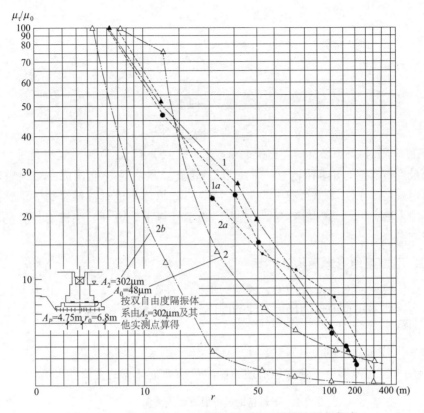

图 2-3-16 岩石地基上 16t 锻锤基础地面振动随距离衰减

式(2-3-13) 即图 2-2-1 中半空间表面作用了 $F_V e^{j\omega t}$ 集中谐和力换为作用了突加集中谐和力 $H(t)e^{j\omega t}$ 的解，这个结果即为 Lamb 在半空间表面作用了集中谐和力的位移精确解。

2. 近似理论解。基底外（即波源 $r-r_0$ 以外）半空间表面位移，可作如下表达：

$$W_r(t)=[W(r)]\left[H\left(t-\frac{r-r_0}{V}\right)W_0\left(t-\frac{r-r_0}{V}\right)\right] \tag{2-3-14}$$

$$H\left(t-\frac{r-r_0}{V}\right)=\begin{cases}0,t<\dfrac{r-r_0}{V}\\[2mm]1,t>\dfrac{r-r_0}{V}\end{cases} \tag{2-3-15}$$

式中　　　　V——与 V_S 相关的折算波速；

$H\left(t-\dfrac{r-r_0}{V}\right)$——单位阶跃函数；

$W_0\left(t-\dfrac{r-r_0}{V}\right)$——波源位移 W_0 (t) 时间滞后 $\dfrac{r-r_0}{V}$ 的位移。

式(2-3-14) 表明自由表面位移随距离 r 和时间 t 的变化可分开考虑，其中 $[W(r)]$ 可视为位移随距离的几何衰减，与时间 t 变化无关，当 $t>(r-r_0)/V$，$H\left(t-\dfrac{r-r_0}{V}\right)=1$，$V=0.25$ 时，$V=V_S/1.3$，其表面位移为：

$$W_r(t) = [W(r)]U_0 \exp\left[-i\frac{1.3\omega}{V_S}(r-r_0)e^{i\omega t}\right] \tag{2-3-16}$$

将上式中的几何衰减项 $[W(r)]$ 以式(2-3-6)中的几何衰减项代入，并仅考虑最大地面位移时 $e^{i\omega t}=1$，同时简化某些符号后可得：

$$W_r(t) = U_0\left[\frac{r_0}{r}\zeta_0 + \sqrt{\frac{r_0}{r}}(1-\zeta_0)\right]e^{-\beta_0 f_0(r-r_0)} \tag{2-3-17}$$

$$\beta_0 = i2.6\pi/V_S \tag{2-3-18}$$

3. 工程应用时，式(2-3-14)与式(2-3-6)或式(2-3-4)在物理意义上是等价的，即求某点地面最大位移时，时间因子等于1。即只要此点最大位移能构成一个完整波形的波动，就可用式(2-3-13)及式(2-3-6)或式(2-3-4)计算，不论其波源是否为简谐波或冲击波。对于冲击波，f_0 为该点频谱的主频率，为了计算上的方便，当没有计算的频谱时也可用波源频谱。

十四、不规整地形地面振波传播

在工业环境振动的地面传播中，波动的地面常存在有悬崖、壑谷、山脊及沟堑等不规整地形，当这些不规整地形的尺度与波动的波长之比达到某一数量级时，对波的传播将产生很大影响。

1. 几种不规整地形的波动理论结果

表 2-3-13 为几种常见不规整地形地面振波传播理论计算的主要放大值。

不规整地形地面波动放大值   表 2-3-13

不规整类型	高差 H	波源距离 r	放大系数：$\eta = \dfrac{\text{不规整计算点线位移}}{\text{低处地面计算点线位移}}$
波源 计算点 [11]	$H = 0.4\lambda_R$	$r = 0.8\lambda_R$	$\eta = 2.0$
[11]	$H = 0.4\lambda_R$	$r = 0.8\lambda_R$	$\eta = 1.0$
[22]	$H = 0.375\lambda_R$ $H = \dfrac{L}{3}$	$r = \infty$	① ②* 垂直入射波 $\eta = 3.0, \eta = 3.0$ 水平入射波 $\eta = 5.0, \eta = 2.0$
[22]	$H = 0.375\lambda_R$ $H = \dfrac{L}{3}$	$r = \infty$	① ②* 垂直入射波 $\eta = 3.0, \eta = 3.0$ 水平入射波 $\eta = 2.5, \eta = 2.0$
[23]	$H = \lambda_R$ $H = 0.5L$	$r = \infty$	$\eta = 4.0$

表 2-3-13 结果表明，不规整地形，在其尺度与地面振动波长之比一定范围内引起的散射，可使地面振动幅值明显放大。其中狭窄峡谷（沟谷）较宽阔峡谷 $L/H＝1\sim5$ 之间的影响更显著，高频波较低频波影响更甚，水平入射较竖向入射更甚。

2. 不规整地形地面振波传播的规律

由实测与理论分析，不规整地形地面振波传播，有如下规律：

沟谷（凹槽形）地形

(1) 沟宽 $L＝1H\sim5H$（深）时，对地面波动影响显著。

(2) 沟宽 $L\geqslant\lambda_R$（面波波长）时，对跨沟（横向）方向地面波动不明显；顺沟方向仍有影响，如实测图 2-3-17 所示，$L\approx10\lambda_R$，顺沟方向地面衰减因散射放大，其振幅比同一激振能量同类型地基土（λ_R 均为 15.2m）的同一距离处，地面振幅放大 5～7 倍。

(3) 沟宽 $L\leqslant\lambda_R$ 时，跨沟谷方向与顺沟谷方向均有放大影响。

(4) 放大位置，一般是离波源向外的沟谷边缘附近放大。

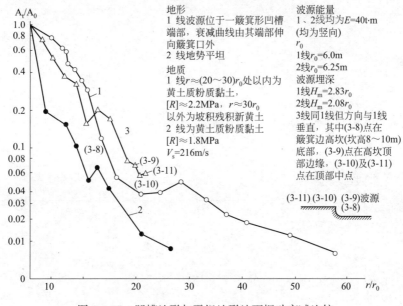

图 2-3-17 凹槽地形与平坦地形地面振动衰减比较

3. 隐形（覆盖层下）沟谷地形

(1) 上述沟谷地形的影响，对隐形沟谷亦有影响，一般 $V_{S_2}\geqslant V_{S_1}$（其中 V_{S_2} 为沟谷基岩剪切波速，V_{S_1} 为沟谷中填充物剪切波速）。V_{S_2} 及其质量密度 ρ_2 与 V_{S_1} 及 ρ_1 差别越小，影响也越小，反之则影响大。

(2) 沟谷中填充物顶面周期 $T_D＝4H/V_{S_1}$，地面扰动周期须与之避开。

(3) 已测得 $L\leqslant\lambda_R$ 时，跨沟谷方向在离波源向外沟谷边缘附近振幅可放大到 4 倍。

4. 波源能量关系

(1) 小沟谷 $L\leqslant\lambda_R$ 时对小能量影响大，对大能量影响小或无影响。

(2) 大沟谷 $L＞\lambda_R$ 时对小能量影响小或无影响，而对大能量波源有影响。

当不规整地形与地面振动波长之比达到一定比值时，例如凹槽地形，就形成空沟隔振屏障，这时就成为弹性波的反射、透射和衍射问题。

5. 设计实例

（1）某 40t·m 大能量振动设备，设置于凹槽形（簸箕形）地形的凹窝根部，即三面环山（黄土山包）面向一长距离冲沟，测其振动传播特性。其结果如图 2-3-17 所示。

图 2-3-17 为凹槽地形，属不规整地形。其中 1 线为波源及地面振波均在凹槽中，可见波的能量在凹槽中衰减，比同类地基上平坦地面的 2 线慢多了。这可能是一种因地形的能量聚积所致。在凹槽底部拐角处，因波的散射作用，有一部分波被反射回凹槽中部，形成了波的能量聚积。3 线相当于上台阶地形，波源在凹槽中，波动向上台阶传播。台阶高度约接近面波波长，与 1 线在同一距离无台阶地面比较，3 线在接近台阶拐角处，地面波动被放大了。

（2）图 2-3-13 为不规整花岗岩沟谷，其 $L/\lambda_R \geqslant 1$，且其顶面覆盖层 $h > 1/3\lambda_R$。其跨沟谷方向地面振动衰减与一般规整基岩面或土面无差别。

第三章　隔振设计基本要求

第一节　隔振设计条件

一、振源

振动的来源可分为两类：一是自然振源，如地震、风振、海浪等产生的振动；二是人工振源，如工业生产、工地施工、交通运输，以及民用建筑中的空调、水泵等设备运转产生的振动。人工振源所产生的振动可分为：周期振动和非周期振动两类。隔振设计标准主要是针对人工振源的振动隔离技术。

二、隔振设计条件

进行隔振设计时，应具备下列条件：

1. 设计的型号、规格及轮廓尺寸等，用作确定隔振方案和隔振台座的平面尺寸。

2. 设备的质心位置、质量及质量惯性矩，用作隔振计算公式中的计算参数。

3. 设备底座外廓图、附属设备、管道位置和坑、沟、孔洞的尺寸、灌浆层厚度、地脚螺栓和预埋件的位置等，这些是针对被隔振对象为带有混凝土基础的机器设备所必需的设备资料。

4. 与设备及其基础连接有关的管线图，其用途与上条相同。

5. 当隔振器支承在楼板或支架时，需有支承结构的图纸，当隔振器支承在基础上时，则需要地质资料、地基动力参数和相邻基础的有关资料，用于隔振器的选择及平面布置。

6. 动力设备为周期扰力时，需有工作频率及设备启动和停止时频率增减情况的资料，若有冲击性扰力时，需有冲击性扰力的作用时间和两次冲击的间隔时间，用于确定隔振器的阻尼比。

7. 动力设备正常运转时，所产生的扰力（矩）的大小及其作用点的位置（用于主动隔振），或设备支承处（结构或地基）的振动幅值（用于被动隔振），用于计算隔振体系的隔振效果。

8. 被隔振设备的容许振动幅值，用于确定设计的隔振体系通过隔振后的振动限值。

9. 所选用或设计的隔振器的特性（如承载力、压缩极限、刚度和阻尼比）及其使用时的环境条件，用于选择使用的隔振器。

第二节　隔振设计原则

1. 隔振体系设计时，有多种方案可供选择。应根据工程的具体情况和经济因素，进行多方案的比较，从中选择经济合理的最佳方法。

2. 隔振装置必须经过隔振计算后确定，否则有可能达不到隔振的要求，甚至产生相反的效果。因此，规范条文中明确规定隔振体系的固有频率应低于干扰频率的0.4倍。

3. 若被隔振设备的质量较大时，一般要在底部设置刚性台座，尽量使其成为单质点的刚性单元，形成单自由度的隔振体系。如果被隔振对象本身具有单质点刚性单元的性能，且其底部面积能设置所需隔振器的数量，则可不设置刚性台座。

4. 当弹簧隔振器布置在梁上时，弹簧压缩量宜大于支承梁挠度的 10 倍，这主要是为了避免耦合振动，在进行隔振体系动力分析时可按单自由度计算，不考虑梁的挠度。

5. 隔振设计的最终目的是要使隔振体系经隔振后输出的振动幅值小于所要求的容许振动值。

6. 对于隔振器布置方式的要求：

（1）隔振器的刚度中心与隔振体系的质心宜在同一铅垂线上，尽量使隔振体系成为单自由度体系。

（2）应留有隔振器的安装和维修所需要的空间。

7. 在主动隔振中由于被隔振对象的振动较大，因此有管道与其连接时，宜采用柔性接头，以避免接头损坏或破裂。

第三节　常用隔振方式

1. 最常用的隔振方式是支承式，隔振器设置在设备底座或刚性台座下，已被广泛用于主动隔振和被动隔振工程中（图 3-3-1a、图 3-3-1b）。

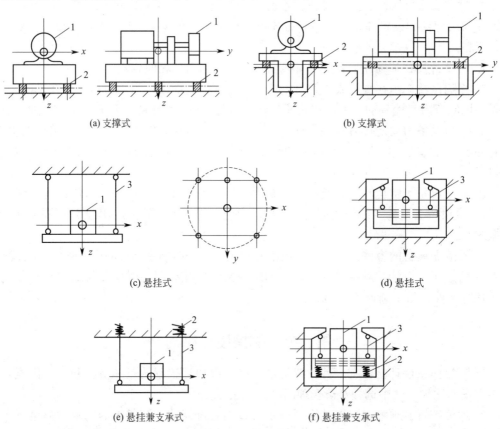

(a) 支撑式　　　　　　　　　　　　　　　(b) 支撑式

(c) 悬挂式　　　　　　　　　　　　　　　(d) 悬挂式

(e) 悬挂兼支承式　　　　　　　　　　　　(f) 悬挂兼支承式

图 3-3-1　隔振方式

1—隔振对象；2—隔振器；3—刚性吊杆

2. 悬挂式，被隔振对象安置在用两端为铰的刚性吊杆悬挂的刚性台座上，或直接将被隔振对象的底座悬挂在上下铰接的刚性吊杆上，这种隔振方式适用于被动隔振中隔离水平向的振动（图 3-3-1c、图 3-3-1d）。

3. 悬挂兼支承式，在悬挂式的吊杆上端或下端设置受压隔振器，不宜采用受拉弹簧作为吊杆的悬挂方式。这种隔振方式既可隔离竖向振动，又可隔离水平向振动（图 3-3-1e、图 3-3-1f）。

4. 隔振沟经过长期实测资料分析证明，其隔振效果并不明显，也无法估算，只能作为隔离冲击振动或者频率较高振动的附加措施。

5. 地面屏障式隔振，主要是采用排桩或隔板来隔振，这种隔振方式只有在使用隔振器受到限制或无法使用时可以采用。

隔振是对振动控制对象设置减隔振装置，达到减少振动影响或振动危害的目标。隔振方式的确定是工程振动控制设计的一个重要步骤。

《工程隔振设计标准》GB 50463 推荐了几种常用的隔振方式及方案供设计者选用，其中包括：支承式、悬挂式、悬挂兼支承式，以及屏障隔振等。在隔振装置中较普遍应用的隔振方式是支承式。屏障隔振的理论基础、设计原则和分析方法也在逐步建立和完善。对于隔振沟，特别是在刚性地坪上开设的浅沟，可以作为一些冲击振动或频率较高振动的隔离措施，一般来说，地坪设缝或做隔振浅沟对于频率在 30Hz 以上的地面振动效果较好。

第四章 隔振参数及固有频率

第一节 隔振参数的确定

一、隔振体系传递率

根据工程要求，对于被动隔振，可按下式选定传递率 η：

$$\eta = \frac{[u]}{u} \tag{4-1-1}$$

式中 $[u]$——容许振动位移（m）；

u——干扰振动位移（m）。

对于主动隔振一般可取：$\eta \leqslant 0.2$；对于被动隔振一般可取：$\eta \leqslant 1.0$。

隔振体系的固有频率 ω_n，在设计时可以由传递率来估算，当隔振体系的阻尼比为 0 时，体系的传递率为：

$$\eta = \frac{1}{1 - \dfrac{\omega^2}{\omega_n^2}} \tag{4-1-2}$$

因此得：

$$\omega_n = \omega \cdot \sqrt{\frac{\eta}{1+\eta}} \tag{4-1-3}$$

式中 ω——干扰圆频率（rad/s）。

二、隔振体系总质量

设计时，被隔振对象和台座结构的总质量，可按下式估算：

$$m_2 \geqslant \frac{F_z}{[u]\omega^2} - m_1 \tag{4-1-4}$$

$$m = m_1 + m_2 \tag{4-1-5}$$

式中 m——隔振体系的总质量（kg）；

m_1——隔振对象的质量（kg）；

m_2——台座结构的质量（kg）；

F_z——作用在隔振体系质量中心处沿 z 轴向的扰力（N）。

三、隔振体系刚度

隔振体的总刚度 K 及隔振器总刚度，可按下式计算：

$$K = m \cdot \omega_n^2 \tag{4-1-6}$$

$$m = m_1 + m_2 \tag{4-1-7}$$

式中 m——隔振对象与台坐结构的总质量。

隔振器数量 n，可按下式计算：

$$n=\frac{K}{k_i} \tag{4-1-8}$$

式中　k_i——所选用单个隔振器的刚度。

四、隔振体系阻尼比

隔振体系阻尼比，应按下列公式计算：

$$\zeta=\frac{F_v}{2[u]K}\left(\frac{\omega_{nv}}{\omega}\right)^2 \tag{4-1-9}$$

$$\zeta_\phi=\frac{M_v}{2[u_\phi]K_\phi}\left(\frac{\omega_{\phi nv}}{\omega}\right)^2 \tag{4-1-10}$$

式中　ζ——隔振体系沿 x、y、z 轴向振动时的阻尼比；

ζ_ϕ——隔振体系绕 x、y、z 轴旋转振动时的阻尼比；

F_v——在工作转速时，作用在隔振体系质量中心处沿 x、y、z 轴向的扰力（N）；

M_v——作用在隔振体系质量中心处绕 x、y、z 轴的扰力矩（N·m）；

$[u]$——机器容许最大振动位移（m）；

$[u_\phi]$——机器容许最大振动角位移（rad）；

K——隔振器沿 x、y、z 轴向总刚度（N/m）；

K_ϕ——隔振器绕 x、y、z 轴抗扭总刚度（N·m/rad）；

ω_{nv}——隔振体系沿 x、y、z 轴向振动的固有圆频率（rad/s）；

$\omega_{\phi nv}$——隔振体系绕 x、y、z 轴旋转振动的固有圆频率（rad/s）；

ω——干扰圆频率（rad/s）。

对于旋转式机器和冲击式机器的主动隔振体系的阻尼比，规范中分别给出了计算方法。在主动隔振中，阻尼起到重要作用，特别是在机器启动和停止过程中，通过共振区时，为了防止出现过大的振动，隔振体系必须具有足够的阻尼。在冲击作用下，如锻锤基础中，其隔振体系必须要有阻尼的作用，其目的是要在一次冲击后，振动很快衰减，在下一次冲击之前，应使砧座回复到平衡位置或振动位移很小的状态，以避免锤头与砧座同时运动而使打击能量损失。为此分别给出阻尼计算公式。

当为周期扰力时，计算振动位移式：

$$u_v=\frac{F_{ov}}{K_v}\eta_v(v=x,y,z) \tag{4-1-11}$$

式中　η_v——在共振时，η_v 取 $\frac{1}{2\zeta}$；

F_{ov}——在共振时为工作转速（即圆频率为 ω）下扰力；

v——空间坐标轴，如图 4-2-1 所示。

当圆频率为 ω_n 时的扰力 $F_v=F_{ov}\left(\frac{\omega_n^2}{\omega^2}\right)$，将 F_v 代入上式中的 F_{ov}，将 $\frac{1}{2\zeta}$ 代入上式中的 η_v 即得：

$$\zeta=\frac{F_{ov}}{2u_{kl}K}\left(\frac{\omega_n}{\omega}\right)^2 \tag{4-1-12}$$

当为扰力矩时，只要将 M_{ov}、ζ_ϕ、u_ϕ、K_ϕ 和 $\omega_{n\phi}$ 分别取代上式中的 F_{ov}、ζ、u_{kl}、

K 和 ω_n，即得：

$$\zeta_\phi = \frac{M_{ov}}{2u_\phi K_\phi}\left(\frac{\omega_{n\phi}}{\omega}\right)^2 \tag{4-1-13}$$

冲击振动所产生的位移-时间曲线，由于阻尼作用，其振动波形呈衰减曲线，由冲击振动产生的最大线位移 u_p 经过时间 t 后衰减为 u_a，其峰值比应为 $\frac{u_p}{u_a} = e^{nt}$，式中 n 为阻尼系数，即 $n = \zeta\omega_n$，此时上式变为：

$$\frac{u_p}{u_a} = e^{\zeta\omega_n t} \tag{4-1-14}$$

将上式两边取自然对数即得：

$$\zeta = \frac{1}{\omega_n t}\ln\frac{u_p}{u_a} \tag{4-1-15}$$

当为脉冲振动时，将 ζ_ϕ、$\omega_{n\phi}$、$u_{p\phi}$ 和 $u_{a\phi}$ 分别取代上式中 ζ、ω_n、u_p 和 u_a 即得：

$$\zeta_\phi = \frac{1}{\omega_{n\phi} t}\ln\frac{u_{p\phi}}{u_{a\phi}} \tag{4-1-16}$$

式中　ζ——隔振体系沿 x、y 或 z 轴向振动时的阻尼比；

ζ_ϕ——隔振体系绕 x、y 或 z 轴旋转振动时的阻尼比；

ω_n——隔振体系沿 x、y 或 z 轴向振动时的无阻尼固有圆频率（rad/s）；

$\omega_{n\phi}$——隔振体系绕 x、y 或 z 轴旋转振动时的无阻尼固有圆频率（rad/s）；

u_{kl}——机器在开机和停机过程中，共振时要求控制的最大振动线位移；

u_ϕ——机器在开机和停机过程中，共振时要求控制的最大振动角位移；

u_p——受脉冲扰力作用下产生的最大振动线位移（m）；

u_a——受脉冲扰力作用下产生的经过时间 t 衰减后的线位移（m）；

$u_{p\phi}$——受脉冲扰力作用下产生的最大振动角位移（rad）；

$u_{a\phi}$——受脉冲扰力作用下产生的经时间 t 衰减后的角位移（rad）；

K——隔振器沿 x、y、z 轴向总刚度（N/m）；

K_ϕ——隔振器绕 x、y、z 轴抗扭总刚度（N·m/rad）。

第二节　固有频率的计算

一、振动方式

在各类隔振方式中，其振型的独立与耦合可分为下列情况（图 4-2-1）：

1. 支承式

当隔振体系的质量中心与隔振器刚度中心在同一铅垂线上，但不在同一水平轴线上时，z 与 ϕ_z 为单自由度振动体系，x 与 ϕ_y 相耦合，y 与 ϕ_x 相耦合。

当隔振体系的质量中心与隔振器刚度中心重合于一点时，x、y、z、ϕ_x、ϕ_y 和 ϕ_z 均为单自由度振动体系。

2. 悬挂式

当刚性吊杆的平面位置在半径为 R 的圆周上时，x、y 与 ϕ_z 为单自由度振动体系，

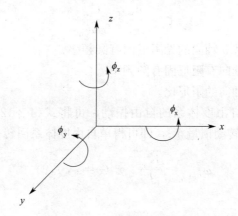

图 4-2-1　坐标轴系示意图

其余均受约束。

当刚性吊杆的平面位置不都在半径为 R 的圆周上时，x、y 轴向为单自由度振动体系，其余均受约束。

二、支承式隔振体系的固有圆频率

1. 单自由度体系时的固有圆频率，可按下列公式计算：

$$\omega_{nv} = \sqrt{\frac{K_v}{m}} \quad (v = x, y, z) \tag{4-2-1}$$

上述公式来源如下：

如图 4-2-2 所示的单自由度体系，沿 $v(x, y, z)$ 轴向自由振动的微分方程为：

$$m_v \ddot{v} + C_v \dot{v} + K_v v = 0 \tag{4-2-2}$$

$$\ddot{v} + 2n_v \dot{v} + \omega_{nv}^2 v = 0 \tag{4-2-3}$$

$$C_v = 2mn_v \tag{4-2-4}$$

式中　C_v——体系沿 v 轴向总的阻力系数；

n_v——体系沿 v 轴向总阻尼特征系数；

K_v——体系沿 v 轴向总弹簧刚度；

m_v——隔振体系沿 v 轴向参振总质量。

设式（4-2-3）的解为：

$$v = u e^{rt} \tag{4-2-5}$$

代入式（4-2-5）得：

$$u(r^2 + 2n_v r + \omega_{nv}^2) e^{rt} = 0 \tag{4-2-6}$$

由于 $e^{rt} \neq 0$，$u \neq 0$，故：

$$r^2 + 2n_v r + \omega_{nv}^2 = 0 \tag{4-2-7}$$

$$r = -n_v \pm i \cdot \omega_{nv} \sqrt{1 - \zeta_v^2} = -n_v \pm i\omega_{dv} \tag{4-2-8}$$

$$\omega_{nv} = \sqrt{\frac{K_v}{m_v}} \tag{4-2-9}$$

$$\omega_{dv} = \omega_{nv} \sqrt{1 - \zeta_v^2} \tag{4-2-10}$$

$$\zeta_v = \frac{n_v}{\omega_{nv}} = \frac{C_v}{2m\omega_{nv}} \qquad (4\text{-}2\text{-}11)$$

式中　ω_{nv}——隔振体系沿 v 轴向的无阻尼固有圆频率；

$\qquad$ ω_{dv}——体系沿 v 轴向有阻尼固有圆频率；

$\qquad$ ζ_v——体系沿 v 轴向的阻尼比。

对绕 ϕ_v 轴回转的单自由度体系的自由振动，可将式（4-2-12）中的脚标符号 v 改为 ϕ_v，另外将质量 m_v 改为转动惯量 J_v，即可得单自由度体系回转自由振动的固有圆频率：

$$\omega_{n\phi v} = \sqrt{\frac{K_{\phi v}}{J_v}} \qquad (v = x, y, z) \qquad (4\text{-}2\text{-}12)$$

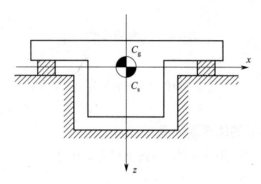

图 4-2-2　单自由度体系

2. 双自由度耦合振动

如图 4-2-3 所示，x 轴向与绕 y 轴旋转的两个自由度水平回转耦合振动体系上（$x-\phi_y$ 耦合），作用水平扰力 $F_x(\tau) = \overline{F}_x g(\tau)$ 和扰力矩 $M_y(\tau) = \overline{M}_y g(\tau)$，其中 $g(\tau)$ 为扰力和扰力矩的时间函数。

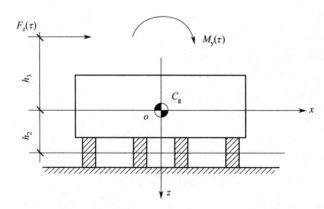

图 4-2-3　x 轴向与绕 y 轴旋转的两个自由度水平回转耦合振动体系

隔振体系质心的运动微分方程为：

$$m_x \ddot{u} + C_x(\dot{u} - h_2\dot{\varphi}_y) + K_x(u - h_2\varphi_y) = F_x(\tau) = \overline{F}_x g(\tau)$$

$$J_y \ddot{\varphi}_y + C_{\varphi y}\dot{\varphi}_y + K_{\varphi y}\varphi_y - C_x \dot{x} h_2 - K_x u h_2 = F_x(\tau)h_3 + M_y(\tau) = \overline{F}_x g(\tau)h_3 + \overline{M}_y g(\tau)$$

$$(4\text{-}2\text{-}13)$$

式中　$K_{\phi y}$——隔振器绕 y 轴抗扭总刚度；

$\quad J_y$——隔振体系绕 y 轴的转动惯量；

$\quad C_x$——体系沿 x 轴向的总阻尼系数（N·s/m）；

$\quad C_{\phi y}$——体系绕 y 轴旋转的阻力系数；

$\quad h_2$——隔振器刚度中心至隔振体系质量中心的竖向距离。

将上式写成矩阵形式。可简化为：

$$[M]\{\ddot{\Delta}\}+[C]\{\dot{\Delta}\}+[K]\{\Delta\}=\{g_0\}g(\tau) \quad (4\text{-}2\text{-}14)$$

式中　$[M]=\begin{bmatrix} m & o \\ o & J_y \end{bmatrix}$；

$\quad [C]=\begin{bmatrix} C_x & -C_x h_2 \\ -C_x h_2 & C_{\phi y} \end{bmatrix}$；

$\quad [K]=\begin{bmatrix} K_x & -K_x h_2 \\ -K_x h_2 & K_{\phi y} \end{bmatrix}$；

$\quad \{\Delta\}=\begin{Bmatrix} x \\ \phi_y \end{Bmatrix}$；

$\quad \{g_0\}=\begin{Bmatrix} F_x \\ F_x h_3+M_y \end{Bmatrix}=\begin{Bmatrix} F_{ox} \\ M_{oy} \end{Bmatrix}$。

对于无阻尼体系，$[C]=0$；自由振动时，$\{g_0\}=\{0\}$。

此时体系的运动微分方程为：

$$[M]\{\ddot{\Delta}\}+[K]\{\Delta\}=\{0\} \quad (4\text{-}2\text{-}15)$$

设其解为：$\{\Delta\}=\{u_k\}e^{j(\omega_{nx}t+\alpha_k)}$

其中标脚"k"为第"k"阵型，代入式（4-2-15），则得：

$$(-\omega_{nk}^2[M]\{u_k\}+[K]\{u_k\})\cdot e^{j(\omega_{nx}t+\alpha_k)}=\{0\} \quad (4\text{-}2\text{-}16)$$

由于 $e^{j(\omega_{nx}t+\alpha_k)}\neq0$，故只有：

$$-\omega_{nk}^2[M]\{u_k\}+[K]\{u_k\}=\{0\} \quad (4\text{-}2\text{-}17)$$

将上式展开，经简化，并令：

$$\lambda_1^2=\frac{K_x}{m}\ ,\lambda_2^2=\frac{K_{\phi x}}{J_y}\ ,\gamma=\frac{mh_2^2}{J_y} \quad (4\text{-}2\text{-}18)$$

可得：

$$(\lambda_1^2-\omega_{nk}^2)u_{1k}-\lambda_1^2 h_2 u_{2k}=0 \quad (4\text{-}2\text{-}19)$$

$$-\lambda_1^2 h_2\frac{m}{J_y}u_{1k}+(\lambda_2^2-\omega_{nk}^2)u_{2k}=0 \quad (4\text{-}2\text{-}20)$$

若要求上式 $\{u_k\}$ 为非零解，只有其系数行列式等于零，即

$$\begin{vmatrix} \lambda_1^2-\omega_{nk}^2 & -\lambda_1^2 h_2 \\ -\dfrac{mh_2}{J_y}\lambda_1^2 & \lambda_2^2-\omega_{nk}^2 \end{vmatrix}=0 \quad (4\text{-}2\text{-}21)$$

隔振体系无阻尼的固有频率方程为：

$$(\lambda_1^2 - \omega_{nk}^2)(\lambda_2^2 - \omega_{nk}^2) - \lambda_1^4 \frac{mh_2^2}{J_y} = 0 \tag{4-2-22}$$

$$\omega_{nk}^4 - (\lambda_1^2 + \lambda_2^2)\omega_{nk}^2 + \lambda_1^2\lambda_2^2 - \lambda_1^4\gamma = 0 \tag{4-2-23}$$

求解上式，得隔振体系无阻尼固有圆频率 ω_{nk} 为（$k=1$，2）：

$$\omega_{n1,2}^2 = \frac{1}{2}\left[(\lambda_1^2 + \lambda_2^2) \mp \sqrt{(\lambda_1^2 - \lambda_2^2)^2 + 4\lambda_1^4\gamma}\right] \tag{4-2-24}$$

当 y-ϕ_x 耦合振动时，将

$$\lambda_1 = \sqrt{\frac{K_y}{m}}; \lambda_2 = \sqrt{\frac{K_{\phi x}}{J_x}}; \gamma = \frac{mh_2^2}{J_x} \tag{4-2-25}$$

代入式(4-2-24) 即得 y 轴与绕 x 轴旋转的两个自由度水平回转耦合振动体系的无阻尼固有圆频率 ω_{n1} 和 ω_{n2}。

三、悬挂式隔振体系固有圆频率

当刚性吊杆的平面位置在半径为 R 的圆周上时，x、y 与 ϕ_z 为单自由度体系，其余均受约束；此时，隔振体系的固有圆频率为：

$$\omega_{nx}^2 = \omega_{ny}^2 = \frac{g}{L} \tag{4-2-26}$$

$$\omega_{n\phi z}^2 = \frac{mgR^2}{J_z L} \tag{4-2-27}$$

上述公式来源如下：

对于按刚性吊杆的平面位置在半径为 R 的圆周上时的悬挂式隔振装置，当在 x 轴向或 y 轴向产生位移为 δ 时的作用力为 $F = G\sin\theta$，$\delta = L\sin\theta$，如图 4-2-4 所示。根据刚度的定义：

$$K_x = K_y = \frac{F}{\delta} = \frac{G\sin\theta}{L\sin\theta} = \frac{G}{L} = \frac{mg}{L}$$

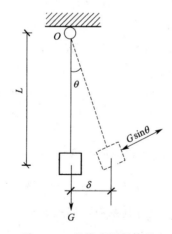

图 4-2-4　悬挂式隔振体系

同理可得 $K_{\phi z} = \frac{GR^2}{L} = \frac{mgR^2}{L}$。

如图 4-2-4 所示，单摆的无质量刚性吊杆长 L，摆锤的质量为 $m=\dfrac{G}{g}$，当单摆摆动到任一角度 θ 时，摆的恢复力为 $F=mg\sin\theta$，当 θ 甚小时，则 $\sin\theta\approx\theta$，因此，恢复力绕悬挂点 O 的力矩为 $FL=mgL\theta$，摆锤的质量 m 绕 O 点的转动惯量 $J=mL^2=\dfrac{G}{g}L^2$，根据达朗贝尔原理，振动平衡方程为：$J\ddot{\theta}+F_{\mathrm{h}}L=0$，且有：

$$\ddot{\theta}+\frac{mgL}{mL^2}\theta=\ddot{\theta}+\frac{g}{L}\theta=\ddot{\theta}+\omega_{\mathrm{n}}^2\theta=0 \tag{4-2-28}$$

从上式可知刚性吊杆悬挂体系的固有圆频率 $\omega_{\mathrm{n}}=\sqrt{\dfrac{g}{L}}$。

同理可得：

$$\omega_{\phi z}=\sqrt{\frac{K_{\phi z}}{J_z}}=\sqrt{\frac{mgR^2}{J_z L}} \tag{4-2-29}$$

第五章 主动隔振

第一节 主动隔振设计方法

为了减小动力机械振动对生产、工作及建筑物周围环境产生有害影响所采取的隔振措施，这类隔振措施称为主动隔振。

主动隔振应用广泛，其隔振方式通常采用支承式隔振体系。

一、主动隔振计算方法

1. 单自由度体系

如图 5-1-1 所示的主动隔振体系，在扰力 $F_z(t)=F_z\sin\omega t$ 作用下，沿 z 轴轴向振动的微分方程为：

$$m\ddot{z}+C_z\dot{z}+K_z z=F_z\sin\omega t \tag{5-1-1}$$

$$\ddot{z}+2n_z\dot{z}+\omega_{nz}^2 z=\frac{F_z}{m}\sin\omega t \tag{5-1-2}$$

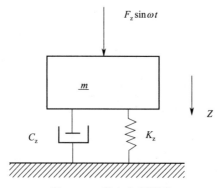

图 5-1-1 单自由度体系

式中 C_z——隔振器的竖向阻尼系数（N·s/m），$C_z=2mn_z$；

$\quad\quad n_z$——体系沿 z 轴向总的阻尼特征系数。

设其解为：

$$z=U_{zo}\mathrm{e}^{j\omega t}（取虚部） \tag{5-1-3}$$

代入式（5-1-2）得：

$$(-U_{zo}\omega^2+j2n_zU_{zo}\omega+\omega_{nz}^2U_{zo})\mathrm{e}^{j\omega t}=\frac{F_z}{m}\mathrm{e}^{j\omega t} \tag{5-1-4}$$

$$U_{zo}=\frac{F_z}{m\left[(\omega_{nz}^2-\omega^2)+j(2n_z\omega)\right]} \tag{5-1-5}$$

代入式(5-1-5)得位移方程：

$$z=\frac{F_z}{m\omega_{nz}^2}\frac{1}{\sqrt{\left(1-\frac{\omega^2}{\omega_{nz}^2}\right)^2+\left(2\zeta_z\frac{\omega}{\omega_{nz}}\right)^2}}e^{j(\omega t-q)} \tag{5-1-6}$$

令 $U_z=\dfrac{F_z}{m\omega_{nz}^2}\dfrac{1}{\sqrt{\left(1-\frac{\omega^2}{\omega_{nz}^2}\right)^2+\left(2\zeta_z\frac{\omega}{\omega_{nz}}\right)^2}}$，则有：

$$z=U_z e^{j(\omega t-q)}=U_z\sin(\omega t-\theta) \tag{5-1-7}$$

$$\tan\theta_z=\frac{2n_z\omega}{\omega_{nz}^2-\omega^2} \tag{5-1-8}$$

$$\zeta_z=\frac{n_z}{\omega_{nz}} \tag{5-1-9}$$

$$m\omega_{nz}^2=K_z \tag{5-1-10}$$

当 $\sin(\omega t-\theta_z)=1$ 时，振动最大，此时振幅值为：

$$U_z=\frac{F_z}{k_z}\eta_{zmax} \tag{5-1-11}$$

$$\eta_{zmax}=\frac{1}{\sqrt{\left(1-\frac{\omega^2}{\omega_{nz}^2}\right)^2+\left(2\zeta_z\frac{\omega}{\omega_{nz}}\right)^2}} \tag{5-1-12}$$

同理，对沿着其他各轴向做直线运动的振幅值，或绕其他各轴做旋转运动的振幅值，可用通用公式表示为：

$$U_v=\frac{F_v}{k_v}\eta_{vmax} \tag{5-1-13}$$

$$U_{\phi v}=\frac{M_v}{K_{\phi v}}\eta_{\phi vmax} \tag{5-1-14}$$

$$\eta_{vmax}=\frac{1}{\sqrt{\left(1-\frac{\omega}{\omega_{nv}}\right)^2+\left(2\zeta_v\frac{\omega}{\omega_{nv}}\right)^2}} \tag{5-1-15}$$

$$\eta_{\phi vmax}=\frac{1}{\sqrt{\left(1-\frac{\omega}{\omega_{n\phi v}}\right)^2+\left(2\zeta_{\phi v}\frac{\omega}{\omega_{n\phi v}}\right)^2}} \tag{5-1-16}$$

式中 v——x、y、z 轴，见图 4-2-1。

2. 双自由度耦合振动体系

当 x 与 ϕ_y 耦合时，如图 4-2-3 所示，x 轴向与绕 y 轴旋转的两个自由度水平回转耦合振动体系上，隔振体系质心处的运动微分方程为方程式（4-2-13），写成矩阵形式为式（4-2-14）即：

$$[M]\{\ddot{\Delta}\}+[C]\{\dot{\Delta}\}+[K]\{\Delta\}=\{g_0\}g(\tau) \tag{5-1-17}$$

$$[M]\{\ddot{\Delta}\}+[C]\{\dot{\Delta}\}+[K]\{\Delta\}=[M][M]^{-1}\{g_0\}g(\tau) \tag{5-1-18}$$

式中，$g(\tau)$ 为扰力和扰力矩的时间函数，$\{g_0\}$ 参见第四章第二节的内容。

求上式的精确解十分繁琐，因此用振型分解法求其近似解较为简便，但需做一些近似的假定，这种假定对计算结果影响不大，因此被普遍采用。这种假定为：

$$\frac{C_x}{K_x} = \frac{C_{\phi y}}{K_{\phi y}} = \alpha \qquad (5\text{-}1\text{-}19)$$

α 为一常数，任何两个不同振型 K 和 L 具有正交关系，其正交关系式为：

$$\{U_K\}^T [M] \{U_L\} = 0 \qquad (5\text{-}1\text{-}20)$$

式中，上角标"T"表示转置矩阵。

根据式（5-1-19）可以导出：

$$[C] = \begin{bmatrix} C_x & -C_x h_2 \\ -C_x h_2 & C_x \end{bmatrix} = \begin{bmatrix} \alpha K_x & -\alpha K_x h_2 \\ -\alpha K_x h_2 & \alpha K_{\phi y} \end{bmatrix} = \alpha [K] \qquad (5\text{-}1\text{-}21)$$

式（5-1-21）乘以 $[M]^{-1}$：

$$[M]^{-1}[C] = \begin{bmatrix} \dfrac{C_x}{m} & -\dfrac{C_x h_2}{m} \\ -\dfrac{C_x h_2}{J_y} & \dfrac{C_x}{J_y} \end{bmatrix} = 2 \begin{bmatrix} n_x & -n_x h_2 \\ -\dfrac{n_x m h_2}{J_y} & n_{\phi y} \end{bmatrix} \qquad (5\text{-}1\text{-}22)$$

式中：

$$n_x = \frac{C_x}{2m} \qquad (5\text{-}1\text{-}23)$$

$$n_{\phi y} = \frac{C_{\phi y}}{2 J_y} \qquad (5\text{-}1\text{-}24)$$

将式（5-1-18）中的位移项 $\{\Delta\}$ 和扰力项 $[M]^{-1}\{g_0\}$ 分解为振型的线性组合形式：

$$\{\Delta\} = \sum_{k=1}^{2} \{U_k\} q_k(t) = \sum_{k=1}^{2} \begin{Bmatrix} U_{1k} \\ U_{2k} \end{Bmatrix} q_k(t) \qquad (5\text{-}1\text{-}25)$$

$$[M]^{-1}\{g_0\} = \beta_1 \{A_1\} + \beta_2 \{A_2\} \qquad (5\text{-}1\text{-}26)$$

另外，由式（4-2-19）的第一式，可求得振型 k 的幅值比为：

$$\rho_{1k} = \frac{U_{1k}}{U_{2k}} = \frac{\lambda_1^2 h_2}{\lambda_1^2 - \omega_{nx}^2} = \frac{K_x z}{K_x - m\omega_{n1}^2} = \rho_1 \qquad (5\text{-}1\text{-}27)$$

$$\rho_{2k} = \frac{U_{2k}}{U_{2k}} = 1 \qquad (5\text{-}1\text{-}28)$$

同理可得：

$$\rho_2 = \frac{K_x z}{K_x - m\omega_{n2}^2} \qquad (5\text{-}1\text{-}29)$$

因此，式（5-1-25）可写成：

$$\{\Delta\} = \sum_{k=1}^{2} \begin{Bmatrix} \rho_{1k} \\ 1 \end{Bmatrix} U_{2k} q_x(t) \qquad (5\text{-}1\text{-}30)$$

将式（5-1-26）两边均乘以 $\{u_k\}^T [M]$，并结合正交关系式（5-1-20）得：

$$\{u_k\}^T \{f_0\} = \{U_k\}^T [M] (\beta_1 \{U_1\} + \beta_2 \{U_2\}) = \beta_k \{U_k\}^T [M] \{U_k\} \qquad (5\text{-}1\text{-}31)$$

式中：$\{U_k\}^T \{f_0\} = [U_{1k}, U_{2k}] \begin{Bmatrix} F_{ox} \\ M_{oy} \end{Bmatrix} = U_{1k} F_{ox} + U_{2k} M_{oy} = U_{2k} [\rho_{1k} F_{ox} +$

$M_{oy}]$

$$\{U_k\}^T[M]\{U_k\}=mU_{1k}^2+J_yU_{2k}^2=U_{2k}^2(m\rho_{1k}^2+J_y)$$

由此可得：

$$\beta_k=\frac{\{U_k\}^T\{f_0\}}{\{U_k\}^T[M]\{U_k\}}=\frac{F_{ox}\rho_{1k}+M_{oy}}{(m\rho_{1k}^2+J_yU_{2k})}\frac{n!}{r!\ (n-r)!} \tag{5-1-32}$$

将式（5-1-25）、式（5-1-31）代入式（5-1-18）得：

$$\sum_{k=1}^2(\ddot{q}_k(t)+\dot{q}_k(t)[M]^{-1}[C]+q_k(t)[M]^{-1}[K]-\beta_kg(\tau))\{U_k\}=\{0\} \tag{5-1-33}$$

式中：$[M]^{-1}[C]=2n_k$，$[M]^{-1}[K]=\omega_{nk}^2$。

代入式（5-1-33）得：

$$\sum_{k=1}^2(\ddot{q}_k(t)+2n_k\dot{q}_k(t)+\omega_{nk}^2q_k(t)-\beta_kg(\tau))\{U_k\}=\{0\} \tag{5-1-34}$$

上边两式均乘以$\{U_k\}^T[M]$得：

$$\sum_{k=1}^2(\ddot{q}_k(t)+2n_k\dot{q}_k(t)+\omega_{nk}^2q_k(t)-\beta_kg(\tau))\{U_k\}^T[M]\{U_k\}=\{0\} \tag{5-1-35}$$

式中：$\{U_k\}^T[M]\{U_k\}\neq\{0\}$。

由此：

$$\ddot{q}_k(t)+2n_k\dot{q}_k(t)+\omega_{nk}^2q_k(t)=\beta_kg(\tau) \tag{5-1-36}$$

将式（5-1-32）代入式（5-1-36）得：

$$\ddot{q}_k(t)+2n_k\dot{q}_k(t)+\omega_{nk}^2q_k(t)=\frac{F_{ox}r_{1k}+M_{oy}}{(m\rho_{1k}^2+J_yU_{2k})}g(\tau) \tag{5-1-37}$$

上式与式（5-1-2）相比可知，上式与单自由度有阻尼强迫振动的运动微分方程表达形式是一样，因此求解的方法也一样。

当扰力时间函数为简谐时：

$$g(\tau)=\sin\omega t \tag{5-1-38}$$

其解为：

$$q_k(t)=\frac{F_{ox}\rho_{1k}+M_{oy}}{U_{2k}(m\rho_{1k}^2+J_y)\omega_{nk}^2}\frac{\sin(\omega t-\theta_k)}{\sqrt{\left(1-\dfrac{\omega^2}{\omega_{nk}^2}\right)^2+\left(2\zeta_k\dfrac{\omega}{\omega_{nk}}\right)^2}} \tag{5-1-39}$$

代入式（5-1-25）得：

$$\{\Delta\}=\sum_{k=1}^2\begin{Bmatrix}U_{1k}\\U_{2k}\end{Bmatrix}q_x(t)=\begin{bmatrix}\rho_{11}&\rho_{12}\\1&1\end{bmatrix}\begin{Bmatrix}\dfrac{F_{ox}\rho_{11}+M_{oy}}{(m\rho_{11}^2+J_y)\omega_{n1}^2}\dfrac{\sin(\omega t-\theta_1)}{\sqrt{\left(1-\dfrac{\omega^2}{\omega_{n1}^2}\right)^2+\left(2\zeta_1\dfrac{\omega}{\omega_{n1}}\right)^2}}\\\dfrac{F_{ox}\rho_{12}+M_{oy}}{(m\rho_{12}^2+J_y)\omega_{n2}^2}\dfrac{\sin(\omega t-\theta_2)}{\sqrt{\left(1-\dfrac{\omega^2}{\omega_{n2}^2}\right)^2+\left(2\zeta_2\dfrac{\omega}{\omega_{n2}}\right)^2}}\end{Bmatrix}$$

$$\tag{5-1-40}$$

当 $\sin(\omega t - \theta_1)$ 及 $\sin(\omega t - \theta_2)$ 同时等于1时，振动幅值为最大，因此上式可写为：

$$x(t)_{\max} = u_x = \rho_{11} \frac{F_{ox}\rho_{11} + M_{oy}}{(m\rho_{11}^2 + J_y)\omega_{n1}^2}\eta_1 + \rho_{12}\frac{F_{ox}\rho_{12} + M_{oy}}{(m\rho_{12}^2 + J_y)\omega_{n2}^2}\eta_2 \quad (5\text{-}1\text{-}41)$$

$$\phi_y(t)_{\max} = u_{\phi y} = \frac{F_{ox}\rho_{11} + M_{oy}}{(m\rho_{11}^2 + J_y)\omega_{n1}^2}\eta_1 + \frac{F_{ox}\rho_{12} + M_{oy}}{(m\rho_{12}^2 + J_y)\omega_{n2}^2}\eta_2 \quad (5\text{-}1\text{-}42)$$

$$\eta_1 = \frac{1}{\sqrt{\left(1 - \dfrac{\omega^2}{\omega_{n1}^2}\right)^2 + \left(2\zeta_1\dfrac{\omega}{\omega_{n1}}\right)^2}} \quad (5\text{-}1\text{-}43)$$

$$\eta_2 = \frac{1}{\sqrt{\left(1 - \dfrac{\omega^2}{\omega_{n2}^2}\right)^2 + \left(2\zeta_2\dfrac{\omega}{\omega_{n2}}\right)^2}} \quad (5\text{-}1\text{-}44)$$

由上述公式（5-1-42）可写成：

$$U_x = \rho_1 U_{\phi 1}\eta_1 + \rho_2 U_{\phi 2}\eta_2 \quad (5\text{-}1\text{-}45)$$

$$U_{\phi y} = U_{\phi 1}\eta_1 + U_{\phi 2}\eta_2 \quad (5\text{-}1\text{-}46)$$

式中：

$$U_{\phi 1} = \frac{F_{ox}\rho_1 + M_{oy}}{(m\rho_1^2 + J_y)\omega_{n1}^2} \quad (5\text{-}1\text{-}47)$$

$$U_{\phi 2} = \frac{F_{ox}\rho_2 + M_{oy}}{(m\rho_2^2 + J_y)\omega_{n2}^2} \quad (5\text{-}1\text{-}48)$$

二、主动隔振传递率

对于任意振动荷载作用的线性单自由度模型（图5-1-2），可以分析隔振系统的传递率 η。

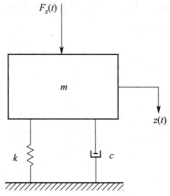

图 5-1-2　有阻尼单自由度系统

受迫振动运动微分方程为：

$$z''(t) + 2\zeta\omega_n z'(t) + \omega_n^2 z(t) = F_z(t) \quad (5\text{-}1\text{-}49)$$

式中　ω_n——隔振系统的固有频率，$\omega_n = \sqrt{\dfrac{k}{m}}$；

　　　ζ——隔振系统的阻尼比，$\zeta = \dfrac{c}{2\omega_n m} = \dfrac{c\omega_n}{2k}$。

由式（5-1-11）可知，$u_z = \dfrac{F_z}{k} \eta$。

如果隔振对象是水泵、电机或风机等旋转设备时，振动荷载作用为简谐振动，此时隔振系统的传递率可以按照下式进行计算：

$$\eta = \frac{1}{\sqrt{\left(1 - \dfrac{\omega}{\omega_n}\right)^2 + \left(2\zeta \dfrac{\omega}{\omega_n}\right)^2}} \tag{5-1-50}$$

如果隔振对象为锻锤、压力机等冲击设备，其振动荷载为冲击脉冲函数。冲击设备产生的冲击振动通常可以用五类脉冲函数来表示：后峰齿形、对称三角形、矩形、正弦半波和正矢脉冲。不同的设备在不同工作阶段，产生的冲击荷载形式是不同的，可以按照表 5-1-1 来确定冲击荷载的表达式。

脉冲激励的基本特征 表 5-1-1

名称	函数	时域特性	冲击响应谱	适用范围
矩形	$F(t) = \begin{cases} F_{max} & (0 \leqslant t \leqslant t_0) \\ 0 & (\text{其他情况}) \end{cases}$			热模锻起始阶段水平力 F_h，锻压阶段竖向力 F_v
正弦半波	$F(t) = \begin{cases} F_{max} \sin\left(\dfrac{\pi t}{t_0}\right) & (0 \leqslant t \leqslant t_0) \\ 0 & (\text{其他情况}) \end{cases}$			热模锻起始阶段力矩 M，摩擦螺旋竖向力 F_v
正矢脉冲	$F(t) = \begin{cases} \dfrac{F_{max}}{2}\left(1 - \cos\dfrac{2\pi t}{t_0}\right) & (0 \leqslant t \leqslant t_0) \\ 0 & (\text{其他情况}) \end{cases}$			热模锻起始阶段力矩 M，锻锤打冷锻件 F_v
对称三角形	$F(t) = \begin{cases} F_{max}\dfrac{2t}{t_0} & (0 \leqslant t \leqslant \dfrac{t_0}{2}) \\ 2F_{max}\left(1 - \dfrac{t}{t_0}\right) & (\dfrac{t_0}{2} \leqslant t \leqslant t_0) \\ 0 & (\text{其他情况}) \end{cases}$			热模锻起始阶段水平力 F_h

名称	函数	时域特性	冲击响应谱	适用范围
后峰齿形	$F(t)=\begin{cases}F_{max}\dfrac{t}{t_0}(0\leqslant t\leqslant t_0)\\0(其他情况)\end{cases}$			热模锻起始阶段竖向力 F_v，锻锤打热锻件 F_v

此时隔振系统的传递率可以通过杜哈梅积分求解。当 $z(0)=0$，$z'(0)=0$ 时，方程解为：

$$z(t)=\frac{1}{\omega_d}\int_0^t F(\tau)e^{-\zeta\omega_n(t-\tau)}\sin[\omega_d(t-\tau)]d\tau \tag{5-1-51}$$

冲击荷载作用时，隔振系统的最大振动响应可以用最大传递率（η_{max}）来计算，计算表达式为：

$$u_{max}=\frac{F_{max}}{k}\eta_{max} \tag{5-1-52}$$

工程应用中，最大传递率的周期比见表 5-1-2。

最大传递率的周期比 t_0/T_n　　　　　　　　　　　　　表 5-1-2

脉冲 \ 阻尼比	后峰齿形	对称三角形	矩形	正弦半波	正矢脉冲
0.0	0.648	0.906	0.499	0.811	1.000
0.1	0.688	0.960	0.502	0.817	1.052
0.2	0.745	1.032	0.510	0.896	1.123
0.3	0.840	1.148	0.524	0.958	1.222

注：表中 t_0/T_n 为周期比，t_0 为冲击荷载的脉宽，T_n 为隔振系统周期。

三、主动隔振设计步骤

1. 主动隔振设计应具备的资料，详见第三章第一节。

2. 选择隔振方案时，首要考虑的是隔振效果，即要满足传递率 η 的要求，主动隔振系统的传递率为：

$$\eta=\frac{u_h}{u_q} \tag{5-1-53}$$

式中　u_h——隔振后通过隔振器输出的振动位移；

　　　u_q——隔振前支承处的振动位移。

从上式不难看出，η 越小隔振效果越好，同时实际工程中还需考虑经济合理，施工、安装和维修方便。

3. 支承式隔振体系的计算假定：

(1) 支承隔振器的底座为刚性支座；

(2) 隔振器的质量在整个隔振体系中所占的比重十分微小，计算时可忽略不计；

(3) 台座结构为不变形的刚体；

（4）隔振体系的质量中心与隔振器的刚度中心在同一条铅垂线上。

4. 进行隔振计算，满足设计要求。

第二节　旋转式机器

一、旋转式机器的特点

旋转式机器包括汽轮发电机组、透平压缩机、电动机、风机、水泵等。它们的主要特点是：机器的运动形式为旋转运动，大部分为正弦周期运动，其转速一般为一个固定值或在一个范围内变化。机器的转动部件主要有叶轮、转子两类。汽轮发电机组是具有代表性的旋转式机器。

1. 汽轮发电机组

汽轮发电机组是通过其转子的旋转运动而实现能量转换，是精密度很高的大型旋转式机器。

机器的转速通常为 3000r/min，核电站多为 1500r/min 或 3000r/min，因此属于中转速机组，即 $1000\text{r/min}<n<3000\text{r/min}$。

由于汽轮发电机组本身及其辅助设备之间的工艺布置要求，故汽轮发电机组基础均采用框架式基础，形成一个复杂的空间结构体系。汽轮发电机与其框架式基础是一个紧密结合的完整体系，无论从确定基础结构的布置还是分析基础的振动特性来看，机器与基础都是不可分割的，两者相互影响、相互制约，机器是整个体系的一部分，基础是机器设备的延续。因而汽轮发电机基础的振动特性更具复杂性，其隔振基础的研究与发展更为重要。

自 1967 年，欧洲 Siemens 公司容量为 660MW 的核电半速机组在设计中为了使基础的固有频率与机器的工作转速避开，首次在汽轮发电机基础上运用了弹簧隔振基础。该汽轮机弹簧隔振基础成功地应用于德国 Stade 核电站已有 40 多年的历史，之后许多火电机组及核电全速机组也采用了弹簧隔振基础。在国外特别是西欧一些国家，汽轮发电机的弹簧隔振设计已经非常普及（图 5-2-1）。目前，采用弹簧隔振基础的火电机组的最大功率为 1000MW，核电机组的最大功率为 1600MW（芬兰的 Olkiluoto3 核电站）。

图 5-2-1　德国黑泵电厂（Kraftwerk Schwarze Pumpe）汽机弹簧隔振基础

在我国于 20 世纪 70 年代后期开展了汽轮发电机组弹簧隔振基础的试验研究，并于 1980 年首次在河南登封电厂 6MW 的汽轮发电机基础中应用了弹簧隔振。随着机组引进项目的不断扩大，汽轮发电机弹簧隔振基础也在国内慢慢发展起来，至今国内已有 100 多台已建、在建和将建的燃煤电厂和核电站的汽轮发电机基础选用了弹簧隔振基础。其中 1000MW 机组岭澳核电站（图 5-2-2）是我国第一个采用半速汽轮发电机组弹簧隔振基础的核电站；600MW 的大别山电厂汽机基础（图 5-2-3）是首次国内和国外联合设计的弹簧隔振基础；泰州 1000MW 机组是国内外首台百万千瓦级的超超临界二次再热燃煤发电机组，该机组成功地采用了弹簧隔振基础；神华国华寿光电厂一期 2×1000MW 汽机基础（图 5-2-4）的设计是我国首次将汽机基座下立柱与厂房立柱连接为整体结构的联合设计方案，使厂房布置得到优化，弹簧隔振基座下的支撑结构对整个厂房能够发挥有力的作用，提高整个厂房结构的抗震性能，改善结构的动力特性。这些机组投产后，设备运行状况及其基础振动状况均达到了较好的水平。

图 5-2-2　岭澳二期核电站

汽轮发电机组弹簧隔振基础之所以应用广泛，是由于它具有以下特有的优势：

（1）由于弹簧隔振基础的顶板与下部柱子、中间平台结构的分离，使弹簧隔振基础在振动中已经不是一个复杂的框架空间结构，不产生柱子或中间平台的子结构振动带来的不利局部振动。弹簧隔振基础顶板是一个独立的平板结构振动，在振动中犹如一个平板放置在弹簧床上，相邻轴承之间的相对变形很小，弹簧基础的整体振型占主导地位，而不利的弯曲振型明显减弱。由于汽轮发电机组轴系及弹簧隔振基础均具有很好的动力特性，有利于机组的长期稳定运行，并可延长大修周期，节省检修费用。

（2）弹簧隔振基础固有频率很低，仅 3～4Hz，更加远离工作转速，特别是使核电中的半速机组实现了避开工作转速 2～3 倍要求，使基础振动能量大部分集中在低频范围内。

（3）弹簧隔振基础发生不均匀沉降时，或相邻轴承座出现不均匀变位时，可以利用设置在弹簧隔振基础中弹簧进行快速调平，以避免揭缸大修及其带来的高额费用。

（4）由于弹簧隔振基础具有较高的隔振效率，台板以下部分可按静荷载考虑，对地基的要求有所减低。另外，如果采用汽轮发电机弹簧隔振基础与主厂房结构联合设计的方

图 5-2-3　大别山汽机弹簧隔振基础

图 5-2-4　寿光电厂汽机基础与厂房联合结构模型试验

案，将有利于提高厂房的整体抗震性能。

（5）由于弹簧隔振器的耗能减震作用，在高地震烈度地区的抗震安全裕度会大幅提高。

（6）弹簧隔振基础的柱子截面比普通基础减小许多，有利于设备的布置，减少了其他安装费用。

2. 汽动给水泵基础

汽动给水泵是典型高转速的旋转式机器，转速一般在 3000～6000r/min 之间变化，即为高变转速机器。目前在电厂中的汽动给水泵基本上是高位布置，即其运转层高度与汽轮发电机组的高度相同，传统的基础形式是钢筋混凝土框架结构。目前汽动给水泵基础设计为弹簧隔振体系，取代了传统的框架式基础，既改善了基础的动力特性，又明显简化了结构布置。

二、旋转式机器弹簧隔振基础的适用条件

由于弹簧隔振基础具有以上所述特征，所以在以下条件下，建议使用弹簧隔振基础。

1. 机组的工作转速和基础-设备系统的固有频率相接近的情况。

2. 地基条件较差、基础易发生不均匀沉降，如软土地基、采矿区或地下水漏斗区。

3. 厂址处在高烈度地震区，如 7 度四类场地、8 度及以上。

4. 对基础的立柱振动值或设备的抗地震加速度有较高要求。

5. 机组轴系较长，且受设备和管道等工艺布置条件的限制而使得基础截面设计空间不足。

三、旋转式机器隔振形式

对汽轮发电机、汽动给水泵等旋转式机器，根据工程实践经验，通常采用钢筋混凝土台座，同时为了满足设备布置要求，往往需将台座设计成梁式、板式或梁板混合式；离心泵、离心通风机等旋转式机器，目前在工程中存在钢筋混凝土板和钢支架两种形式，由于钢支架结构自重较小，隔振体系的参振质量不大，会出现钢支架台座振动过大现象，为此如果采用钢支架台座时，应具备足够的刚度，并且在动力分析计算中这些台座结构一般假定为刚体。

旋转式机器的隔振形式一般采用支承式。隔振器宜设置在柱顶、梁顶或台座底板上。图 5-2-5～图 5-2-7 是一个汽轮发电机隔振基础基本的布置方法。

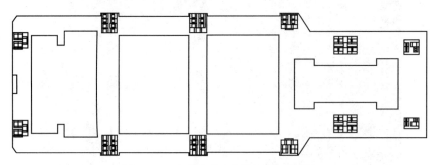

图 5-2-5　汽轮发电机隔振基础平面图

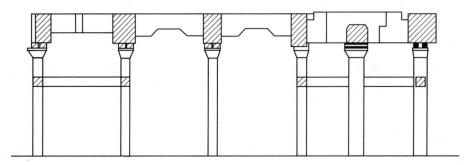

图 5-2-6　汽轮发电机隔振基础纵剖面图

隔振器的形式种类较多，适宜旋转式机器隔振的主要是圆柱螺旋弹簧隔振器。这种隔振器既能达到隔振目，又比较经济。而橡胶隔振器虽然成本不高，但由于老化等问题，一

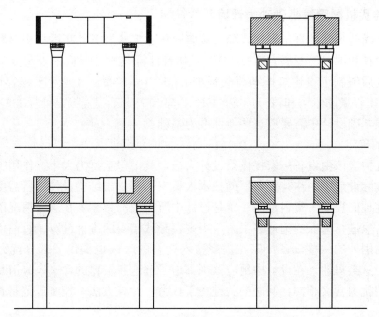

图 5-2-7　汽轮发电机隔振基础横剖面图

般不常采用，只是在离心泵、离心通风机这类台座刚度较大的机器中会采用。

旋转式机器的扰力是多方向的，所以要求隔振系统具有三维隔振功能，即空间三方向均具有一定的弹性。

由于旋转式机器在运行中总会有启动或停机的过程，这样机器基础的工作频率势必会通过系统的固有频率，如果不设置阻尼器就会在此时产生很大的振动而影响机器的运行，所以对汽轮发电机、汽动（电动）给水泵等大型旋转式机器的弹簧隔振基础强调隔振器应与阻尼器一起使用，从而达到控制振动线位移的目的。

另外在地震区的设计中，由于地震波的周期较长，往往与基础的低阶自振频率接近，此时阻尼器的作用更加重要，在地震中阻尼器能够起到减振耗能的作用（图 5-2-8）。

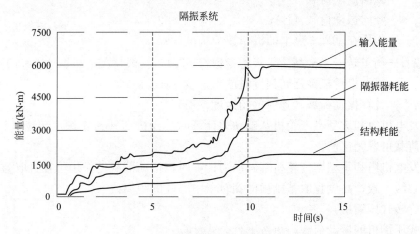

图 5-2-8　弹簧隔振基础能量的构成

四、旋转式机器隔振基础动力计算

近年来，随着科学的进步发展，随着旋转式机器形式及其功率的扩充（特别是汽轮发电机机组容量在我国已经发展到 1750MW），随着计算技术、分析手段及振动测试能力的提高，我国先后编制了《建筑振动荷载标准》GB/T 51228、《建筑工程容许振动标准》GB 50868、《工程振动术语和符号标准》GB/T 51306、《工程隔振设计标准》GB 50463 等标准，在隔振基础设计中需要以这些新标准为基础。

1. 扰力的确定

机器的扰力应该由设备厂家提供给设计人员，其中包括扰力大小、作用方向、作用位置。但是在实际设计中，往往设备厂的技术人员不了解基础结构设计中所需要的是什么扰力，所以即使他们提供了资料也不一定是设计中所需要的数据。在这种情况下，设计人员必须与设备厂家进行深入的沟通、了解，否则会导致错误的设计计算。目前由于引进机器设备较多，而国外的一些设备厂家在提交技术资料的时候也提供了部分扰力的图纸、数据，建议对于这类机器，在设计中更应该深入地了解这些资料的含义，分清是否与动力计算中所定义的扰力含义相同，问题的关键在于扰力—计算方法—控制规范是否一致或相互协调。

在没有扰力资料的情况下，需要按照《建筑振动荷载标准》GB/T 51228 的相关规定对隔振基础扰力值进行如下取值。

（1）汽轮发电机组和重型燃气轮机作用在基础上的振动荷载，可按下列公式计算：

$$F_{vx} = m_i G \frac{\omega^2}{\omega_0} \tag{5-2-1}$$

$$F_{vy} = \frac{1}{2} m_i G \frac{\omega^2}{\omega_0} \tag{5-2-2}$$

$$F_{vz} = m_i G \frac{\omega^2}{\omega_0} \tag{5-2-3}$$

式中　F_{vx}——横向振动荷载（N）；

$\quad\quad F_{vy}$——纵向振动荷载（N）；

$\quad\quad F_{vz}$——竖向振动荷载（N）；

$\quad\quad m_i$——作用在基础 i 点上的机器转子质量（kg）；

$\quad\quad G$——衡量转子平衡品质等级的参数（m/s），一般情况下可取 6.3×10^{-3} m/s；

$\quad\quad \omega_0$——机器设计额定运转速度时的角速度（rad/s）；

$\quad\quad \omega$——计算振动荷载转速时的角速度（rad/s）。

汽轮发电机组和重型燃气轮机基础动力计算时，当机器转速在额定转速±5%范围内时，振动荷载可取固定值。

汽轮发电机组和重型燃气轮机基础动力计算时，振动荷载的作用位置宜取与机组的轴承支座中心线一致，高度宜取基础顶面到转子中心线的距离。

（2）旋转式压缩机

旋转式压缩机的振动荷载，可按下列公式计算：

$$F_{vx} = 0.25 mg \left(\frac{n}{3000} \right)^{\frac{3}{2}} \tag{5-2-4}$$

$$F_{vy}=0.125mg\left(\frac{n}{3000}\right)^{\frac{3}{2}} \tag{5-2-5}$$

$$F_{vz}=0.25mg\left(\frac{n}{3000}\right)^{\frac{3}{2}} \tag{5-2-6}$$

式中　m——机器转子的质量（kg）；

　　　n——机器的工作转速（r/min）；

　　　g——重力加速度。

当旋转式压缩机与驱动机之间有变速箱时，机器转子的质量应计入变速箱内对应相同转速的齿轮、转轴的质量。

振动荷载作用点的位置，应根据机器转子的质量分布状况确定。

（3）通风机、鼓风机、电动机、离心泵

通风机、鼓风机、电动机、离心泵的振动荷载，可按下列公式计算：

$$F_{vx}=me\omega^2 \tag{5-2-7}$$
$$F_{vy}=0.5F_{vx} \tag{5-2-8}$$
$$F_{vz}=F_{vx} \tag{5-2-9}$$

式中　F_{vx}——横向振动荷载（N）；

　　　F_{vy}——纵向振动荷载（N）；

　　　F_{vz}——竖向振动荷载（N）；

　　　m——旋转部件的总质量（kg）；

　　　e——转子质心与转轴几何中心的当量偏心距（m）；

　　　ω——转子转动角速度（rad/s）。

旋转部件当量偏心距，可按下式计算：

$$e=G/\omega \tag{5-2-10}$$

（4）离心机

卧式离心机的振动荷载，可按下列公式计算：

$$F_{vx}=me\omega_n^2 \tag{5-2-11}$$
$$F_{vy}=0.5me\omega_n^2 \tag{5-2-12}$$
$$F_{vz}=me\omega_n^2 \tag{5-2-13}$$
$$\omega_n=0.105n \tag{5-2-14}$$

立式离心机的振动荷载，可按下列公式计算：

$$F_{vx}=me\omega_n^2 \tag{5-2-15}$$
$$F_{vy}=me\omega_n^2 \tag{5-2-16}$$
$$F_{vz}=0.5me\omega_n^2 \tag{5-2-17}$$

式中　F_{vx}——垂直于离心机轴向的水平 x 方向振动荷载（N）；

　　　F_{vy}——垂直于离心机轴向的水平 y 方向振动荷载（N）；

　　　F_{vz}——离心机的轴向振动荷载（N）；

　　　m——离心机旋转部件总质量（kg），可取转鼓体的质量及转鼓内物料的质量之和（kg）；

　　　e——离心机旋转部件总质量对离心机轴心的当量偏心距（m）；

ω_n——离心机的工作角速度（rad/s）；

n——离心机的工作转速（r/min）。

离心机旋转部件总质量对于离心机轴心的当量偏心距 e，可按表 5-2-1 确定。

离心机旋转部件总质量对于离心机轴心的当量偏心距 e   表 5-2-1

机器类别	离心机				分离机			
	工作转速 n(r/min)				工作转速 n(r/min)			
	$n \leqslant 750$	$750 < n \leqslant 1000$	$1000 < n \leqslant 1500$	$1500 < n \leqslant 3000$	$3000 < n \leqslant 5000$	$5000 < n \leqslant 7500$	$7500 < n \leqslant 10000$	$10000 < n \leqslant 20000$
e(mm)	0.3	0.15	0.1	0.05	0.03	0.015	0.01	0.005

注：表中 e 的取值已计入轴承、联轴器等对于振动荷载的影响。

在腐蚀环境中工作的离心机，其旋转部件总质量对轴心的当量偏心距 e，应按表 5-2-1 的数值乘以介质系数，介质系数可取 1.1~1.2，工作转速较低时取较小值，工作转速较高时取较大值。

2. 振动控制标准

旋转式机器隔振基础的振动控制标准应该以满足机器运行条件为准则，应由机器制造厂提出。同时对于隔振基础还要根据环境的要求，提出隔振效率的控制标准。

弹簧隔振汽轮发电机组基础在时域范围内的容许振动值，应按表 5-2-2 的规定确定。

弹簧隔振汽轮发电机组基础在时域范围内的容许振动值   表 5-2-2

机器额定转速(r/min)	容许振动速度均方根值(mm/s)
3000	3.8
1500	2.8

碎煤机隔振基础采用《建筑工程容许振动标准》GB 50868 的相关规定，见表 5-2-3。

破碎机基础在时域范围内的容许振动值   表 5-2-3

机器额定转速(r/min)	水平容许振动位移峰值(mm)	竖向容许振动位移峰值(mm)
$n \leqslant 300$	0.25	—
$300 < n \leqslant 750$	0.20	0.15
$n > 750$	0.15	0.10

控制隔振效率是隔振基础所特有的，是设计人员在进行设计时必须明确的计算参数。隔振效率基本上是由设计人员根据控制动力传递结构的要求、周围工作环境的需要，与业主共同制定。

对于汽轮发电机隔振基础一般要求控制隔振效率在 90% 以上。

3. 测试中的频谱分析

由于弹簧隔振基础其基频较常规框架式基础明显降低，所以对传递到基础的低频振动更加敏感。这种低频振动会产生较大的低频振动线位移，但对机器振动影响较小。所以在测试时应该运用频谱分析方法，测试出不同频率下的振动线位移，以便区别振动产生的原因，对机器基础进行正确的评判。

五、旋转式机器隔振基础设计方法

在进行隔振基础设计前首先要对设备充分了解。不同的旋转式机器其工作转速不同，振动控制标准不同，扰力位置及其大小不同，设备的重量及其分布、工艺布置条件等也非常重要，会直接影响到隔振器的布置。

其次要对基础的结构进行分析。根据基础的场地条件，厂房结构布置需求，确定机器基础与整体结构之间的关系，从而可以确定机器隔振基础的结构形式。

1. 隔振系统的刚度、阻尼比确定

根据隔振传递系数 η 的设计要求，机器的工作转速 ω，机器设备的重量 m_1，基础台座的重量 m_2，设计计算出隔振系统的总刚度 K_z。

$$\omega_z \leqslant \omega \left(\frac{\eta}{1+\eta} \right)^{\frac{1}{2}} \tag{5-2-18}$$

$$K_z = \omega_z^2 m \left(\frac{\eta}{1+\eta} \right) \tag{5-2-19}$$

$$m = m_1 + m_2 \tag{5-2-20}$$

式中 ω_z——基础的基频。

系统阻尼比的大小影响系统动力特性和隔振效率，需要根据工程设计的输入条件和隔振需要综合考虑。一般常规设计时，系统阻尼比取 5%～15% 是合适的，可以广泛满足工程需要。但对抗震有需求的设计，为了保护设备安全，设备对地震响应加速度、管道连接位移有限值要求时，系统阻尼比就需要显著提高，以满足抗震要求，这时阻尼比取值要超过 30%。

2. 隔振器、阻尼器的数量及其布置

隔振器的数量需通过反复迭代静力计算而确定，迭代变量为台板模型支承点的刚度，目标为隔振器设计压缩量 D_d 和柱头隔振器变形差值 d_d。

（1）计算模型

支承点为边界条件的台板模型，台板可以使用杆件和实体单元建立，支承点隔振器可以建立为下端固定、上端与台板相连的弹簧单元，模型的荷载包括机组的设备荷载和台板自重。

（2）设计承载力 F_d 和压缩量 D_d

设计承载力 F_d 应约为隔振器的额定承载力 F_{max} 的 80%，同时可确定相应隔振器设计压缩量 D_d 为隔振器额定压缩量 D_{max} 的 80%。

（3）计算

柱头隔振器的刚度作为台板模型支承点的刚度，通过改变支承点刚度的反复迭代静力计算，直至弹性支承点压缩量和每个支承点压缩量的变形差值满足隔振器设计压缩量 D_d 和变形差限值 d_d 要求。弹簧隔振基础每个柱头隔振器变形差限值 d_d 可取 0.5～1.0mm。

3. 隔振器的类型选择

根据设计条件和隔振器的主要参数，建议隔振器的选型遵循下列原则：

选用隔振器垂直向频率越低类型的隔振器，弹簧隔振基础垂直向频率离工作转速越远。

柱头承受荷载大时，选用额定承载力大的隔振器可减少隔振器数量以便增加隔振器布置空间。

厂址处在高烈度地震区，如 7 度四类场地、8 度及以上，建议选用水平刚度较垂直刚度比值低的隔振器，可降低基础的水平基本频率，使其远离地震卓越周期，减小地震作用。

阻尼器和隔振器宜参考在建和已建弹簧隔振基础选用的定型产品，当定型产品不能满足设计要求时，可由专业公司另行设计。

4. 隔振器的布置

在结构受力要求方面，隔振器的布置要使隔振器刚度中心和柱截面形心或梁截面形心尽量重合。

在结构合理布置要求方面，隔振器的布置结合隔振器外形尺寸、调整垫板的抽取方向及千斤顶的工作位置，应尽可能确保隔振器本身及其他设备的安装和检修空间，以及相应的检修通道。

5. 阻尼器的设计

（1）阻尼设置的目的

机组启动或停机过程中或基础在地震作用下出现过大的相对位移和相对速度，可通过阻尼器的设置进行有效控制和降低。

（2）阻尼系数的确定

阻尼系数可通过如下计算近似取得：

$$C_z = 2 \times \zeta_z \times \sqrt{K_z \times m_z} \tag{5-2-21}$$

$$\zeta_z = \frac{1}{2 [u_{max}]} \frac{F}{K_z} \left(\frac{f_n}{f} \right)^2 \tag{5-2-22}$$

式中　C_z——竖向或水平向总阻尼系数；

ζ_z——竖向或水平向基频模态阻尼比；

K_z——竖向或水平向总刚度；

m_z——竖向或水平向总动力质量；

F——竖向或水平向动扰力；

f_n——竖向或水平向基频；

f——机组工作频率；

$[u_{max}]$——竖向或水平向容许共振振动位移，一般为 5 倍的运行振动线位移或由标准确定。

得到总阻尼系数可平均分配于每组支撑位置中，再通过计算做进一步调整。

（3）阻尼器布置

带有阻尼的隔振器尽量布置在支撑部位的外侧，远离轴承中心线。当安装有困难时，可进行局部调整。

6. 隔振基础的计算

（1）隔振基础的自振特性计算

在一阶线弹性分析中，振型叠加法的强迫振动分析是隔振基础动力计算的基本方法，隔振基础的自振特性计算是强迫振动分析的基础和先决条件，所以设计后首先要计算出隔振基础的自振频率。而且在强迫振动中应采用 1.4 倍工作转速的振型进行叠加组合，因而自振特性的计算范围应是 1.4 倍工作转速范围内的工作转速。

（2）隔振基础的强迫振动响应分析计算

强迫振动响应计算时，应根据设计要求或工程经验选用合适规范和分析参数。动扰力大小和作用位置及形式、阻尼比、工作频率范围、响应输出形式等都会对计算结果的输出产生重要影响。目前汽轮发电机的机组容量越来越大，振动响应计算准确性要求更高，采用厂家详细计算的精确动扰力也是满足工程需求的重要方法之一。

计算出工作转速 1.4 倍范围内不同自振频率下的振动线位移或速度，特别是支撑轴承的部位，即扰力作用点处的振动响应，运用相应的规范或标准进行振动的检验，如果不满足规范要求，需进行结构或隔振器设计的修改。

（3）隔振基础隔振效率的检验

按照隔振效率的定义计算出隔振基础的隔振效率。对于大型机器基础结构的每个部位，其隔振效率不是统一的，所以在检验中一般是取平均值。隔振效率的计算一般有两种，一种是振动响应的隔振效率，即位移或速度的隔振效率；另一种是动内力的隔振效率，按下列规定计算。

1）当扰力、扰力矩为简谐作用时，位移传递率可按下列公式计算：

$$\eta_x = \frac{1}{\sqrt{\left[1-\left(\dfrac{\omega}{\omega_{nx}}\right)^2\right]^2 + \left(2\zeta_x \dfrac{\omega}{\omega_{nx}}\right)^2}} \tag{5-2-23}$$

$$\eta_y = \frac{1}{\sqrt{\left[1-\left(\dfrac{\omega}{\omega_{ny}}\right)^2\right]^2 + \left(2\zeta_y \dfrac{\omega}{\omega_{ny}}\right)^2}} \tag{5-2-24}$$

$$\eta_z = \frac{1}{\sqrt{\left[1-\left(\dfrac{\omega}{\omega_{nz}}\right)^2\right]^2 + \left(2\zeta_z \dfrac{\omega}{\omega_{nz}}\right)^2}} \tag{5-2-25}$$

$$\eta_{\phi x} = \frac{1}{\sqrt{\left[1-\left(\dfrac{\omega}{\omega_{n\phi x}}\right)^2\right]^2 + \left(2\zeta_{\phi x} \dfrac{\omega}{\omega_{n\phi x}}\right)^2}} \tag{5-2-26}$$

$$\eta_{\phi y} = \frac{1}{\sqrt{\left[1-\left(\dfrac{\omega}{\omega_{n\phi y}}\right)^2\right]^2 + \left(2\zeta_{\phi y} \dfrac{\omega}{\omega_{n\phi y}}\right)^2}} \tag{5-2-27}$$

$$\eta_{\phi z} = \frac{1}{\sqrt{\left[1-\left(\dfrac{\omega}{\omega_{n\phi z}}\right)^2\right]^2 + \left(2\zeta_{\phi z} \dfrac{\omega}{\omega_{n\phi z}}\right)^2}} \tag{5-2-28}$$

$$\eta_1 = \frac{1}{\sqrt{\left[1-\left(\dfrac{\omega}{\omega_{n1}}\right)^2\right]^2 + \left(2\zeta_1 \dfrac{\omega}{\omega_{n1}}\right)^2}} \tag{5-2-29}$$

$$\eta_2 = \frac{1}{\sqrt{\left[1-\left(\dfrac{\omega}{\omega_{n2}}\right)^2\right]^2 + \left(2\zeta_2 \dfrac{\omega}{\omega_{n2}}\right)^2}} \tag{5-2-30}$$

$$\zeta_x = \frac{\sum\limits_{i=1}^{n} \zeta_{xi} K_{xi}}{K_x} \tag{5-2-31}$$

$$\zeta_y = \frac{\sum\limits_{i=1}^{n} \zeta_{yi} K_{yi}}{K_y} \tag{5-2-32}$$

$$\zeta_z = \frac{\sum\limits_{i=1}^{n} \zeta_{zi} K_{zi}}{K_z} \tag{5-2-33}$$

$$\zeta_{\phi x} = \frac{\zeta_y \dfrac{\omega_{n\phi x}}{\omega_{ny}} \sum\limits_{i=1}^{n} K_{yi} z_i^2 + \zeta_z \dfrac{\omega_{n\phi x}}{\omega_{nz}} \sum\limits_{i=1}^{n} K_{zi} y_i^2}{K_{\phi x}} \tag{5-2-34}$$

$$\zeta_{\phi y} = \frac{\zeta_z \dfrac{\omega_{n\phi y}}{\omega_{nz}} \sum\limits_{i=1}^{n} K_{zi} x_i^2 + \zeta_x \dfrac{\omega_{n\phi y}}{\omega_{nx}} \sum\limits_{i=1}^{n} K_{xi} z_i^2}{K_{\phi y}} \tag{5-2-35}$$

$$\zeta_{\phi z} = \frac{\zeta_x \dfrac{\omega_{n\phi z}}{\omega_{nx}} \sum\limits_{i=1}^{n} K_{xi} y_i^2 + \zeta_y \dfrac{\omega_{n\phi z}}{\omega_{ny}} \sum\limits_{i=1}^{n} K_{yi} x_i^2}{K_{\phi z}} \tag{5-2-36}$$

式中 ζ_x——隔振系统沿 x 轴向振动的阻尼比；

ζ_y——隔振系统沿 y 轴向振动的阻尼比；

ζ_z——隔振系统沿 z 轴向振动的阻尼比；

$\zeta_{\phi x}$——隔振系统绕 x 轴旋转振动的阻尼比；

$\zeta_{\phi y}$——隔振系统绕 y 轴旋转振动的阻尼比；

$\zeta_{\phi z}$——隔振系统绕 z 轴旋转振动的阻尼比；

ζ_1——两自由度隔振体系第一振型的阻尼比；

ζ_2——两自由度隔振体系第二振型的阻尼比；

ζ_{xi}——第 i 个隔振器沿 x 轴向振动的阻尼比；

ζ_{yi}——第 i 个隔振器沿 y 轴向振动的阻尼比；

ζ_{zi}——第 i 个隔振器沿 z 轴向振动的阻尼比；

ω_{nx}——隔振体系沿 x 轴向的无阻尼固有圆频率；

ω_{ny}——隔振体系沿 y 轴向的无阻尼固有圆频率；

ω_{nz}——隔振体系沿 z 轴向的无阻尼固有圆频率；

$\omega_{n\phi x}$——隔振体系绕 x 轴旋转的无阻尼固有圆频率；

$\omega_{n\phi y}$——隔振体系绕 y 轴旋转的无阻尼固有圆频率；

$\omega_{n\phi z}$——隔振体系绕 z 轴旋转的无阻尼固有圆频率。

2）当扰力、扰力矩为简谐作用时，竖向力传递率可按下列公式计算：

$$\eta_F = \frac{\sqrt{1 + \left(2\zeta_z \cdot \dfrac{\omega}{\omega_{nz}}\right)^2}}{\sqrt{\left[1 - \left(\dfrac{\omega}{\omega_{nz}}\right)^2\right]^2 + \left(2\zeta_z \cdot \dfrac{\omega}{\omega_{nz}}\right)^2}} \tag{5-2-37}$$

3）隔振效率通过传递率计算得到：

$$T = (1 - \eta)\% \tag{5-2-38}$$

对于中高频的旋转机器，隔振系统竖向频率下的隔振效率不低于 95%。汽轮发电机隔振基础一般要求控制在 90% 以上。

六、旋转式机器隔振设计实例

1. 设计资料

该汽轮发电机为 1000MW 容量，其工作频率为 1500r/min 的旋转式机器，机组结构布置一个高中压缸、两个低压缸和发电机。低压缸分为内外双层缸，内缸通过钢杆直接支撑在基础台板的纵梁上，外缸和凝汽器刚性连接，外缸和基础台板无连接，凝汽器刚性支承于底板，外缸和凝汽器荷载全部作用于凝汽器刚性支座。

机组的高中压缸和低压缸均为落地轴承，发电机为端盖轴承，励磁机为静态励磁。

机组轴系由 4 根转子和 8 个轴承组成。简称为单轴双支点轴承，轴系总长约 51.356m。

其他设计资料如下：

(1) 材料

① 混凝土：C45

抗压强度设计值：$f_c = 45\text{MN/m}^2$

弹性模量：$E = 33500\text{MN/m}^2$

密度：$\gamma = 25\text{kN/m}^3$

泊松比：$\upsilon = 0.20$

② 钢筋：HRB 400

抗拉强度设计值：$f_y = 400\text{ MN/m}^2$

弹性模量：$E = 200000\text{ MN/m}^2$

(2) 基础台板及设备参数

基础总长度：$L = 58.196\text{ m}$

基础宽度：$B = 17.0\text{m}$（高中压）、20.0m（低压缸）、13.0m（发电机）

基础总重：$G_f = 62519\text{kN}$

设备工作频率：$f_m = 25\text{Hz}$

设备总重：$G_m = 34014\text{kN}$

基础与设备总重比值：$G_f/G_m = 1.84$

2. 基础台板设计

汽轮发电机隔振基础为框架式基础，6 对柱子，柱子顶部与运转层顶板之间由弹簧隔振器支撑。表 5-2-4 是台板上横梁与纵梁的基本尺寸，图 5-2-9 是基础平面外形图。

台板上横梁与纵梁的基本尺寸　　　　　　　表 5-2-4

序号	杆件	宽(m)	高(m)	面积(m)
1	横梁 1	2.580	4.170	10.759
2	横梁 2	2.960	6.970	20.631
3	横梁 3	2.040	7.170	14.627
4	横梁 4	2.930	6.970	20.422
5	横梁 5	4.400	4.470	19.668
6	纵梁 1	2.450	2.670	6.542

续表

序号	杆件	宽(m)	高(m)	面积(m)
7	纵梁 2	2.000	2.670	5.340
8	纵梁 3	2.800	4.170	11.676
9	纵梁 4	2.800	2.170	6.076
10	纵梁 5	4.300	4.470	19.221
11	柱子 1	1.300	1.500	1.950
12	柱子 2	1.900	3.500	6.650
13	柱子 3	1.760	3.500	6.160
14	柱子 4	1.900	3.500	6.650
15	柱子 5	2.000	1.800	3.600

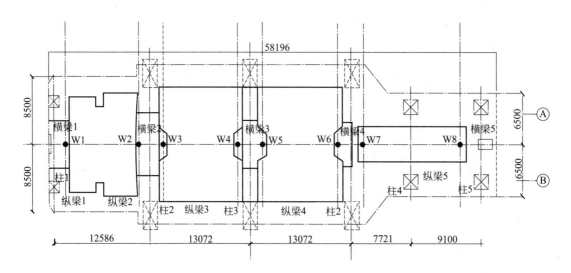

图 5-2-9　基础平面外形图

3. 弹簧隔振系统设计

根据基本输入条件、相关规范及设备要求，依据基础外形和结构布置，对基础进行多种设计参数和设计分析模型对比优选，选用适合本项目的隔振器系列，并考虑隔振器安装和释放的空间要求，优化隔振器布置位置，以保证基础动力性能、基础台板静变位及抗震性能等诸多要求。

由于汽轮发电机基础的结构形式已经确定了隔振器的位置，所以只需要进行每个隔振器的刚度及其数量的确定。通过相应程序的计算，得到各个隔振器的柱顶反力，再由反力配置弹簧，确保弹簧的承载力，然后再次计算柱顶反力，进行刚度的第二次重新分配，反复几次，直至平衡，并确保弹簧刚度分配后，基础的刚心与隔振器上部所有体系的质量中心相重合，同时使得运转层平台各个横梁的静变形基本一致。

最终优选方案的隔振系统共选用 62 件隔振器，弹簧隔振器刚度参数见表 5-2-5，其中包括 12 件带阻尼的隔振器。

弹簧隔振器刚度参数   表 5-2-5

柱	弹簧刚度（kN/mm）		弹簧
标号	垂向	水平	压缩量（mm）
C1	182.15	92.27	24.82
C1′	182.15	92.27	24.82
C2	461.48	235.21	24.73
C2′	461.48	235.21	24.72
C3	461.48	235.21	24.6
C3′	461.48	235.21	24.61
C4	373.22	197.33	24.63
C4′	373.22	197.33	24.69
C5	320.99	164.66	24.73
C5′	320.99	164.66	24.76
C6	155.31	85.87	24.63
C6′	155.31	85.87	24.66

隔振系统总刚度：$K_v = 3909.3$ kN/mm；$K_h = 2021.2$ kN/mm

隔振系统阻尼系数：$D_v = 7200$ kN·s/m；$D_h = 14400$ kN·s/m

4. 计算模型

计算模型采用台板 Solid65 实体单元、弹簧隔振器 Combin14 弹簧单元、二次浇灌层 SURF154 单元、柱子 Beam188 杆件单元的整体模型，如图 5-2-10 所示。其中转子质量和不平衡激振力作用垂直位置均为汽轮发电机中心线；水平位置汽轮机部分在轴承中心线和相应横梁上。发电机由于是端盖式轴承，即通过螺栓连接把端盖轴承和机壳固定在发电机机座上，端盖与机座具备比较强的刚度，而整个发电机组只通过机座下方的底板与基础接触，可认为：不平衡激振力的水平位置作用于图 5-2-11 中①、③、④和⑥区域上。

计算程序采用 ANSYS 软件。

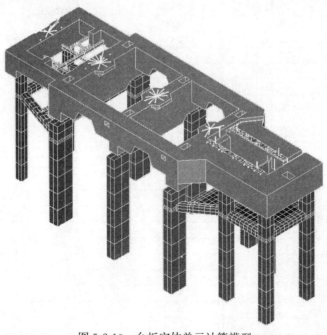

图 5-2-10　台板实体单元计算模型

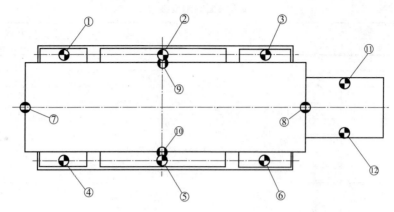

图 5-2-11　发电机①、③、④和⑥区域

5. 自振特性计算

表 5-2-6、表 5-2-7 是该汽轮发电机隔振基础主要自振频率的计算结果。

隔振基础的基本自振频率　　　　　　　　　　　　　表 5-2-6

方向	纵向(x)	竖向(y)	横向(z)
频率(Hz)	0.846	3.081	1.100
模态数	1	5	3

机组工作频率 22.5～28.75 Hz 范围内频率　　　　　　表 5-2-7

模态数	频率(Hz)	有效质量比		
		纵向(x)	竖向(y)	横向(z)
77	22.779	0.002	0.002	0.000
78	23.100	0.000	0.000	0.000
79	23.123	0.009	0.000	0.000
80	23.234	0.001	0.000	0.002
81	23.533	0.007	0.003	0.000
82	23.818	0.001	0.004	0.000
83	24.248	0.004	0.025	0.000
84	24.314	0.000	0.000	0.000
85	24.475	0.003	0.007	0.000
86	24.638	0.006	0.010	0.000
87	24.755	0.000	0.000	0.000
88	24.906	0.000	0.000	0.001
89	25.054	0.008	0.008	0.000
90	25.844	0.000	0.001	0.001
91	26.007	0.001	0.002	0.000
92	26.313	0.002	0.179	0.000
93	26.630	0.001	0.005	0.001
94	26.795	0.000	0.000	0.024
95	27.145	0.003	0.004	0.000
96	27.476	0.004	0.006	0.001
Max		0.009	0.179	0.024
频率(Hz)		23.123	26.313	26.795
模态数		79	92	94

6.强迫振动响应分析计算

设备厂家提供该机组的不平衡等级为 G2.5，具体动荷载、控制要求详见表 5-2-8，8 个转子的扰力大小见表 5-2-9。

厂家标准的扰力、阻尼比、组合方式　　　　　　　　　　表 5-2-8

动力荷载	不平衡力类型	频率范围	阻尼比(%)	组合方式	控制标准
转子不平衡力 G2.5	$(f_i/f_m)^2$	22.5～28.75	0.03	SRSS	振动线位移值 25.2μm

转子的重量及其扰力大小（kN）　　　　　　　　　　表 5-2-9

转子编号	相应位置	转子重量	扰力大小
W1	高中压前支承轴承	530	21.2
W2	高中压后支承轴承	660	26.4
W3	LPA 前支承轴承	1567.5	62.7
W4	LPA 后支承轴承	1567.5	62.7
W5	LPB 前支承轴承	1567.5	62.7
W6	LPB 后支承轴承	1567.5	62.7
W7	发电机前轴承	1200	48
W8	发电机后轴承	1200	48

运用有限元计算程序得出 8 个扰力点的振动响应幅频曲线见图 5-2-12、图 5-2-13，其中最大：水平横向 11.19μm、水平纵向（推力轴承）5.84μm、竖向 20.64μm，均满足相关标准要求。

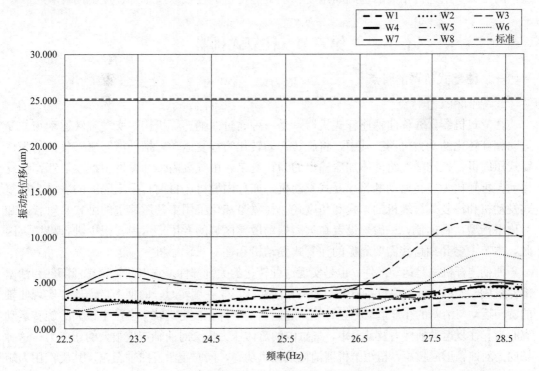

图 5-2-12　扰力点的水平横向幅频曲线

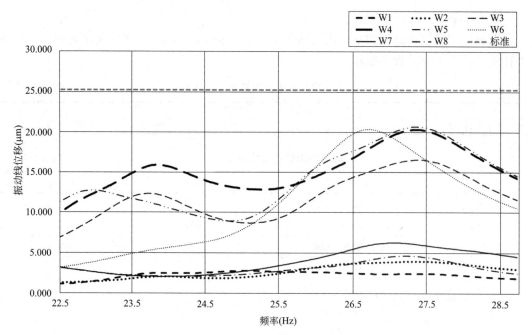

图 5-2-13　扰力点的竖向幅频曲线

7. 其他分析计算

不同的机器制造厂对基础台板的动刚度和静变位有特殊的、更加严格的要求，以保证设备轴系在运行时的安全。因此，基础台板除去必需的动力特性分析外，还需按照机器制造厂的特殊要求进行相关的基础动刚度、基础静变位的校核以及基础强度配筋计算。

第三节　往复式机器

一、往复式机器的特点

1. 结构和工作特点

往复式机器，亦称曲柄连杆式机器，是一种通过曲柄连杆机构，实现旋转运动与往复运动相互转化的动力机器。其中，将旋转运动转化为往复运动，推动活塞压缩气体的为往复式压缩机，推动活塞给液体加压输出的为往复泵，由气缸内燃油爆发力推动活塞作往复运动，再转化为旋转运动的为往复式发动机，亦称内燃机。目前，采用隔振的主要为往复式发动机和往复式压缩机的立式和角度式。往复泵和化工用工艺压缩机的卧式、对置式和对称平衡型，转速低，一般均设置在远离振动敏感区域的专用厂房内，很少进行隔振。因此，本节主要介绍这些需要隔振的往复式发动机和往复式压缩机。

曲柄连杆机构是运动部件，也是实现这种转化的关键部件。它由曲轴、连杆部件和活塞部件组成，大型、低转速设备还带十字头和活塞杆。曲轴旋转时，曲柄销带动连杆实现曲轴的旋转运动与活塞的往复运动相互转化。这些运动部件在设备运转中会产生很大的旋转运动离心力和往复运动惯性力及其力矩，气缸内的流体压力也会对曲轴产生很大的切向力。这种切向力对曲轴形成扭矩，扭矩给机器消耗或提供功率，同时也激发曲轴扭振，其反作用力矩通过机身传给基础，成为作用于基础的外力矩。此外力矩的脉动值经傅里叶分析后，得出作用于基础的倾覆力矩未平衡简谐分量。以上就是此类机器振动荷载的产生机理。

往复式机器的结构形式分立式、卧式、对置式、对称平衡型和角度式等，旋转轴均水平设置。还有星式，旋转轴竖向设置，主要用于冰箱类小型压缩机，未纳入《工程隔振设计标准》。结构形式的划分，取决于曲柄连杆机构的曲柄和气缸中心线配置。由于压缩机和发动机的气缸配置差异，二者在结构形式上亦有区别。压缩机需要多级压缩，才能达到预定压力。各气缸的缸径、压力、活塞的尺寸和质量均不相同，且每列气缸中心线上往往需要配置不止1个气缸，因此不论气缸数，同一中心线上统称为1列。结构形式以列划分，立式分单列和双列，卧式也分单列和双列，三列一般为对置式，对称平衡型分二列、四列和六列，角度式分L形、单V形、双V形、单W形、双W形、单S形、双S形等。而发动机各气缸的缸径和压力均相同，活塞、连杆等运动部件质量也都相同，每列气缸中心线上只配置1个气缸。结构形式以缸数划分，有立式单缸、双缸和多缸，角度式主要是V形，气缸中性线夹角分60°、90°、120°，有双缸、四缸、六缸，等等。结构形式是根据用途需要，按动力平衡最合理、振动荷载最小化设计出来的。

2. 振动荷载特点

往复式机器的振动荷载，主要是曲柄连杆机构运动传递到机器基础的振动作用力和作用力矩，常称为扰力和扰力矩，是直接对基础激振的。为与机器自身已平衡、不外传出的内扰力相区别，有时也称外扰力和外扰力矩。内扰力虽不传给机器基础，但会使机器自身产生振动，以振动传递方式传给基础。对于涡轮增压的发动机，还有增压器产生的振动荷载，旋转轴连接部位也会产生附加振动，但这些难以计算和量化，其值不大，通常不作为振动荷载。隔振计算时，往复式机器基础的振动荷载一般取曲柄连杆机构运动传递到机器基础的振动作用力和力矩就可以了。作用到同一基础上的配套电机或柴油发电机组的发电机，不属于往复式机器，其振动荷载需按旋转式机器另行计算。曲柄连杆机构运动产生的振动荷载具有以下特点：

（1）曲柄连杆机构运动传递到机器基础的振动荷载，即激发机器基础振动的振动作用力和作用力矩，是通过曲柄连杆机构的运动学和动力分析，得到理论计算公式。这项工作在往复式机器设计时，已经由专业的动力设计工程师，根据各种机型气缸和曲柄连杆配置对应的计算公式，进行了严密的动力平衡设计和动力计算，得出了理论计算值。为了获得更好的动力平衡性能，对按理论公式计算未平衡的振动作用力和作用力矩，常又采用平衡装置做第二次平衡，达到理论上消除惯性力振动荷载的目的。大多数往复式发动机都做了这种平衡设计，而往复式压缩机和往复泵，从需要和成本考虑，目前尚未做这种平衡设计。振动荷载设计值是平衡装置平衡以后的。在机器出厂时，根据用户的要求，此振动荷载设计值均会提供给基础设计方，以便进行基础或隔振基础振动计算时采用。

（2）往复式机器作用到机器基础的振动荷载分为两部分：第1部分是运动部件质量产生的惯性力及惯性力矩，第2部分是倾覆力矩未平衡的简谐分量。运动部件质量产生的惯性力包括大小恒定、方向随曲轴转角改变的旋转运动离心力和方向恒定、大小随曲轴转角改变的往复运动惯性力，通常将离心力与一谐往复惯性力合并为竖向振动作用力和水平 x 向振动作用力，二者相位差90°。往复运动的二谐惯性力也分解为竖向振动作用力和水平 x 向振动作用力。振动作用力平衡后，由于气缸配置在曲轴上的间距，会形成作用力矩，作用力矩是力偶。倾覆力矩未平衡的简谐分量，是气缸内介质压力作用于活塞，并通过连杆对曲轴产生扭矩的反作用力矩，经傅里叶分析后，得出的未平衡简谐分量，通过机身直接作用于基础。对于压缩机和二冲程发动机，倾覆力矩的基频为一谐波；对四冲程发动机，倾覆力矩的基频为1/2谐波。对气缸中心线夹角配置均匀的压缩机和点火顺序时间间隔相同的二冲程发动机，与压缩机列数或发动机缸数对应的谐次称为主谐次；对四冲程发动机，当点火顺序的时间间隔相同时，与缸数一半对应的谐次称为主谐次。倾覆力矩的主谐次是往复式机器振动荷载的重要组成部分。理论上高于主谐次、与主谐次成倍数的倾覆力矩简谐分量均未平衡，其余谐次的倾覆力矩简谐分量均已平衡。但工程应用上，若未平衡的倾覆力矩简谐分量远高于机器基础或隔振体系固有频率时，可以忽略不计；而理论上虽已平衡、实际上因误差导致的并未完全平衡的自基频起的倾覆力矩简谐分量，对隔振基础的振动响应却不可忽视。

（3）往复式机器的振动荷载取决于气缸中心线配置决定的动力平衡性能。理论上，气缸中心线的列数或缸数愈多，动力平衡性能就愈好，作用到基础上的振动荷载愈小。当动力平衡很好时，惯性力的一谐和二谐振动作用力和作用力矩均已平衡了，低于主谐次的倾覆力矩简谐分量也平衡了，纯理论的振动荷载设计值会为0或小到严重失真的程度，造成振动荷载缺失或严重失真，振动响应计算难以进行。这时需要考虑运动部件质量误差引起的残余振动作用力和作用力矩、气缸内气体压力误差导致的残余倾覆力矩以及其他因素的振动影响。这种振动荷载残余值和影响，有时起决定作用。因此，机器基础或隔振基础设计时，应要求机器制造厂考虑这种影响，提供可供采用的振动荷载以满足振动计算和振动控制需要。

以上情况说明，往复式机器的振动荷载具有多方向、多谐次、复杂多变的特性，这是此类机器隔振设计时需要充分注意的。

3. 机器基础或隔振基础的振动特点

往复式机器的振动荷载特点，决定了往复式机器基础或隔振基础的振动是多方向、多谐次的，是相当复杂的。这从往复式机器基础和隔振基础振动实测结果也得到了验证。以往的振动实测结果说明，往复式机器基础和隔振基础的振动具有以下特点：

（1）振型响应特点

往复式机器基础或隔振基础的6个振型方向均有振动响应，需要做振动计算。但根据各种机型振动荷载的不同，在这6个振型方向中，有2~4个是振动响应大、需重点关注的。如：对角度式机型而言，竖向和旋转平面内的水平回转等三个方向，是机器基础或隔振基础的主要振动方向；尤其当往复式发动机的惯性力已基本或完全平衡时，旋转平面内的水平回转振动，会占据机器基础或隔振基础振动的主导地位，这在下文的振动实测相位特点中，得到了证实。

（2）振动的频谱特点

往复式机器基础或隔振基础振动的频谱是非常明晰的多谐波。一谐波的频率与机器的工作转速对应，二谐波的频率是一谐波的2倍，其余谐次是一谐波的倍数。依振动荷载特点不同，往复式压缩机与往复式的发动机隔振基础振动的频率具有以下特点：

1）往复式压缩机隔振基础的振动频率，主要是一谐波和二谐波，即使振动荷载以二谐振动作用力为主、一谐振动作用力和作用力矩基本已平衡的往复式压缩机，也是如此，其他谐次没显示或显示很小，见图5-3-1。

由图可见，尽管压缩机的一谐振动作用力设计值已基本平衡了，而二谐振动作用力很大、没有平衡，但图中的一谐波并不小，振动速度几乎与二谐波一样大，振动位移比二谐

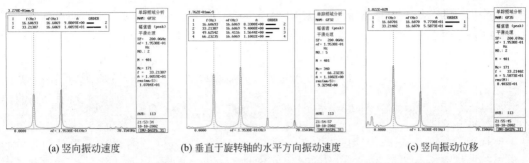

(a) 竖向振动速度　　　　(b) 垂直于旋转轴的水平方向振动速度　　　(c) 竖向振动位移

图 5-3-1　隔振的某 L 形无基础压缩机隔振台座上实测振动频谱图

波的还要大很多。

除有驱动电机的振动作用力外，说明运动部件质量误差对往复式机器一谐振动作用力和作用力矩的影响是很大的，应引起注意。

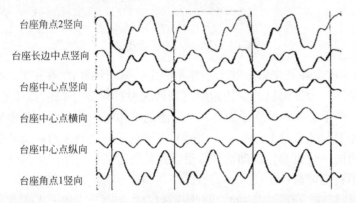

图 5-3-2　隔振的双 V 形制冷压缩机振动位移波形图

2) 往复式压缩机，还需注意倾覆力矩主谐次的作用。这种作用对隔振基础垂直于旋转轴的横向摇摆影响有时会比较大。作者过去在试验台做双 V 型制冷压缩机振动试验时，曾在振动位移实测波形中，分析到很大的与倾覆力矩主谐次对应的 4 谐波。机器空转时的实测振动位移波形见图 5-3-2。作者过去实测的往复式空气压缩机基础振动位移时程波形中，也常出现在一谐、二谐波形中夹杂有明显其他谐次的现象，见图 5-3-3。图中的横向即为垂直于旋转轴的水平方向，纵向即为平行于旋转轴的水平方向。只是限于当时的测试和分析手段，未能对时程波形进行频谱分析。

3) 往复式发动机的平衡性能比往复式压缩机的好。大多数机型由惯性力产生的振动荷载，理论上基本都已平衡了，但由于运动部件存在质量误差，实际上还会残留不小的振动作用力和力矩作用于基础，因此，基础振动的一谐波和二谐波还是不小的。基础振动最大的频谱特点是，多谐波的一谐正好对应倾覆力矩的基频，其余各谐波均为其倍数。只是为避免与转速对应的一谐波混淆，习惯上还是将四冲程发动机的一谐波称为 1/2 谐波，以此类推。作者曾测试过多种型号的多台发动机基础和隔振基础，无一例外的都具有此特征。大多数情况下，主要振动频率都是从倾覆力矩基频起，包括一谐波和二谐波在内的 3~5 个主要谐次，但有时也可能凸显某 1~2 个谐次。当发动机超过 8 缸且转速又较高时，倾覆力矩的主谐次已不明显了，主要还是低于倾覆力矩主谐次的较低谐次。见图 5-3-4。

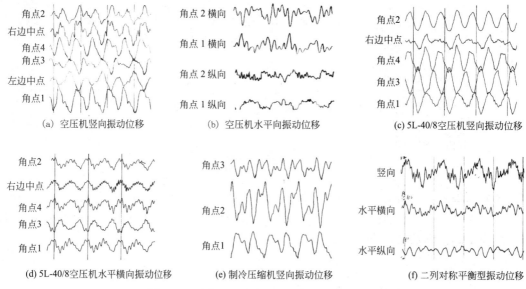

图 5-3-3　空气压缩机基础实测振动位移波形图

4）往复式发动机振动频谱中各谐波分量的大小并不固定，具有明显的随机性。不但机型不同各有差异，即使是同一台发动机，低转速时与高转速时的频谱分布也差异很大，见图 5-3-4 中的（e）、（f）。产生这种随机性原因有二：一是随工作转速的改变，频率比和频响发生了变化；二是误差引起的理论上已平衡、实际并未完全平衡的倾覆力矩谐波分量是随机的，不是固定的。而同一台机器，运动部件质量误差是固定的，它所产生的惯性振动作用力和作用力矩，并不具有随机性。

5）往复式压缩机的工作转速一般是固定的，因此其对应的一谐、二谐干扰频率也是固定的；但往复式发动机的工作转速多数情况下是变化的，尤其是发动机试验时。因此其对应的自扭振基频起的各次谐波频率变化范围很广，最低工作转速所对应的基频，是隔振设计在选择隔振参数确定频率比时，需要注意控制的。

（3）振动的相位特点

1）理论计算的扰力并未完全平衡的往复式压缩机和发动机，机器旋转轴两边隔振基础上的竖向振动存在一定的相位差，但并不反相位。

2）理论计算的一谐、二谐振动作用力和力矩均已平衡的往复式发动机，机器隔振基础上的竖向振动，旋转轴同一边的 1 与 4 同相位、2 与 3 同相位，而对称点 1 与 4 和对称点 2 与 3 均为反相位，水平振动的隔振基础端点 5 与中点 6 也均为同相位，数值相差也不大。可见垂直于旋转轴的水平摇摆振动在基础振动中已处于主导地位，而扭转振动较小。见图 5-3-5。

图 5-3-5 中的①～⑥为仪器的通道号，它们与隔振基础上的测点号一一对应，①～④为竖向振动速度波形，⑤、⑥为水平横向，即垂直于旋转轴方向振动速度波形。测点位置见图 5-3-6。

（4）启动、停机和发动机调速时的振动特性

往复式机器启动和停机时，隔振基础的竖向和垂直于旋转轴的水平方向，无论振动位移还是振动速度，都会产生比正常运转时大得多的振动，见图 5-3-7。图中明显出现了限

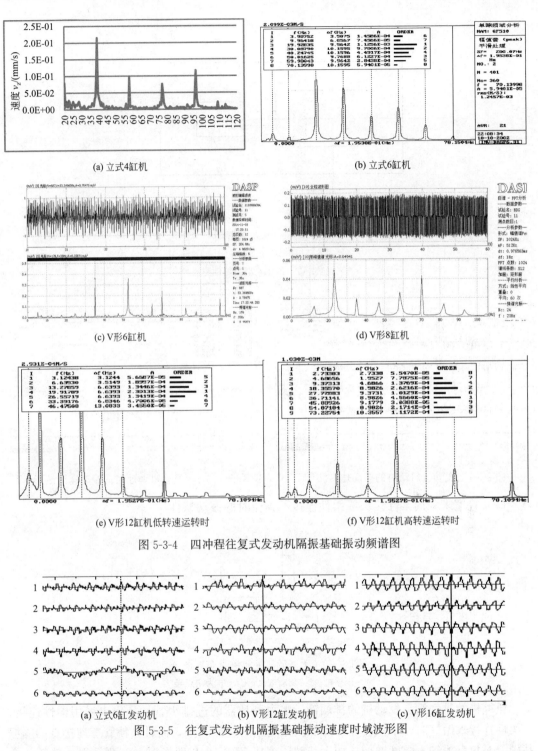

(a) 立式4缸机　　　　　　　　　　(b) 立式6缸机

(c) V形6缸机　　　　　　　　　　(d) V形8缸机

(e) V形12缸机低转速运转时　　　　(f) V形12缸机高转速运转时

图 5-3-4　四冲程往复式发动机隔振基础振动频谱图

(a) 立式6缸发动机　　　(b) V形12缸发动机　　　(c) V形16缸发动机

图 5-3-5　往复式发动机隔振基础振动速度时域波形图

幅，可见实际的振动峰值比图中还要大不少，比平稳后的正常运转要大好几倍。但只要隔振体系的阻尼比不小于 0.05，就能较快地平稳下来，且正常运转时的振动波形也比较平稳，不然就会有大的低谐波夹杂在振动波形中。发动机调速时也会激发较大的共振和低谐波振动，见图 5-3-8。

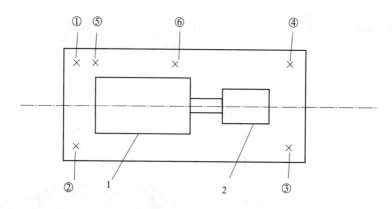

图 5-3-6　测点布置图

1—往复式发动机；2—测功器；①~④竖向振
动测点号；⑤、⑥水平横向振动测点号

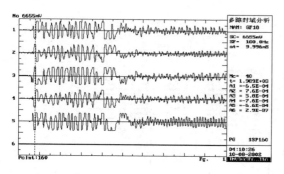

图 5-3-7　发动机启动时的振动速度波形

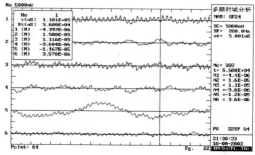

图 5-3-8　发动机调速时的振动速度波形

（5）管道未采用柔性接头或柔性连接不到位时的振动特性

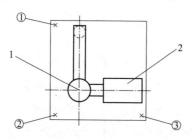

图 5-3-9　无基础压缩机测点布置图

1—压缩机；2—驱动电机；①~③为测点号

压缩机的排气管、发动机的排烟管、水力测功器的进排水管，如果未采用柔性连接，或柔性连接未做好时，不仅会显著降低隔振基础的隔振效果，而且会使管道连接点的隔振基础上对角点振动大幅度增加。如无基础压缩机 ZL2-10/8 现场振动实测结果，就是一个很好的工程例证。由于连接压缩机的排气管是未带弯头竖向顺接的，尽管采用了金属软管接头，轴向刚度仍太大，造成隔振台座振动异常增大很多。图 5-3-9 是测点布置图。现场实测结果为：排气管旁隔振基础角点 1，本应是竖向振动最大或次大的，结果实测竖向振动反而最小，振动速度峰值只有 10.68mm/s，没有起到隔振作用；而本应振动最小的其对角点近电机的隔振基础角点 3，振动速度峰值反而最大，达到 32.20mm/s，大大超过容许振动值 20mm/s，为测点 1 的 3 倍，比压缩机一端测点 2 的最大振动速度峰值 23.26mm/s，还要大 38.4%。另一台 L 型无基础压缩机的排气管采取刚性连接，隔振台座排气管对角点的振动增大更多。足可见隔振设计管道柔性接头做法不到位的严重性。

（6）往复式机器变转速运转时，还是转速最高时隔振台座的振动最大。因此容许振动值控制，应取最高工作转速时的振动荷载计算。

二、往复式机器隔振设计需要提供的资料

往复式机器隔振，首先需要收集隔振设计所需要提供的资料，主要包括：

1. 设计项目资料

设计项目的资料是建筑工程项目振动控制设计采用的，往复式机器制造厂设计通用的无基础压缩机或无基础发电机组时，不需要此项内容。建筑工程项目设计时，则需根据设计项目的资料，选择符合振动控制要求的自带隔振的机器。涉及设计项目的资料由工艺专业和建筑专业提供，涉及结构部分，由结构专业自行掌握，主要包括：

（1）设备平面位置图、机器基础平面图，地脚螺栓和预埋件位置及做法，灌浆层厚度和做法。这些都是基础性的资料。地脚螺栓的做法和灌浆层厚度和做法，不仅决定隔振台座的做法，如果不合适，还可能在机器振动时松动。

（2）与往复式机器连接的管道走向图，是否需要采取隔振措施，应在隔振设计时统一考虑。

（3）支承隔振台座的基础下，土层的地质勘察资料和相邻基础的有关资料，当机器设置在楼面或平台时，则为支承隔振基础的楼盖或平台梁板结构图。隔振器下的基础或支承结构也具有一定刚度和质量，隔振设计时需要关注，处理不当会造成隔振设计失误。

（4）机器的用途和工厂的环境温度、湿度和腐蚀性，对隔振器和阻尼器的性能和使用寿命影响很大，选用时必须严格掌控。

（5）当工房内外周边环境振动控制对机器基础隔振设计有要求时，则是隔振设计的首要目标，不允许控制失误造成隔振设计失败。

2. 机器的基础数据

机器的基础数据是由往复式机器制造厂提供的，有时由用户与制造厂协商后由用户提供。这些基础数据是计算隔振台座平衡，并在隔振器布置时，调整隔振体系刚度中心，使之符合与质量中心对准在同一铅垂线上所必需的，也是隔振体系在振动荷载作用下，振动位移响应计算的基础数据。隔振设计需要的机器基础数据如下：

（1）机器的型号、转速和功率，变转速运转时，需明确工作转速范围。

（2）隔振基础上主机、辅机和附属设备的布置图，包括标注各部分质量及质心位置，x 向、y 向和 z 向转动惯量或计算转动惯量的外形尺寸，主轴中心线距离隔振台座顶面的高度。这些数据是计算隔振台座质心位置和转动惯量必备的数据。

（3）供隔振基础振动响应计算采用的往复式机器与工作转速对应的振动荷载值，包括竖向和水平向一谐振动作用力、二谐振动作用力以及作用力平衡后的作用力矩，倾覆力矩未平衡的简谐分量；当机器平衡性能很好，理论计算的振动荷载值为 0 或很小时，应计入误差的影响和机器内扰力激发的机器振动传给基础的等效振动作用力和力矩。当机器变转速运转时，如发动机试验台，应采用与最高工作转速对应的振动荷载值。所提供的振动荷载，应能满足隔振计算和容许振动值的要求。注意不要遗漏荷载类型、方向及谐次。

（4）机器的支座处和机器内部，是否采取了隔振措施及隔振元件的性能参数。这对隔振设计的参数选择，避免激发机器内部某些部位的共振非常重要。

（5）满足机器正常、长期运转时的隔振台座上最大容许振动值，对于普通往复式机器基础，宜优先采用机器制造厂提供的数据；当制造厂未提供时，应按现行国家标准《建筑工程容许振动标准》GB 50868 的规定值。有特殊要求的发动机试验台隔振基础，应采用用户提供的数据。

3. 隔振器和阻尼器的产品样本

往复式机器隔振需要采用具有三向隔振性能的自身配置了阻尼或阻尼器的隔振器，阻尼器也可以与隔振器匹配外置。因此，应收集市场现有的此类产品样本，并注意其性能参数是否齐全，对环境的温度、湿度的适用范围，性能和安装维护要求，使用寿命等。

三、往复式机器的隔振方案

1. 隔振方式的选择

选择合适的隔振方式，可使隔振效果更加有效、可靠、经济、合理。根据往复式机器的特点，隔振方式应采用支承式，包括普通的支承式和降低质心的支承式，见图 5-3-10 和图 5-3-11。降低质心的支承式通过 T 形台座两翼缘挑起隔振台座和设备的全部重力，因此有时也叫悬挂支承，但并不同于《工程隔振设计标准》GB 50463 的悬挂式。

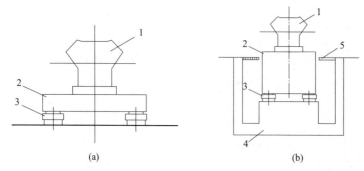

(a)　　　　　　　　　　(b)

图 5-3-10　普通的支承式

1—被隔振设备；2—隔振台座；3—内置阻尼隔振器；

4—支承基础或基础箱；5—活动盖板

往复式机器的隔振台座大多采用钢筋混凝土结构，习惯上也称为隔振基础，而将隔振器以下的基础称为下基础。图 5-3-10（a）适用于机器和隔振台座较小时，可以坐落在地面上或与地面平的下基础上，工程需要时，也可以设置在楼层或平台上；图 5-3-10（b）可用于有地下室时和没地下室设基础箱时；图 5-3-11（a）适用于有地下室时，可以采用矮墙或强框架支承隔振器和上部隔振体系；图 5-3-11（b）隔振基础坐落在基础箱内，从侧壁挑出牛腿支承隔振器。采用基础箱支承隔振基础时，需预留进入基础厢内的人孔，并应留足安装和维修隔振器和阻尼器的操作空间。穿过管线时，须留足安装和维修管线的空间。隔振设计时，根据机器的类型、使用要求和场所的条件，隔振方式可按以下原则选择：

（1）往复式机器试验台隔振

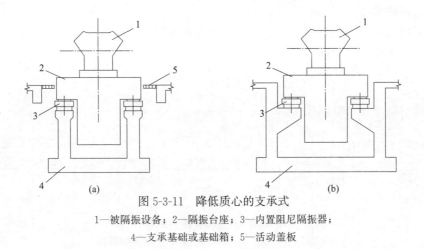

图 5-3-11　降低质心的支承式

1—被隔振设备；2—隔振台座；3—内置阻尼隔振器；
4—支承基础或基础箱；5—活动盖板

目前，往复式机器试验台采取隔振的主要是发动机试验台。它是发动机实验室的关键设施，旁边是控制室，振动控制要求严，工艺管道多，试验台顶面与地面持平，以利于在地面操作，往往设地下室，以便于将试验台设置在地下室，采用图 5-3-10（b）所示的支承式或图 5-3-11（a）所示的降低质心的支承式。前者便于隔振器和阻尼器的安装和调试，后者可以缩短质心和旋转轴至隔振器刚度中心的竖向距离，降低水平振动与回转振动耦合的影响，减小倾覆力矩和水平向振动作用力产生的回转振动，对隔振效果更有利。不设地下室时，可以设基础箱，采用图 5-3-10（b）所示的支承式或图 5-3-11（b）所示降低质心的支承式。

当需要特定的试验环境试验发动机性能，采用主机与测功器分室建筑方案时，会出现发动机与测功器不能共用同一基础的情况。此时可采用对发动机试验台基础隔振，而测功器基础可隔振、可不隔振的特殊隔振方式。这种主机与联动辅机分基础的隔振，需要计入工作时发动机动态和静态扭矩对各自基础的作用和联动轴的轴向刚性作用。

（2）普通的往复式机器隔振

普通的往复式机器隔振主要是角度式压缩机和柴油发电机组或发动机带动的工作机器。当机器较大，需要机器底座与地面持平时，可做基础箱，采用 5-3-10（b）所示的支承式和图 5-3-11 所示降低质心的支承式。当机器的质量和振动荷载都较小，允许机器底座略高于地面时，隔振方式可采用图 5-3-10（a）所示的普通支承式。普通支承式的隔振台座适宜做成一块钢筋混凝土厚板。为降低台面高度，支承隔振器的部分板厚可以薄一些，中间部分板厚可以下凸厚一些。当机器制造厂以无基础压缩机组或无基础柴油发电机组整体出厂时，隔振台座往往做成刚性支架。但刚性支架的抗扭刚度不及混凝土台座，这需通过计算或试验，避免被倾覆力矩简谐谐次激发出隔振台座的扭振共振。这种隔振方式的隔振器和阻尼器可以直接支承在刚性地面上，重力荷载很大时，也可做下基础支承。设备和隔振台座的振动虽然大一些，但只要设计合理，完全可以满足隔振台座和机器自身的容许振动值控制要求。根据对无基础压缩机的调查，这种隔振方式对设备的正常使用和寿命都没有影响，且工艺布置灵活，移动方便，也更经济合理。尤其当机器需要上楼或设置在平台时，可优先选择这种隔振方式。

（3）双层隔振

双层隔振是在动力机器与支承它的基础或支承结构之间实行二次隔振，成为一个双层的隔振体系，见图5-3-12。

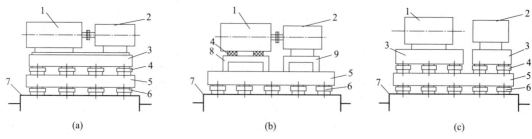

图5-3-12 双层隔振体系示意图

1—主机；2—辅机；3—上隔振台座；4—上层隔振器；

5—下隔振台座；6—下层隔振器；7—下基础；8—支架1；9—支架2

图5-3-12中，（a）为上层隔振台座仅有一个，它支承所有被隔振设备；（b）为（a）的变种，即上层只在主机支座处隔振，辅机不进行隔振，为使主轴与发动机主轴中心线高度对齐，采用分别做垫高支架直接固定在下层的隔振台座上；（c）为上层隔振台座不止一个，分别支承各自的被隔振设备。双层隔振方式为双质点或多质点隔振体系，超出了《工程隔振设计标准》的单质点6自由度力学体系，计算相当复杂，安装调试要求和造价都很高，一般由专业设计人员设计和调试，目前应用少。但双层隔振体系的隔振效果有时是单层隔振做不到的，如果工程需要，采用单质点隔振体系难以满足工程的隔振效果时，会经常采用双层隔振体系。

还有一种情况，就是双层隔振设计的错误。即隔振设计时，如果没有注意主机支座处已采取了隔振措施，就会形成了图5-3-12（b）所示的双层隔振体系。当上下两层的隔振器刚度和各自的固有频率相差不够大时，则很容易因耦合作用产生的固有频率改变，造成被隔振机器内部的某些部位共振。过去就曾发生过此类案例，隔振设计时应特别注意。

（4）共振吸振器消振

共振吸振器是一种与MTD被动隔振相似的消振装置，与往复式机器动力平衡设计时采用平衡装置也有些类同，都采用了共振原理。其做法为，在机器或机器基础的适当部位安装一个或多个弹簧质量块，使其固有频率与机器主振动频率相同，作用方向相同而相位相反，以其共振的作用力或作用力矩平衡机器的振动作用力或力矩，达到消除振动的目的。这种隔振方式适用于当往复式机器的某一、两个固定频率振型的振动占绝对优势时采用，也可配合台座隔振一起使用。这种隔振方式可以做到体积小、造价低，但难度较高，使用时应慎重。

（5）智能隔振

这是一套智能的反振动系统，往复式机器在建筑工程中一般较少采用，特殊场所需要采用时，应按《工程隔振设计标准》GB 50463第8章智能化隔振设计。

2. 隔振参数的确定

选择了隔振方式后，就该确定隔振台座或试验台尺寸、质量，根据工程需要，确定隔振传递率和频率比，选择及布置隔振器。当隔振器阻尼不满足要求时，需要另配置阻尼器。这项工作需与隔振台座的平衡计算配合进行。

（1）确定隔振台座的质量和尺寸

隔振台座质量的大小，是由容许振动值控制的。往复式机器是多谐次多方向的振动，按《工程隔振设计标准》GB 50463 中式（3.2.7）计算台座结构的最小质量并不适用。预设隔振台座质量时，可以先按构造要求的尺寸计算，一般可取式（3.2.7）计算值的 2～3 倍，最终要以振动计算结果的振动值是否满足容许振动值来控制。一般来说，隔振台座采用大块式混凝土隔振基础时，质量是满足的。隔振台座平面尺寸可以采用工艺专业或机器生产厂家提供的数据，厚度应根据预埋地脚螺栓和质量确定。当采用 T 形截面降低质心时，翼缘的挑出长度和厚度需满足结构受力强度和隔振台座刚性的刚度要求；在埋设地脚螺栓范围内时，还需满足地脚螺栓埋置深度要求。中间下凸尺寸，可根据降低质心和操作空间尺寸要求确定。当隔振台座采用混凝土厚板或刚性支架时，一般要求尽可能减小其尺寸和质量、降低隔振台座顶面距地面的高度，此时的尺寸和质量，可先按满足隔振台座的刚性和抗扭刚度设定。往复式机器的倾覆力矩主谐次可能激发隔振台座的扭振，必须避免扭振共振，可以采用设计计算或试验解决。

（2）确定传递率和频率比

传递率是衡量隔振设计效率的重要指标。但《工程隔振设计标准》GB 50463 的传递率计算公式是适用于单自由度的，往复式机器的隔振体系有 6 个自由度，因此按单自由度计算的传递率只能作为参考，隔振效率主要还是根据干扰频率与固有频率之比控制。《工程隔振设计标准》第 3.2.8 条规定，隔振体系的固有频率宜小于干扰频率的 0.4 倍。但四冲程往复式发动机的最低振动频率为倾覆力矩的基频，对应谐次为工作转速 1/2，为保证该最低振动谐次的激振频率远离隔振体系的固有频率，且保证隔振效果，《工程隔振设计标准》GB 50463 第 4.3.2 条规定隔振体系的固有频率与最低工作转速对应的干扰频率之比，不宜大于 0.25。当一台工作转速为 600r/min 的往复式压缩机隔振时，对应的一谐干扰频率为 10Hz，应选隔振体系的固有频率不大于 4Hz；选用钢圆柱弹簧隔振器时，弹簧的刚度要适中；但当工作转速为 600～1200r/min 的四冲程往复式发动机隔振时，应按最低工作转速为 600r/min 选择隔振体系的固有频率不大于 2.5Hz，选用较柔弹簧的钢圆柱弹簧隔振器。这是通用性最低要求。具体的隔振工程，还要根据隔振后的容许振动值控制要求来确定。有的周边环境对振动控制要求一般，隔振后比较容易满足要求，满足机器隔振基础自身的容许振动值即可；有的附近有振动控制要求很严的精密仪器设备，那就还要控制隔振后传给下基础或支承结构的振动，经传播衰减后，到精密仪器设备处要能满足容许振动值控制要求。这除了计算外，也需要根据经验预判，不能出现失控的情况。

（3）确定隔振体系的阻尼比

《工程隔振设计标准》GB 50463 中第 4.3.2 条规定，隔振体系的阻尼比不应小于 0.05。这是根据现有隔振器和阻尼器市场的现实状况修订的，比以前的标准略严。从前文的振动实测结果也可看出，没有适当阻尼，隔振台座不仅启动、停机、调试时，振动幅值会大幅增大，正常运转时，也会产生较多的低频自振。有条件时，采用 0.05～0.10 的阻尼比是合适的。

3. 隔振器、阻尼器的选择和布置

根据隔振设计要求，往复式机器隔振的隔振器和阻尼器选择和布置，可以分 3 步进行：先确定选用哪种类型的隔振器和阻尼器，再计算隔振器和阻尼器的数量，然后布置隔振器和阻尼器。

（1）选择隔振器和阻尼器的类型

选择隔振器和阻尼器时，首先应按频率比和阻尼比要求的隔振体系固有频率，选择隔振器和阻尼器的类型。各种隔振器和阻尼器的性能，本指南第九章已有规定。隔振设计时，可根据这些规定，按以下原则选择：

1）通常情况下，适宜选用内置阻尼或黏滞阻尼的阻尼器的钢圆柱螺旋弹簧隔振器。现有的此类隔振器比较成熟，当隔振器配备的内置阻尼器同时具有与其承载力和刚度匹配的竖向和水平向阻尼，且阻尼比均不小于 0.05 时，可直接选用；当内置阻尼仅有竖向，没有水平向时，就需另配水平阻尼器。竖向和水平向也可以都采用外置阻尼器，外置阻尼器的上下端均须分别与隔振台座和下部支承结构固定连接。当机器的工作转速不低于 1000r/min 时，除四冲程发动机外，只要工场环境允许，也可以选用橡胶隔振器。四冲程发动机如果 1/2 谐波的振动很小，也可以采用橡胶隔振器。无论哪种隔振器，水平向刚度都宜与竖向刚度接近，不宜相差太大。因此，当采用钢圆柱螺旋弹簧时，外圈弹簧的高径比不宜超过 2；当采用多层的橡胶隔振垫时，高度需与水平尺寸匹配，不宜过大和过小。

单独配置阻尼器时，阻尼器总阻尼系数，应满足隔振体系的阻尼比要求。隔振体系的阻尼比应取阻尼器实际的阻尼系数，按下式计算：

$$\zeta = \frac{C}{2\sqrt{Km}} \tag{5-3-1}$$

式中　ζ——隔振体系的阻尼比，不应小于 0.05；

　　　C——同一方向各阻尼器的阻尼系数之和；

　　　K——隔振体系该方向的总刚度；

　　　m——隔振体系总质量。

需要说明的是，《工程隔振设计标准》GB 50463 中的阻尼比是设计所需要的，不是隔振体系实际具有的。隔振计算时，应采用按上式计算的隔振体系实际的阻尼比。

特殊情况下，如往复式机器的工作转速较低，采用钢螺旋圆柱弹簧隔振器不能满足隔振要求时，可以采用大旋绕比、超柔的钢圆柱螺旋弹簧隔振器，配置三向大阻尼的阻尼器，也可以选用空气弹簧隔振装置或浮基础隔振。采用这些非标准型的隔振器或隔振装置时，由于要求较高，最好由专业的隔振公司设计、制造和安装，以避免普通土建设计、施工、安装人员的理解偏差和不具备技术，出现不必要的失误。

2）宜优先选用市场现有的定型产品，质量比较可靠，价格也容易被用户所接受。当工程需要而现有隔振器产品性能不能满足要求，需要研发新的隔振器和阻尼器时，宜提供需要的设计参数，委托隔振器专业生产厂家设计制造，并提出检测要求和质量验收标准，但价格会比市场成品有较大幅度的增加。如自己研发，需有专业的研发人员设计和能保证质量的制造单位制造和检测，不宜采用非标产品委托加工，质量难以保障。

3）工场的环境温度、湿度及机器工作特点，对隔振器和阻尼器的性能和使用寿命，都会有比较大的影响。如发动机试验台隔振，就有隔振器和阻尼器应能适应在高温、高湿、有油烟气污染环境中使用的问题。试验台隔振考虑到连接的管道、管线很多，维修和更换都很困难，《工程隔振设计标准》GB 50463 规定了隔振器和阻尼器性能要求，也规定了使用寿命不宜少于 15 年的要求。这个要求是兼顾用户需要和现有隔振器和阻尼器市场的实际情况规定的。如果用户要求采用寿命更长、性能更优的隔振器和阻尼器，条件许可时应该尊重用户的合理要求。选择隔振器和阻尼器时，需要认真审查隔振器和阻尼器的样本和说明书，必要时向隔振器和阻尼器制造商提出设计要求，由制造商更换阻尼材料或设计专用型产品。需要定期维护、更换的产品，供货时需向用户提供相应说明书。隔振设计说明文件中，也需有明确交代，以供用户使用。

（2）确定隔振器和阻尼器数量

确定需要的隔振参数固有频率和阻尼比后，根据隔振体系的总质量，就很容易得出隔振体系总重力、总刚度和总阻尼系数，然后分摊到每个隔振器和阻尼器，确定隔振器和阻尼器数量。隔振器的数量应为偶数，且不应少于 4 个，隔振台座每个角均须设置 1 个，除很大的发动机振动试验台外，可选择 6～12 个。选择隔振器时应满足承载力要求，为使隔振器的性能得到充分发挥，隔振器的工作静荷载宜控制在其承载力的 90% 左右，刚度主要按竖向刚度选择。隔振器内置阻尼器时，按与隔振器承重能力匹配确定阻尼系数，也可采用阻尼比，均应满足要求。隔振器的内置阻尼不满足要求时，应将需要的隔振体系阻尼比换算为阻尼系数，然后分摊到各个阻尼器上。阻尼器应为偶数，不应少于 4 个，隔振台座每个角均须设置 1 个，数量较多时，剩余的可对称分设在旋转轴两边。

（3）布置隔振器和阻尼器

布置隔振器和阻尼器应遵循隔振体系的刚度中心与质量中心在同一铅垂线上的原则。它不仅是隔振体系计算的基本假定，也是保证隔振器受力均匀、阻尼器充分发挥作用的必备条件。隔振器与阻尼器的布置应与隔振体系的平衡计算同时进行，通过合理安排机器在隔振台座上的位置，将隔振体系的质量中心调整到隔振台座的平面几何中心。这样隔振器和阻尼器就可以对称、均匀地布置在隔振台座下的两边。当隔振台座很大且比较方正时，则适宜沿周边均匀布置。

四、往复式机器的隔振计算

1. 隔振台座的平衡计算和坐标系转换

隔振台座的平衡计算是隔振设计计算的重要一步。隔振体系的质量包括隔振台座、作用到隔振台座上全部设备和重力作用到隔振台座上的管道。计算隔振台座的平衡和隔振体系的质量中心时，需要先假定一个坐标系，将设备制造厂和用户提供的各部分的质量和质心位置置于此坐标系中，计算出相对应此坐标系中的隔振体系质心点位置，然后将各部分质量的质心位置也转换为以隔振体系质心为原点、旋转轴方向为 y 向、竖向为 z 向的新坐标系中的坐标值。这个新坐标系即为隔振体系坐标系，后面全部振动计算均以此坐标系为基准。

往复式机器试验台隔振时，由于测功器连着很多管线，位置固定后不便移动。而有些研究性质的试验台，要适应大小不同的多种机型进行试验，机器的型号大时，质量和外形尺寸都较大，机器的型号小时，质量和外形尺寸都较小，这就会造成较大型号的机器安装试验时，隔振台座的质量中心往发动机方向偏移，较小型号的机器安装试验时，隔振台座的质量中心往测功器方向偏移。在这种情况下，可以采用尺寸和质量居中型号的机器计算隔振体系的质量中心和布置隔振器，并以此进行隔振体系计算，但须按最大型号机器验算隔振器的承载力。当最大、最小机型安装，试验台的水平度和隔振器的工作高度都能满足要求时，可以不加配重，否则，隔振设计时，需加配重以调整试验台水平度。

完成隔振体系坐标系建立和各部分质量的坐标转换后，可按下列公式计算隔振体系的转动惯量：

$$J_x = \sum_{i=1}^{n} [J_{xi} + m_i(x_i^2 + z_i^2)] \tag{5-3-2}$$

$$J_y = \sum_{i=1}^{n} [J_{yi} + m_i(x_i^2 + z_i^2)] \tag{5-3-3}$$

$$J_z = \sum_{i=1}^{n} [J_{zi} + m_i(x_i^2 + z_i^2)] \tag{5-3-4}$$

式中　J_x、J_y、J_z——分别为隔振体系总质量绕 x 轴、y 轴和 z 轴的转动惯量；

J_{xi}、J_{yi}、J_{zi}——分别为隔振体系第 i 部分质量绕 x 轴、y 轴和 z 轴的转动惯量；

x_i、y_i、z_i——分别为隔振体系的第 i 部分质量中心的坐标；

m_i——分别为隔振体系第 i 部分的质量。

转动惯量亦称质量惯性矩，是计算隔振体系绕各轴旋转的固有频率的基础数据。各分部分的转动惯量，除隔振台座和主机可以按规定计算外，较小尺寸的小部件，可以忽略不计。

2. 隔振体系的固有频率计算

隔振体系的固有频率按《工程隔振设计标准》GB 50463 中第 3.2 节的公式计算，不再赘述。这些公式的推导，有两个基本假定需要隔振设计时注意。一个是隔振体系的质量中心与刚度中心在同一铅垂线上，另一个是刚心与质心的高度差不可太大。对于第一个假定，出于对隔振效率的考虑，隔振体系往往做得很柔，隔振台座上的管道与外部管道柔性连接接头如果未做到位，极易破坏第一个假定。对于第二个假定，因为公式推导过程中，为简化计算需要，忽略了此高度差引起的重力对转角刚度的影响。隔振设计必须充分注意不遵循这两个假定带来的不利影响。

3. 振动响应计算

往复式机器的振动响应计算时，常转速工作机器应采用满负荷工作时的振动荷载计算；变转速工作机器应采用工作转速最大时对应的振动荷载计算。根据往复式机器振动荷载多方向、多谐次的特性，振动响应的计算应按下列方法依次进行：

（1）取每个单一的振动荷载作用，按《工程隔振设计标准》GB 50463 中 4.1 节的公式计算质心点的振动响应线位移和角位移。计算时，同一方向的振动作用力和由此作用力产生的作用力矩，可以合并计算，否则不能合并。

（2）取振动控制点的坐标，按《工程隔振设计标准》GB 50463 中 4.1 节第 1 款公式，计算单一频率（谐次）、单一方向的振动作用力或作用力矩作用下，振动控制点的竖向振动线位移和水平向振动线位移，不需要控制的方向可以不算。

（3）对每个单一振动荷载产生的振动控制点振动位移，先按各自对应的频率转换为振动速度，然后再进行振动荷载效应组合，即计算的振动值叠加。根据机器同一谐波不同方向、不同谐次的相位特点，《工程隔振设计标准》GB 50463 中 4.3.4 条对叠加作了以下规定，可按此计算振动控制点的振动值：

1）一谐水平扰力和扰力矩的振动响应值与一谐竖向扰力和扰力矩的振动响应值，宜按平方和开方叠加，当管道柔性接头质量难以得到保障或隔振体系质心高于隔振器刚度平面较大时，宜按绝对值叠加；

2）二谐扰力和扰力矩的振动响应值，宜按绝对值叠加；

3）一谐扰力和扰力矩的振动响应值与二谐扰力和扰力矩的振动响应值，宜按绝对值叠加；

4）倾覆力矩各谐次的振动响应值，宜按平方和开方叠加；

5）一谐、二谐扰力和扰力矩的振动响应总值与倾覆力矩各谐次的振动响应总值，宜按平方和开方叠加。

除以上往复式自身的振动值叠加计算外，隔振台座的主机与辅机的振动值叠加计算时，主机产生的一谐振动值与辅机产生的振动值，可按同相位叠加计算。

4. 容许振动值的确定

振动响应计算的目的是满足容许振动值控制的需要。往复式机器的容许振动值有两个。一个是隔振台座上的，它是正常工作及不影响使用寿命的需要，为往复式机器试验台时，还是试验条件对振动控制要求的需要。隔振台座上振动控制点计算的振动值，应满足以上振动控制要求。另一个是隔振为满足往复式机器振动对外部环境振动控制的要求，即机器隔振后基础的振动，经过距离衰减后传到振动控制点的振动，必须满足容许振动值控制要求。如精密加工设备或精密仪器处的容许振动值、环境振动控制的容许振动值等。这个振动控制比隔振台座上的振动控制更为复杂，除计算外更需要根据经验评估和判定。如果用户提出的往复式机器的容许振动值在隔振基础的下基础处，则满足该容许振动值就可以了。下部基础的振动，可以通过宏观判断。当需要通过计算才能判定时，可以不考虑与隔振基础的耦合作用，按隔振基础的振动对下部基础的振动荷载单独计算。

五、构造措施

往复式机器隔振的效果，构造措施的作用很大。如前所述，管道连接未采用柔性接头或接头柔性不足或位置错误，是较常出现且影响极大的构造失误；施工和安装不到位，也是常见的；隔振器、阻尼器性能不满足使用环境要求，也是时有发生。因此，要保障往复式机器的隔振有效、可靠，其构造措施宜符合下列规定：

1. 在隔振台座与外界连接处，需注意所有进出管道的连接刚度对隔振效果的影响，质量对隔振台座偏心的影响。《工程隔振设计标准》GB 50463 中第 4.3.7 条规定，发动机的排烟管宜采用带弯头的金属波纹管连接，压缩机的吸气管和排气管宜采用带弯头的金属软管连接。往复式机器采用水冷时，以及发动机试验台采用水力测功器时，连接机器的水管刚性大，更应采用柔性好、带弯头的柔性接头连接。这里强调柔性接头要带弯头，是因为不带弯头的直线型接头，轴向刚度大，起不到柔性连接作用。现有水管的柔性接头大都偏硬，弯头应有足够的长度，可以采用两个串联，最好选用高强度、低硬度、耐老化橡胶制造的产品。

2. 隔振台座及其上的所有设备都应与外界脱开。隔振台座底部和侧面与外界都应留足间隙。《工程隔振设计标准》GB 50463 中第 4.3.6 条关于试验台与周边结构的缝隙不宜小于 50mm，缝的顶部宜设活动盖板的规定，对隔振基础设置在地下室和基础箱中时，也是适用的。

3. 充分注意发动机排烟管、压缩机吸气管和排气管、水管传递振动问题。振动管道穿过墙或楼板时，严禁直接支承，必须从预留孔洞中穿过，并与洞口边留足间隙，采用柔性材料封堵。不得从竖向构件侧边挑出悬臂梁支承振动管道，楼面支承振动管道或楼板下悬挂振动管道时，应根据工程振动控制的需要，确定是否对管道采取隔振、减振措施。

4. 留足安装和更换隔振器和阻尼器的活动空间。

5. 工作场所存在水时，地下室和基础箱需设排水沟排水。试验台周边应设排水沟，当此排水沟与外部排水管连接时，应采用柔性接头连接。

6. 基础箱中不应走发动机排烟管和压缩机排气管，地下室走排烟管和排气管时，应采取通风、隔热措施，避免温度对隔振器和阻尼器性能的不利影响。

7. 隔振器和阻尼器需要定期维修和更换，应在设计文件中注明。当工作场所存在油烟气和水时，隔振器和阻尼器应采取有效保护措施，避免污染和影响弹簧、阻尼性能。

8. 为保障隔振设计和构造措施的准确实施，设计文件对隔振器和阻尼器的安装，需要提出相应要求。有条件时，由专业人士到现场指导安装。隔振达不到效果的工程，多是因为安装人员对隔振概念缺乏理解，构造措施实施不到位造成的。当试验台隔振基础较大时，还可能因自重很大隔振台座不能同步升降，导致严重错位，甚至发生倾覆事故。

六、往复式机器隔振设计实例

本工程为某厂制造的 350kW 往复式柴油发电机组，采用公共底座作隔振台座，配置隔振器后的基组整体出厂。适用于普通建筑工程设计项目直接选用。一般可以直接支承在加厚的地面上，是否需要下基础支承，应根据工程项目地质条件和振动控制要求，由工程项目设计决定。当建筑工程项目设计人员根据振动传播衰减评定，认为不能满足设计项目对振动控制要求时，应提出发电机组支承处地基基础的容许振动值，修改隔振设计，更换隔振器和阻尼器。

1. 隔振设计原始资料

（1）设计项目资料，应由建筑工程项目设计人员提出。

（2）机器的原始数据

1）主机、辅机型号和主要参数

柴油发动机型号：BF8M1015CP，四冲程增压，工作转速 1500r/min，功率 560kW；

发电机型号：HC15，工作转速 1500r/min，功率 350kW；

基组质量（不含新加调平配重和增质混凝土）：3458kg。

2）主机、辅机和隔振台座上各部件质量、质心位置相互关系见图 5-3-13 柴油发电机组总成图，外形尺寸及各部件质心坐标见后文隔振体系平衡和总质心位置计算。

3）振动荷载

发动机为引进国外图纸生产，外商只提供设计图纸，不提供设计参数，因此，与制造厂共同商定后，振动荷载按以下方式取值：

一谐和二谐振动作用力、二谐振动作用力矩。该机型 8 缸机均已平衡，只剩一谐振动作用力矩，其回转和扭振振动作用力矩计算系数均为 $\sqrt{10}$，采用平衡铁也已平衡，惯性力和力矩的振动荷载理论值均为 0，需要计入运动部件质量误差和机器内扰力激发的机器振动传来的等效振动作用力和力矩。依据国家标准《建筑振动荷载标准》GB/T 51228，取同类型单曲柄 V 型机的平衡铁质量误差计算取一谐振动作用力，并代入一谐回转力矩和扭振力矩计算公式计算作用力矩。取发电机转子质量为发电机质量的 1/3、转子平衡等级参数 G 值为 6.3 计算发电机的振动荷载。机组振动荷载取值如下：

一谐振动作用力：发动机为 956N，发电机为 539N。取发动机和发电机振动荷载同相位合并后，得：

$$F_{vx1} = F_{vz1} = 1495N$$

一谐振动作用力矩：发动机为 $M_{vx1} = M_{vz1} = 529N \cdot m$

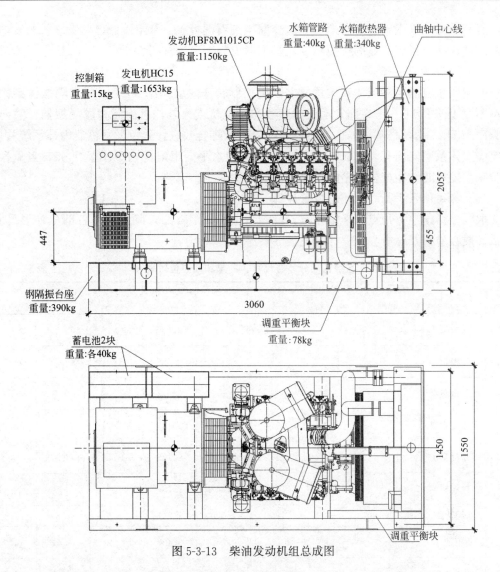

图 5-3-13　柴油发动机组总成图

倾覆力矩：取发电机功率换算发动机扭矩平均值，按 8 缸机扭矩最大值与平均值比值关系，取值主谐次和 1/2 谐次、2 谐次倾覆力矩值如下：

主谐次（4 谐）：$M_{vy4}=1225\mathrm{N}\cdot\mathrm{m}$

1/2 谐次：$M_{vy0.5}=408\mathrm{N}\cdot\mathrm{m}$

2 谐次：$M_{vy2}=408\mathrm{N}\cdot\mathrm{m}$

（3）容许振动值

发动机和发电机的振动控制按国家标准《往复式内燃机驱动交流发电机组第 9 部分：机械振动的测量和评价控制》GB/T 2820.9（振动速度有效值：发动机 45mm/s，发电机 20mm/s），隔振台座角点的容许振动速度峰值，按国家标准《建筑工程容许振动标准》GB/T 50868，取 $[v]=20\mathrm{mm/s}$。

2. 隔振方案

（1）隔振形式

采用图 5-3-10（a）所示的支承式，以基组的公共底座作隔振台座。为增加隔振台座的刚度和质量，在发动机下钢架中空部分灌填细石混凝土。基组设计已对发动机与发电机采取刚性连接，具有良好的抗扭刚度，可不考虑隔振台座抗扭。

（2）隔振参数选择

基组质量已满足隔振体系质量要求，按工作转速对应频率25Hz，要求隔振体系固有频率不大于6.25Hz。考虑到发动机支座处和发电机支座处均已配置橡胶隔振器，竖向固有频率10Hz。为减小基组隔振与机器自带隔振的耦合效应，避免激发机器内部系统共振，选定隔振体系竖向固有频率2.5Hz左右，竖向和水平向阻尼比均不小于0.05，当隔振器不带水平阻尼时，需配置水平阻尼器。

（3）隔振体系平衡和总质心位置计算

取隔振台座左下角点为坐标原点，设参考坐标 $o'x'y'z'$，隔振体系各部分外形尺寸、质量和质心坐标及总质心位置计算见表5-3-1。

基组各部分外形尺寸、质量和质心位置表　　　　表5-3-1

序号	部件名称	外形尺寸 （mm）	部件质量 m_i（kg）	x'_i （m）	y'_i （m）	z'_i （m）	$m_ix'_i$ （kg·m）	$m_iy'_i$ （kg·m）	$m_iz'_i$ （kg·m）
1	柴油发动机	977×965×970	1150	0.775	1.787	0.697	891.25	2055.05	801.55
2	发电机	ϕ711×1266	1653	0.775	0.783	0.697	1281.08	1294.30	1152.14
3	水箱散热器	1435×175×1740	340	0.775	2.938	0.984	263.50	998.92	334.56
4	钢隔振台座	2870×1550×250	390	0.775	1.530	0.125	302.25	596.70	48.75
5	灌填混凝土	1158×1340×250	931	0.775	1.546	0.125	721.55	1439.38	116.38
6	控制柜	420×300×300	15	0.624	0.342	1.487	9.36	5.13	22.31
7	水箱管路	ϕ127×700	40	0.800	2.040	1.741	34.80	81.60	69.64
8	蓄电池1	510×220×300	40	1.385	0.263	0.400	55.40	10.52	16.00
9	蓄电池2	510×220×300	40	1.385	0.838	0.400	55.40	33.52	16.00
10	调重平衡块	650×70×220	78	0.135	2.500	0.125	10.53	195.00	9.75
	合计∑		4677				3625.11	6710.11	2587.08

隔振体系总质量：$m=4677$kg；总质心点在以隔振台座下角点为原点的参考坐标系中的坐标如下：

$$x'_0=\frac{\sum m_ix'_i}{m}=\frac{3625.11}{4677}=0.775\text{m}$$

$$y'_0=\frac{\sum m_iy'_i}{m}=\frac{6710.11}{4677}=1.435\text{m}$$

$$z'_0=\frac{\sum m_iz'_i}{m}=\frac{2587.08}{4677}=0.553\text{m}$$

（4）隔振器和阻尼选择及布置

根据隔振设计参数要求，选择市场使用多年的优质产品 ZT 型阻尼弹簧隔振器 ZT3-12，性能参数如下：

承载力：9000N；竖向刚度：165.0N/mm；水平向刚度：117.0N/mm；竖向阻尼比：0.065，水平向无阻尼，需另配水平阻尼器。使用环境要求满足柴油发电机组隔振设计。

选隔振器 6 个，每个隔振器静力负荷 7647N，小于承载力 9000N，出厂高度 174mm，机组重力荷载作用下，压缩变形 46.3mm，考虑有预压作用，取隔振器工作高度为 150mm。刚心在隔振体系坐标中：

$$z=0.553+\frac{0.150}{2}=0.628\text{m}$$

根据隔振体系的刚度中心与质量中心在同一铅垂线的设计原则，隔振器的刚度中心 y 轴方向坐标应为 1.435m，比隔振台座中心偏左了 0.095m，按两端隔振器位置与基组地脚螺栓位置对应，则中间两个隔振器需向发电机一端平移 0.285m，隔振器和阻尼器布置见图 5-3-14。

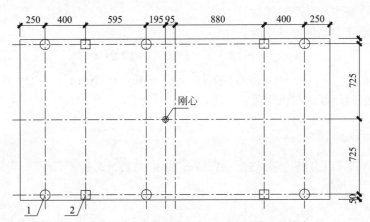

图 5-3-14　隔振器和水平阻尼器布置平面图
1—隔振器；2—水平阻尼器

3. 隔振计算
（1）隔振体系转动惯量计算见表 5-3-2。

隔振体系转动惯量计算表　　　　　　　　　　　　表 5-3-2

序号	部件名称	质量 m_i (kg)	质心坐标(m)			转动惯量(kg·m²)					
			x_i	y_i	z_i	J_{xi}	J_{yi}	J_{zi}	$m_i(y_i^2+z_i^2)$	$m_i(x_i^2+z_i^2)$	$m_i(x_i^2+y_i^2)$
1	柴油发动机	1150	0.00	0.35	0.14	182.21	179.41	181.28	165.26	22.52	142.74
2	发电机	1653	0.00	−0.65	0.14	259.42	418.99	259.42	734.41	32.37	702.04
3	水箱散热器	340	0.00	1.50	0.43	304.32	78.08	382.40	830.35	61.97	768.37
4	钢隔振台座	390	0.00	0.10	−0.43	87.37	145.71	58.34	76.35	72.80	3.54
5	灌填混凝土	931	0.00	0.11	−0.43	144.16	109.01	243.48	185.34	173.80	11.53
6	控制柜	15	−0.15	−1.09	0.93	—	—	—	30.88	13.31	18.25

序号	部件名称	质量 m_i (kg)	质心坐标(m)			转动惯量(kg·m²)					
			x_i	y_i	z_i	J_{xi}	J_{yi}	J_{zi}	$m_i(y_i^2+z_i^2)$	$m_i(x_i^2+z_i^2)$	$m_i(x_i^2+y_i^2)$
7	水箱管路	40	0.09	0.61	1.18	—	—	—	70.72	56.43	15.02
8	蓄电池1	40	0.61	−1.17	−0.16	—	—	—	55.90	15.87	69.79
9	蓄电池2	40	0.61	−0.60	−0.16	—	—	—	15.23	15.87	29.12
10	调重平衡块	78	−0.64	1.07	−0.20	—	—	—	91.55	34.99	120.48
	合计∑	4677				977.48	931.21	1124.93	2255.98	499.93	1880.89

隔振体系转动惯量：

$$J_x = \sum J_{xi} + \sum m_i(y_i^2 + z_i^2) = 977.48 + 2255.98 = 3233.46 \text{kg·m}^2$$

$$J_y = \sum J_{yi} + \sum m_i(x_i^2 + z_i^2) = 931.21 + 499.93 = 1431.14 \text{kg·m}^2$$

$$J_z = \sum J_{zi} + \sum m_i(x_i^2 + y_i^2) = 1124.93 + 1880.89 = 3005.82 \text{kg·m}^2$$

（2）隔振体系刚度和阻尼比计算

隔振体系刚度即隔振器总刚度：

$$K_z = 165 \times 10^3 \times 6 = 990 \times 10^3 \text{N/m}$$

$$K_x = K_y = 117 \times 10^3 \times 6 = 702 \times 10^3 \text{N/m}$$

隔振体系回转刚度和扭振刚度：

$$K_{\phi x} = \sum_{i=1}^n K_{zi} y_i^2 + \sum_{i=1}^n K_{yi} z_i^2$$
$$= 2 \times 165 \times (1.185^2 + 0.190^2 + 1.376^2) + 6 \times 117 \times 0.628^2$$
$$= 1377 \times 10^3 \text{N·m}$$

$$K_{\phi y} = \sum_{i=1}^n K_{zi} x_i^2 + \sum_{i=1}^n K_{zi} z_i^2$$
$$= 6 \times 165 \times 0.775^2 + 6 \times 117 \times 0.628^2 = 871 \times 10^3 \text{N·m}$$

$$K_{\phi z} = \sum_{i=1}^n K_{xi} y_i^2 + \sum_{i=1}^n K_{yi} x_i^2$$
$$= 2 \times 117 \times (1.185^2 + 0.190^2 + 1.376^2) + 6 \times 117 \times 0.775^2$$
$$= 1202 \times 10^3 \text{N·m}$$

竖向阻尼比 0.065；按水平向阻尼比 0.065 配置 4 个水平黏滞阻尼器，要求每个阻尼器水平向阻尼系数：

$$C_x = \frac{\zeta_x \sqrt{2mK_x}}{4} = \frac{0.065 \sqrt{2 \times 4677 \times 702000}}{4} = 1317 \text{N·s/m}$$

阻尼器应委托专业生产厂家设计制造。

（3）隔振体系各振型固有圆频率及振型分解对应参数计算

$$\omega_{nz}^2 = \frac{K_z}{m} = \frac{990000}{4677} = 211.67 (\text{rad/s})^2$$

$$\omega_{\phi_z}^2 = \frac{K_{\phi_z}}{J_z} = \frac{1202000}{3005.82} = 399.80(\text{rad/s})^2$$

水平摇摆解耦固有圆频率及对应计算参数计算见表 5-3-3。

水平摇摆解耦固有圆频率及对应计算参数计算　　　　　表 5-3-3

振动方向	解耦前			解耦后 1 振型		解耦后 2 振型	
	λ_1^2 $(\text{rad/s})^2$	λ_2^2 $(\text{rad/s})^2$	z (m)	ω_{n1}^2 $(\text{rad/s})^2$	ρ_1 (m/rad)	ω_{n2}^2 $(\text{rad/s})^2$	ρ_2 (m/rad)
水平横摇	150.10	608.94	0.628	93.74	1.672	665.30	-0.183
水平纵摇	150.10	425.85	0.628	109.47	2.319	466.47	-0.298

（4）质心点振动响应计算

1）一谐竖向振动作用力 $F_{vz1} = 1495\text{N}$ 作用下，干扰圆频率 $\omega = 157.08\text{rad/s}$：

$$u_z = \frac{F_{vz1}}{K_z}\eta_z = \frac{F_{vz1}}{K_z}\left[\left(1-\frac{\omega^2}{\omega_{nz}^2}\right)^2 + \left(2\zeta_z\frac{\omega}{\omega_{nz}}\right)^2\right]^{-\frac{1}{2}}$$

$$= \frac{1495}{990\times10^3}\times\left[\left(1-\frac{157.8^2}{211.67}\right)^2 + \left(2\times0.065\times\frac{157.08}{14.55}\right)^2\right]^{-\frac{1}{2}} = 0.0131\times10^{-3}\text{m}$$

$$v_z = 0.0131\times10^{-3}\times157.08 = 2.058\times10^{-3}\text{m/s}$$

2）一谐扭振力矩 $M_{vz1} = 529\text{N}\cdot\text{m}$ 作用下，干扰圆频率 $\omega = 157.08\text{rad/s}$：

$$u_{\phi z} = \frac{M_{vz1}}{K_{\phi z}}\eta_{\phi z} = \frac{M_{vz1}}{K_{\phi z}}\left[\left(1-\frac{\omega^2}{\omega_{\phi z}^2}\right)^2 + \left(2\zeta_z\frac{\omega}{\omega_{\phi z}}\right)^2\right]^{-\frac{1}{2}}$$

$$= \frac{529}{1202\times10^3}\times\left[\left(1-\frac{157.8^2}{399.80}\right)^2 + \left(2\times0.065\times\frac{157.08}{7.86}\right)^2\right]^{-\frac{1}{2}} = 0.00725\times10^{-3}\text{rad}$$

$$v_{\phi z} = 0.00725\times10^{-3}\times157.08 = 1.139\times10^{-3}\text{rad/s}$$

3）一谐回振力矩 M_{vx1} 作用下，纵向水平摇摆振动响应计算见表 5-3-4。

M_{vx1} 作用下纵向水平摇摆振动计算　　　　　表 5-3-4

振动荷载		1 振型			2 振型			振动位移幅值		振动速度幅值	
M_{vx1} $(\text{N}\cdot\text{m})$	ω (rad/s)	ρ_1 (m/rad)	$u_{\phi1}\times10^{-3}$ (rad)	η_1	ρ_2 (m/rad)	$u_{\phi2}\times10^{-3}$ (rad)	η_2	$u_y\times10^{-3}$ (m)	$u_{\phi x}\times10^{-3}$ (rad)	$v_y\times10^{-3}$ (m/s)	$v_{\phi x}\times10^{-3}$ (rad/s)
529	157.08	2.319	0.170	0.0061	-0.298	0.311	0.0253	0.0001	0.0089	0.011	1.399

4）一谐水平向振动作用力 F_{vx1} 作用下，横向水平摇摆振动响应计算见表 5-3-5。

F_{vx1} 作用下横向水平摇摆振动计算　　　　　表 5-3-5

振动荷载			1 振型			2 振型			振动位移幅值		振动速度幅值	
F_{vx1} (N)	h (m)	ω (rad/s)	ρ_1 (m/rad)	$u_{\phi1}\times10^{-3}$ (rad)	η_1	ρ_2 (m/rad)	$u_{\phi2}\times10^{-3}$ (rad)	η_2	$u_x\times10^{-3}$ (m)	$u_{\phi y}\times10^{-3}$ (rad)	$v_x\times10^{-3}$ (m/s)	$v_{\phi y}\times10^{-3}$ (rad/s)
1495	0.144	157.08	1.672	1.996	0.0061	-0.183	-0.055	0.0175	0.0206	0.0112	3.237	1.767

5）倾覆力矩作用下，横向水平摇摆振动响应计算见表 5-3-6。

各谐倾覆力矩作用下横向水平摇摆振动计算　　　　表 5-3-6

序号	倾覆力矩		1 振型		2 振型		振动位移幅值		振动速度幅值			
	M_{vyi} (N·m)	ω_i (rad/s)	ρ_1 (m/rad)	$u_{\phi1}\times10^{-3}$ (rad)	η_1	ρ_2 (m/rad)	$u_{\phi2}\times10^{-3}$ (rad)	η_2	$u_x\times10^{-3}$ (m)	$u_{\phi y}\times10^{-3}$ (rad)	$v_x\times10^{-3}$ (m/s)	$v_{\phi y}\times10^{-3}$ (rad/s)
1	1225	628.32	1.672	0.900	0.0004	−0.183	1.160	0.0011	0.0003	0.0016	0.216	1.002
2	408	78.54	1.672	0.300	0.0249	−0.183	0.386	0.0739	0.0073	0.0360	0.572	2.831
3	408	314.16	1.672	0.300	0.0015	−0.183	0.386	0.0043	0.0005	0.0021	0.144	0.669

6）振动值叠加，振动控制点振动位移和振动速度计算。

取振动控制验算点为风扇下隔振台座角点（坐标为：0.775，1.625，−0.379），各振动荷载作用下，该点振动位移、速度计算见表 5-3-7。

各振动荷载作用下，验算点振动位移、速度计算　　　　表 5-3-7

序号	振动荷载	振动位移(mm)		振动速度(mm/s)	
		竖向	水平 x 向	竖向	水平 x 向
1	$F_{vz1}=1495N$	0.0131	—	2.058	—
2	$F_{vx1}=1495N$	0.0087	0.0163	1.369	2.568
3	$M_{vx1}=529N·m$	0.0145	—	2.273	—
4	$M_{vz1}=529N·m$	—	0.0118	—	1.850
5	$M_{vy4}=1225N·m$	0.0012	0.0003	0.776	0.164
6	$M_{vy0.5}=408N·m$	0.0279	0.0064	2.194	0.502
7	$M_{vy2}=408N·m$	0.0017	0.0003	0.518	0.110

验算点最大竖向振动位移：

$$u_{zmax}=\sqrt{(0.0131+0.0145)^2+0.0087^2}+\sqrt{0.0012^2+0.0279^2+0.0017^2}$$
$$=0.0569mm$$

验算点最大水平 x 向振动位移：

$$u_{xmax}=0.0163+0.0118+\sqrt{0.0003^2+0.0064^2+0.0003^2}$$
$$=0.0345mm$$

验算点最大竖向振动速度：

$$v_{zmax}=\sqrt{(2.058+2.273)^2+1.369^2}+\sqrt{0.776^2+2.194^2+0.518^2}$$
$$=6.926mm/s$$

验算点最大水平 x 向振动速度：

$$v_{xmax}=2.568+1.850+\sqrt{0.164^2+0.502^2+0.110^2}=4.957mm/s$$

振动控制点最大计算振动速度峰值为竖向 6.926mm/s，小于隔振台座容许振动值 20mm/s，满足隔振台座振动控制要求。

4. 构造措施

发动机排烟管采用带弯头的金属波纹管连接。排烟管应采取弹性隔振吊钩悬挂在建筑物楼板下，或在地面设支架支承，不得与建筑构件直接连接。需要穿墙、穿楼板时，应从预设的洞口中穿过，管道与洞口壁之间应留足间隙不小于 25mm，用柔性保温材料嵌缝。

弹簧阻尼隔振器 6 个、水平向黏滞阻尼器 4 个和带弯头金属波纹管 2 个，与基组一起配套出厂，并附基组隔振器和阻尼器现场安装和使用、维护说明书。

第四节　冲击式机器

一、冲击式机器的特点

冲击式机器，是指工作过程中工作部分的动量或动量矩突然改变的机器，或工作过程中积蓄的动能和势能瞬间释放做功的机器，属于这种类型的机器主要有锻锤和压力机等。

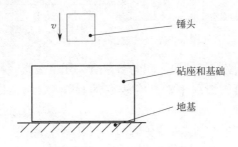

图 5-4-1　锻锤打击过程示意图

锻锤工作过程中，锤头所积蓄的动能在打击工件时瞬间释放，锤头的速度由原来的下行速度突然停止并产生一定的向上反弹的速度，锤头的动量突然改变。由于受到锤头的打击，打击过程中，锤头对砧座的作用力并不封闭于机身，砧座瞬间获得一个向下的动量，动量的值等于锤头动量的改变量，砧座以一定的速度下行，进而将所获得的能量传递给基础和地基，激起基础和地基的强烈振动，对周围环境产生振动影响。如图 5-4-1 所示。

压力机在对工件进行冲压或锻造加工时，其能量来源于滑块（含上模）的机械能和下落时的势能，对工件的作用力大部分来源于机身的弹性变形力，该作用力封闭于机身。压力机的滑块因为速度的改变对外产生惯性力，因而产生振动。对工件的加工过程，主要是机身变形随加工力变化而变化的过程。在工作行程的末期，压力机滑块的运动速度剧烈变化，产生很大的惯性力，在加工过程结束时，滑块的作用力瞬间消失，此时机身所积蓄的弹性变形势能瞬间释放，通过机身及基础作用于基底土壤，引起较大振动，对周围环境产生振动影响。

减轻冲击式机器振动影响的主要方法是对其实施隔振，即安装弹性隔振装置。安装弹性隔振装置，特别是弹簧阻尼隔振器，不仅能大幅减小环境振动，还有保护设备降低其故障率、方便设备安装和调平、保护基础、补偿基础的不均匀沉降等优点。

二、冲击式机器隔振的基础形式

1. 锻锤隔振的基础形式

锻锤的隔振基础分为直接支承和间接支承两种形式。如图 5-4-2 所示，直接支承是将隔振装置直接放置在锻锤的砧座之下；间接支承是在锻锤的下部增加一个混凝土基础块，隔振装置放置在基础块之下。因为混凝土基础块的惯性作用，间接支承隔振的锻锤工作时的竖向位移更小。

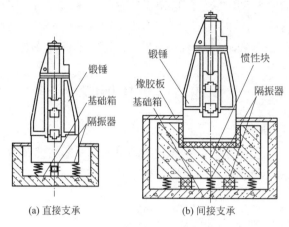

(a) 直接支承　　　　　　(b) 间接支承

图 5-4-2　模锻锤隔振基础形式

间接支承隔振时，砧座与基础块之间的垫层宜采用橡胶板。与传统基础所使用的枕木相比，橡胶板在厚度较薄的情况下，具有较好的弹性，对基础块也能起到同样的保护作用。

对于自由锻锤来说，锤身与砧座是分体的，只在砧座底部放置弹性材料难以达到好的隔振效果，通常采用间接支承的隔振基础形式，如图 5-4-3 所示。

因为锻锤工作时的冲击力很大，锻锤隔振装置应具有较大的阻尼来吸收振动能量，使锻锤在每次打击以后能快速静止下来。

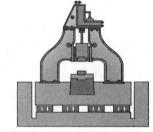

采用弹簧阻尼隔振器时，锻锤工作时的冲击载荷 80％以上通常会被隔振器消除，隔振器下部基础所受的动载荷大幅降低。

图 5-4-3　自由锻锤隔振基础形式

2. 压力机隔振的基础形式

对于大多数压力机来说，隔振器可以直接安装在压力机的地脚之下，在取得满意的隔振效果的同时，机身的竖向位移和水平摆动位移不会影响压力机的正常工作，如图 5-4-4 所示。

当压力机的水平动载荷较大时（例如热模锻压力机），需要在压力机的底座之下增加大钢板或钢框架，加大隔振器之间的跨度（图 5-4-5），减小机身的水平摆动位移，保证压力机能正常工作。对于小型螺旋压力机，一般需要在底部增加一块钢板（图 5-4-6），对于中大型螺旋压力机，一般需要在底部增加混凝土基础块（图 5-4-7）。

隔振器应具有足够的阻尼，使机身的动态位移能尽快衰减。

采用弹簧阻尼隔振器时，压力机工作时的冲击载荷 80％以上通常会被隔振器消除，隔振器下部基础所受的动载荷大幅降低。

三、冲击式机器隔振设计方法

1. 锻锤隔振设计方法

（1）锻锤隔振基础的基本参数

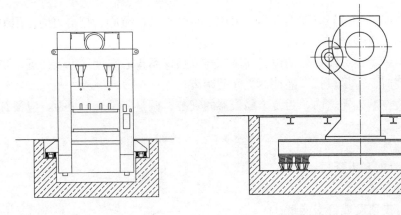

图 5-4-4　隔振器直接安装在压力机底座之下　　　图 5-4-5　热模锻压力机隔振

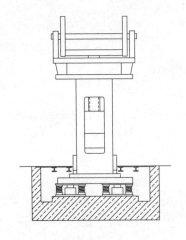

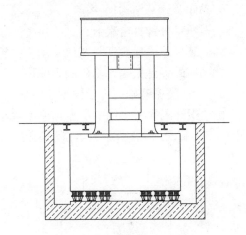

图 5-4-6　小型螺旋压力机隔振　　　　　　图 5-4-7　中大型螺旋压力机隔振

　　1）基础和砧座的最大竖向振动位移应小于容许振动值。基础的位移太大，会使操作者感到不适；砧座振动位移太大，则会影响操作者正常工作。

　　2）锻锤在下一次打击之时，砧座应停止振动。若砧座在打击的间隔时间内没能停止振动，则在锻锤进行连续打击时，会使砧座振幅越来越大，从而影响操作者正常工作甚至会引发设备事故。

　　3）锻锤打击后，隔振器上部质量不应跳离隔振器，即隔振后，隔振器上部质量的振幅应小于隔振器的静压缩量。若振幅大于静压缩量，则在隔振器上部质量向上运动到最高位置时，会与隔振器分离，即发生所谓的"隔振器上部质量跳离隔振器"。

　　（2）隔振器的选择及布置

　　锻锤隔振之后，在工作载荷作用下，砧座有较大的振动位移，为便于生产操作，砧座在承受第二次工作载荷之前应停止振动，因而锻锤所采用的隔振器应有足够的阻尼。锻锤隔振器有以下几种类型：

　　1）螺旋弹簧与阻尼器组合（目前常用类型）；

　　2）兼有弹性和阻尼特性的迭板弹簧、碟形弹簧（目前少用类型）；

3）其他组合。

为防止锻锤工作时产生偏转，隔振器的反力中心、惯性块的重心、打击力的作用中心三者应尽可能在同一铅垂线上。

为保证隔振体系的稳定，隔振器的位置高度应与隔振体系重心高度尽可能接近。当隔振器布置在较低位置时，应尽量拉开隔振器之间的距离。

隔振器一般安装在基础箱之内，为便于隔振器的安装、调整、维修与更换，应留有足够的操作空间。

（3）隔振基础的计算

1）锻锤隔振设计的基本资料：

①锻锤落下部分质量 m_0；

②锤头的最大打击速度或打击能量；

③砧座及锤身质量、单臂锤的重心位置；

④砧座及锤身结构尺寸；

⑤锻锤每分钟打击次数；

⑥安装场地的地质资料及地基动力试验资料；

⑦砧座的容许振幅，基础的容许振幅、容许振动加速度。

2）锻锤隔振基础的力学模型与隔振设计的基本要求

由于锻锤隔振所采用的隔振器刚度远小于砧座与惯性块之间的垫层的刚度，所以可采用图 5-4-8 和图 5-4-9 所示力学模型进行分析计算。

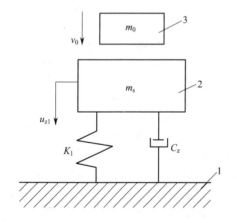
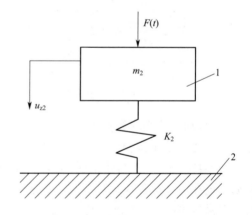

图 5-4-8　有阻尼单自由度振动模型　　　　图 5-4-9　无阻尼单自由度振动模型

1—基础；2—砧座；3—锤头　　　　　　　　1—基础；2—地基

图中：m_0——锻锤锤头的质量（kg）；

　　　　v_0——锤头的最大冲击速度（m/s）；

　　　　m_s——隔振器上部的总质量（kg）；

　　　　C_z——隔振器的竖向阻尼系数（N·s/m）；

　　　　K_1——隔振器的竖向刚度（N/m）；

　　　　m_2——基础的质量（kg）；

　　　　K_2——地基刚度（N/m）。

　　按照对心碰撞理论，锤头 m_0 以速度 v_0 打击砧座上的工件后，砧座（及惯性块）将获得初速度：

$$v_1 = \frac{(1+e_1) m_0 v_0}{(m_s + m_0)} \tag{5-4-1}$$

式中　e_1——回弹系数，模锻锤可取 0.5，自由锻锤可取 0.25，锻打有色金属时可取 0。

　　按图 5-4-8 砧座振动力学模型及单自由度有阻尼系统振动理论，受初始速度 v_1 激励后，质量 m_s 将按图 5-4-10 所示曲线作有衰减的自由振动，即砧座位移随时间变化的规律可由下式描述：

$$u_1 = \frac{v_1}{\omega_n} \sin\omega_n t \cdot \exp(-\zeta_z \omega_n t) \tag{5-4-2}$$

$$\omega_n = \sqrt{\frac{K_1}{m_s}} \tag{5-4-3}$$

$$\zeta_z = \frac{C_z}{2\sqrt{m_s K_1}} \tag{5-4-4}$$

式中　ω_n——系统的固有频率；

　　　　ζ_z——隔振系统的阻尼比。

　　将式(5-4-1) 代入式(5-4-2) 可得：

$$u_{z1} = \frac{m_0 v_0 (1+e_1)}{(m_0 + m_s)\omega_n} \exp\left(-\zeta_z \frac{\pi}{2}\right) \sin\omega_n t \tag{5-4-5}$$

　　砧座的位移随时间变化的规律也可用图 5-4-10 所示。当砧座振动四分之一周期（即 $t = \dfrac{\pi}{2\omega_n}$ 时），其位移达到最大值 u_{z1}。

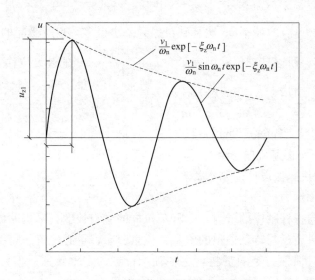

图 5-4-10　砧座位移随时间变化曲线

　　计算隔振后基础最大竖向位移采用图 5-4-9 所示单自由度强迫振动模型，是因为：
①隔振后砧座振动频率 $\omega_n = \sqrt{K_1/m_s}$ 比基础自振频率 $\sqrt{K_2/m_2}$ 小得多，二者耦合的

影响很小，隔振系统对基础的激扰，可以近似看成按图 5-4-8 所示砧座单自由度振动模型计算出的砧座位移与速度引起的隔振器中弹性力与阻尼力对基础的激扰，图 5-4-9 中 $F(t)$ 为隔振器施加给基础的动载荷，包括弹性力与阻尼力。

② 图中所示地基刚度 $K_2 = 2.67 K_z$ 为折算刚度，是按《动力机器基础设计规范》GB 50040 中的有关规定查出地基抗压刚度系数 C_z 乘以基础底面积计算出地基土抗压刚度 K_z 之后，乘以修正系数 2.67 后得到的。修正系数 2.67，实际上是综合考虑了基础侧面回填土的影响和地基土阻尼作用得到的，因而 K_2 也反映了地基阻尼的影响。力学模型中未直接表示出阻尼，可以使计算大为简化。

通过隔振器作用于基础的动载荷 $F(t)$ 包括两部分：与砧座位移成比例的弹性力 $F_1(t)$ 和与砧座速度成比例的阻尼力 $F_2(t)$。其中：

$$F_1(t) = K_1 u_1(t) = K_1 \frac{v_1}{\omega_n} \sin\omega_n t \exp(-\zeta_z \omega_n t) \tag{5-4-6}$$

$$F_2(t) = C_1 \dot{u}_1(t) = 2\zeta_z m \omega_n v_1 \cos\omega_n t \exp(-\zeta_z \omega_n t) = 2\zeta_z \frac{K_1 v_1}{\omega_n} \cos\omega_n t \exp(-\zeta_z \omega_n t) \tag{5-4-7}$$

弹性力与阻尼力之和：

$$F(t) = F_1(t) + F_2(t) = \left(K_1 \frac{v_1}{\omega_n} \sin\omega_n t + 2\zeta_z \frac{K_1 v_1}{\omega_n} \cos\omega_n t \right) \exp(-\zeta_z \omega_n t)$$

$$= K_1 \frac{v_1}{\omega_n} \sqrt{1 + 4\zeta_z^2} \sin(\omega_n t + \tan^{-1} 2\zeta_z) \exp(-\zeta_z \omega_n t) \tag{5-4-8}$$

对式(5-4-8) 取最大值，可得到：

$$F_{\max}(t) = K_1 \frac{v_1}{\omega_n} \sqrt{1 + 4\zeta_z^2} \exp\left[-\zeta_z \left(\frac{\pi}{2} - \tan^{-1} 2\zeta_z \right) \right] \tag{5-4-9}$$

因为振动荷载 $F(t)$ 的频率 ω_n 比基础自振频率小得多，它所激起的基础位移接近于扰力作用下的静位移，所以基础位移可表示为 $u_2 = \dfrac{F(t)}{K_2}$，基础最大位移 u_{z2} 可表达为：

$$u_{z2} = \frac{F_{\max}(t)}{K_2} = \frac{K_1(1+e_1)m_0 v_0}{K_2 \omega_n (m_s + m_0)} \sqrt{1 + 4\zeta_z^2} \exp\left[-\zeta_z \left(\frac{\pi}{2} - \tan^{-1} 2\zeta_z \right) \right] \tag{5-4-10}$$

式(5-4-10) 即《工程隔振设计标准》GB 50463 中式(4.4.4-1)。

2. 机械压力机隔振基础的计算

(1) 机械压力机隔振设计的基本资料

1) 压力机公称压力；

2) 计算立柱与拉杆刚度的资料：立杆与拉杆的受力长度、平均断面、弹性模量；

3) 计算压力机质量与转动惯量的资料：质量分布、重心位置、有关结构尺寸；

4) 计算启动时惯性力矩的资料：主轴轴承位置、主轴转速、偏心质量、曲轴（柄）半径；

5) 安装场地的地质资料及地基动力试验资料；

6) 压力机工作台及机身指定部位的容许振动值；

7) 基础的容许振动值或基础容许承受的动载荷。

（2）压力机隔振设计的力学模型

压力机隔振参数的计算是指机械压力机。机械压力机传动系统中因设有离合器与制动器，运行时离合器结合、制动器制动以及冲压工件都会激起振动。离合器结合与制动器制动激起的振动，性质与强度相同，只是方向相反，因而可以只计算离合器结合时的振动，而不再计算制动器制动时的振动。冲压工件时激起的振动，因性质不同而需单独计算。由于压力机隔振后其基础振动远小于压力机自身的振动，分析压力机自身振动时近似认为基础不动；分析基础振动时则把因压力机振动引起隔振器伸缩而作用于基础的动载荷看成基础振动的扰力。

图 5-4-11 中各符号的意义：

u_{z3}——压力机工作台两侧的最大竖向振动
位移（m）；

m_y——压力机的质量（kg）；

h_1——压力机质心 O 至隔振器的距离（m）；

l——主轴轴承 O' 至压力机质心 O 的距离（m）；

c——隔振器之间的距离（m）；

J——压力机绕质心轴的质量惯性矩（kg·m²）；

K_1——隔振器的竖向刚度（N/m）。

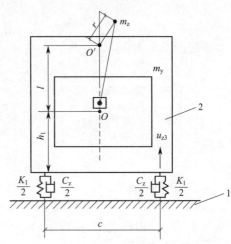

图 5-4-11 压力机启动时的力学模型
1—基础；2—压力机机身

1）压力机启动时，离合器结合，曲柄连杆机构突然加速的惯性力，通过轴承水平作用在机身上，激起压力机作摇摆振动，其力学模型见图 5-4-11（即《工程隔振设计标准》GB 50463 中的图 4.4.6-1）。因为离合器结合过程时间很短，作用于轴承处的冲击力的大小难以计算，但结合过程中通过主轴轴承作用于机身的冲量 N 正好等于曲柄连杆机构所获得的动量，可用下式表示：

$$N = m_z r n_y \tag{5-4-11}$$

式中　N——通过主轴由轴承 O' 作用于机身的冲量；

m_z——主轴偏心质量与连杆折合质量之和，连杆折合质量可取连杆质量的 1/3；

r——曲柄半径；

n_y——压力机主轴的额定转速。

因为压力机主轴轴承 O' 的位置较高，在此冲量作用下，压力机将产生摇摆振动。

由于设在压力机机脚处的隔振器的横向刚度通常都远大于竖向刚度，振动时压力机机脚处的横向位移趋近于零，可近似认为隔振器横向刚度为无穷大，而装有隔振器的压力机在离合器结合时激起的振动，就是绕下端的摇摆振动。

已知上述参数后，可计算出压力机绕质心的回转半径 R_1：

$$R_1 = \sqrt{\frac{J}{m_y}} \tag{5-4-12}$$

在水平扰力激励下，按图 5-4-11 所示力学模型，压力机将绕底部中点作单自由度摆动，其微分方程为：

$$(J + h_1^2 m_y)\ddot{\phi} + \left(\frac{c}{2}\right)^2 C_z \dot{\phi} + \left(\frac{c}{2}\right) K_1 \phi = 0 \tag{5-4-13}$$

$$(R_1^2 + h_1^2) m_y \ddot{\phi} + \left(\frac{c}{2}\right)^2 C_z \dot{\phi} + \left(\frac{c}{2}\right)^2 K_1 \phi = 0 \tag{5-4-14}$$

式中第 1 项是压力机的摆动惯性力矩,第 2 项是压力机承受来自隔振器的阻尼力矩,第 3 项是压力机承受来自隔振器的弹性反力矩。

摆动的固有频率 ω_k 为:

$$\omega_k = \sqrt{\frac{C^2 K_1}{4(R_1^2 + h_1^2) m_y}} \tag{5-4-15}$$

系统的阻尼比为:

$$\zeta_{z1} = \frac{C_z c}{4\sqrt{(R_1^2 + h_1^2) m_y K_1}} \tag{5-4-16}$$

利用初始条件 $t = 0$ 时,压力机获得的动量矩等于冲量矩,可求出压力机摇摆的初始角速度 $\dot{\phi}$:

$$\dot{\phi} = \frac{(l + h_1) N}{J + h_1^2 m_y} = \frac{(l + h_1) m_p r \omega}{(R_1^2 + h_1^2) m_y} \tag{5-4-17}$$

按此初始条件解微分方程(5-4-14),可以得到离合器结合后压力机摇摆振动四分之一周期时引起的压力机工作台两侧的最大竖向位移为:

$$u_{z3} = \frac{c m_z r n_y (l + h_1)}{2 m_y \omega_k (R_1^2 + h_1^2)} \exp\left(-\zeta_z \frac{\pi}{2}\right) \tag{5-4-18}$$

2)冲压工件时,忽略掉基础的振动,则隔振压力机的力学模型如图 5-4-12 所示,图中 m_t 为压力机头部质量,m_g 为压力机工作台的质量,K_3 是压力机机身的刚度(包括立柱刚度和拉杆刚度),K_1 是隔振器的刚度,F 是压力机工作压力。

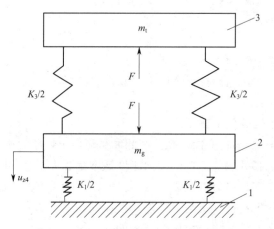

图 5-4-12 压力机冲压工件时的力学模型
1—基础;2—压力机工作台;3—压力机头部

因为冲压工艺荷载一般是从小到大,然后突然消失,而最典型的工况是冲裁:当冲裁力达到最大值时,工件断裂使机身突然失去荷载而引起振动。压力机最严重的振动发生在以额定压力冲裁工件时，为使分析简化，可以近似认为冲裁加载阶段只引起机身静变形 $u_1 = F/K_3$，突然失荷时，机身因弹性恢复而产生自由振动。按图 5-4-12 所示双自由度振动模型，其自由振动微分方程为：

$$\begin{cases} m_t \ddot{u}_1 + K_3(u_1 - u_2) = 0 \\ m_g \ddot{u}_2 - K_3(u_1 - u_2) + K_1 u_2 = 0 \end{cases} \tag{5-4-19}$$

按初始条件：

$$\begin{cases} u_1(0) = -F/K_3 \\ u_2(0) = \dot{u}_2(0) = \dot{u}_1(0) = 0 \end{cases} \tag{5-4-20}$$

可得出压力机工作台的位移表达式：

$$\begin{cases} u_1 = \dfrac{\dfrac{F}{K_3}\left(\dfrac{K_3}{m_t} - \omega_1^2\right)}{\omega_1^2 - \omega_2^2}\cos\omega_2 t - \dfrac{\dfrac{F}{K_3}\left(\dfrac{K_3}{m_t} - \omega_2^2\right)}{\omega_1^2 - \omega_2^2}\cos\omega_1 t \\[4mm] u_2 = \dfrac{\dfrac{F}{K_3}\left(\dfrac{K_3}{m_t} - \omega_1^2\right)\left(\dfrac{K_3}{m_t} - \omega_2^2\right)}{\dfrac{K_3}{m_t}(\omega_1^2 - \omega_2^2)}(\cos\omega_2 t - \cos\omega_1 t) \end{cases} \tag{5-4-21}$$

式中　ω_1、ω_2——系统的一阶、二阶固有频率。

对式(5-4-21)的分析表明，当刚度比 $K_3/K_1 > 10$ 时，压力机工作台的最大位移，几乎与隔振器的刚度 K_1 无关，只是机身刚度 K_3 和质量比 m_1/m_2 的函数，可表示为：

$$\begin{cases} u_{1max} = \dfrac{2Fm_g}{K_3(m_t + m_g)} \\[3mm] u_{2max} = \dfrac{2Fm_t}{K_3(m_t + m_g)} \end{cases} \tag{5-4-22}$$

实际上压力机隔振器的刚度 K_1 远小于机身刚度 K_3，比值 K_3/K_1 均在 50 以上，用式(5-4-22)计算冲压时压力机工作台的最大竖向位移，可信度较高。

3. 冲压工件时压力机隔振基础竖向位移的计算方法

将隔振压力机基础的振动，看成是通过隔振器作用于基础的动荷载激起的振动，忽略隔振器的阻尼力，可得到图 5-4-13 所示力学模型，图中 F_2 是隔振器作用于基础的荷载，K_1 是隔振器的刚度，$u_2(t)$ 是压力机工作台即机座的位移，m_3 是基础质量，K_2 是基础底部地基土的抗压刚度。

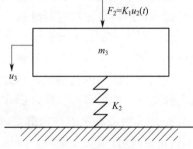

图 5-4-13　压力机基础振动时的力学模型

因为隔振器刚度 K_1 远小于地基土抗压刚度 K_2，隔振器的伸缩频率，即扰力 F_2 的频率远小于基础 m_3 的自振频率，按单自由度强迫振动理论，此时基础的位移可近似看成扰力 F_2 作用下基础的静位移，即：

$$u_3(t) = \frac{F_2(t)}{K_2} = \frac{K_1 u_2(t)}{K_2} \qquad (5\text{-}4\text{-}23)$$

由于压机工作台即机座的最大位移 $u_2(t)_{max} = u_{z4}$，所以基础的最大竖向位移 u_{z5} 可表示为：

$$u_{z5} = u_3(t)_{max} = \frac{u_2(t)_{max} \cdot K_1}{K_2} = \frac{u_{z4}K_1}{K_2} \qquad (5\text{-}4\text{-}24)$$

上式即为《工程隔振设计标准》GB 50463 中式(4.4.6-7)。

四、隔振基础的构造要求

1. 锻锤隔振基础的构造要求

（1）采用直接支承隔振基础时，隔振器直接承受来自锻锤的冲击荷载，锤身的竖向动态位移较大，但一般不会影响生产操作和打击效率。通常小型锻锤宜采用直接支承隔振形式，能简化基础结构，节省基础费用。

（2）对于中型和大型锻锤，尤其在隔振效果要求较高的情况下，宜采用间接支承隔振基础形式，不仅隔振效果好，锤身动态位移小，也有利于隔振器的保养和维修。虽然一次性投资成本高于直接支承，但从长期运行来看，性价比更好。

（3）对锻锤进行隔振时，锻锤的打击中心、锻锤和基础块的合并重心、隔振器的刚度中心应布置在一条铅垂线上，以避免打击时造成锤身摆动。空气锤和单臂锤应采用外挑式基础块使上述三心合一。

（4）基础箱与基础块之间应有足够的空间，以便安装、调整、检修和更换隔振器。

安装弹簧阻尼隔振器后，锻锤工作时锤身会有较大的竖向位移，锤身和基础块与外部之间不能有刚性物体相连，刚性连接的物体不仅会向外传递振动，还会因为受力而发生断裂。锻锤与外部相连的刚性管路要改为柔性管路或加装柔性接头。

（5）安装弹簧阻尼隔振器时，隔振器应放置在高于基础坑底部平面的平台之上，以防止水、油和氧化皮进入隔振器，并便于对隔振器进行检查和维修。

（6）在锻锤砧座或基础块四周，应该留出足够的空间，以便人员能对隔振器进行调整和检查，且能取出隔振器进行维修。

直接支承隔振时，在隔振器之间适当的位置应预留出放置千斤顶的空间，方便以后能顶升锻锤，取出隔振器进行维修。

（7）对于中型和大型锻锤，为了防止基础坑内积存的水和油进入隔振器，基础坑底部应设集水坑和自动排水泵；基础内应设人梯和照明设备，以便于检查隔振器和清理基础。

（8）锻锤四周的基础坑敞口处应有钢盖板覆盖。钢盖板和其支承钢梁应具有足够的承载力和刚度。如果有操作机，操作机的导轨也需由盖板钢梁支承。

2. 压力机隔振基础的构造要求

（1）在设计隔振方案时，应根据压力机的种类、参数和客户对隔振效果的要求，确定采用直接支承隔振还是间接隔振的基础形式。隔振器直接安装在压力机地脚之下时，基础的结构比较简单，费用较低。

（2）与传统刚性基础相比，安装弹簧阻尼隔振器之后，隔振器底部的基础和土壤所受到的动载荷通常能减小 80% 以上，因而可以降低对混凝土基础和桩基的承载力要求，从而降低费用。如果车间的地面有足够的承载能力，小型压力机一般不需要制作专用基础；

如果楼板和钢制构架具有足够的承载能力，小型压力机也可以安装在楼板和钢制构架上。

（3）为了使压力机能有好的动态稳定性，应尽可能使隔振器的支承跨度最大，必要时可在压力机下部设置钢板、钢框架或混凝土基础块。

开式压力机的重心通常与压力中心是偏离的，可以通过合理配置钢板或钢框架使系统的重心、压力中心和隔振器的支承中心在水平方向上的投影尽可能靠近。

（4）安装隔振装置后，压力机在工作时会有相对的竖向和/或水平摆动位移，机身与外部之间不允许有刚性物体相连。机身与外部相连的刚性管路应加装柔性接头，模具小车的导轨应改为柔性连接，即把压力机与地面之间的这段导轨改为铰接的形式。

（5）大型压力机生产线的多台压力机通常是安装在一个长条形的基础坑内。基础坑内还装有储气罐、顶出器和下脚料输送带。各台压力机之外的基础坑敞口需要用钢盖板覆盖。钢盖板和其支承钢梁不能与压力机的机身接触，也不能妨碍机身的运动。

五、冲击式机器隔振设计实例

[实例 1] 5t 自由锻锤螺旋弹簧加阻尼器隔振装置的设计计算

某 5t 电液自由锻锤落下部分质量 $G_0 = 6t$，锤头最大速度 $v_0 = 7.6\text{m/s}$，砧座质量 $G_1 = 150t$，每分钟打击次数 $N = 55\text{spm}$；要求砧座振幅 u_{z1} 小于 12mm，基础振幅 u_{z2} 小于 0.3mm。采用螺旋弹簧加阻尼器隔振装置的计算过程如下：

1. 计算打击结束时的砧座初速度

取自由锻锤恢复系数 $e = 0.25$，按式（5-4-1）计算 v：

$$v = \frac{m_0 v_0}{m_1 + m_0}(1+e) = \frac{G_0 v_0}{G_1 + G_0}(1+e) = \frac{60 \times 7.6}{1500 + 60} \times (1+0.25) = 0.37\text{m/s}$$

2. 初选隔振系统固有频率 f

隔振系统频率 f 在下述范围内：

$$f \geqslant \frac{v}{2\pi [u_{z1}]} = \frac{0.37}{2\pi \times 0.012} = 4.9\text{Hz}$$

选 $f = 5\text{Hz}$，圆频率 $\omega_n = 2\pi f = 31.4\text{rad/s}$。

3. 设计隔振器刚度及阻尼系数

（1）隔振器应具有的刚度由《工程隔振设计标准》GB 50463 中公式（4.4.3-2）得：

$$K_1 = m_1 \omega_n^2 = \frac{G_1}{g}\omega_n^2 = \frac{1500}{9.81} \times 3.14^2 = 150760\text{kN/m}。$$

（2）隔振器的阻尼系数 C_z

由《工程隔振设计标准》GB 50463 中公式（4.4.3-3）得 $C_z = 2\sqrt{m_1 K_1}\,\zeta_z$，而为确保隔振后锻锤连续打击时，砧座能在打击间隔时间（$T = 60/55\text{s}$）内停止，应满足 $\mathrm{e}^{-\zeta_z \omega_n T} \leqslant 5\%$，即 $\mathrm{e}^{-\frac{C_z}{m_1}T} \leqslant 5\%$ 或 $C_z \geqslant \frac{m_1}{T}\ln 20 = \frac{1500 \times 10^3/9.81}{60/55} \times \ln 20 = 4.6788 \times 10^4\,\text{N·s/m}$。实取 $C_z = 5 \times 10^5\text{N·s/m}$。此时由《工程隔振设计标准》GB 50463 中公式（4.4.3-3）得：

$$\zeta_z = \frac{C_z}{2\sqrt{m_1 K_1}} = \frac{5 \times 10^5}{2\sqrt{1500 \times 10^3/9.81 \times 150760 \times 10^3}} = 0.0052。$$

4. 核算砧座振幅 u_{z1}

按《工程隔振设计标准》GB 50463 中公式(4.4.3-1)计算砧座最大振幅：

$$u_{z1} = \frac{(1+e)m_0 v_0}{(m_0+m_1)\omega_n}\exp\left(-\zeta_z \frac{\pi}{2}\right) = \frac{(1+0.25)\times\frac{60}{9.81}\times 7.6}{\frac{(60+1500)}{9.81}\times 31.4}\exp\left(0.0052\times\frac{\pi}{2}\right)$$

$$=11.5\text{mm}<[u_{z1}]=12\text{mm}。$$

5. 核算基础振幅 u_{z2}

地基为黏性土，抗压刚度系数 $C_z=55000\text{kN/m}^3$，按结构需要已设计基础底面积 $F=9.5\times 11=105\text{m}^2$，基础重量 $G_2=750\text{t}$，基础刚度 $K_2=2.67C=2.67F\times C_z=2.67\times 105\times 55000=1.5419\times 10^7\ \text{kN/m}$。

按《工程隔振设计标准》GB 50463 中公式(4.4.4-1) 可得基础振幅 u_{z2}：

$$u_{z2} = \frac{K_1(1+e)m_0 v_0}{K_2(m_0+m_1)\omega_n}\sqrt{1+4\zeta_z^2}\exp\left\{-\zeta_z\left[\frac{\pi}{2}-\tan^{-1}(2\zeta_z)\right]\right\}$$

$$=\frac{150760\times 10^3\times(1+0.25)\times\frac{60000}{9.81}\times 7.6}{15419\times 10^7\times\frac{(60+1500)\times 10^3}{9.81}\times 31.4}\times\sqrt{1+4\times 0.0052^2}$$

$$\exp\left\{-0.0052\times\left[\frac{\pi}{2}-\tan^{-1}(2\times 0.0052)\right]\right\}$$

$$=1.1286\times 10^4\text{m}=0.113\text{mm}\leqslant[u_{z2}]=0.3\text{mm}。$$

[**实例 2**] 2500kN 机械压力机隔振装置的设计计算

某 2500kN 双点机械压力机，已知其立柱上部质量 $m_1=3\times 10^4\text{kg}$，立柱下部质量 $m_2=1.9\times 10^4\text{kg}$，立柱刚度 $K_3=1.21\times 10^{10}\text{N/m}$，离合器结合时主轴轴承处所承受的惯性力冲量为 $N=702\text{N}\cdot\text{s}$，机身绕质心的回转半径 $R=2\text{m}$，地基的抗压刚度系数 $C_z=18000\text{kN/m}^3$；其他结构尺寸（参见图 5-4-11）为：质心距机脚的高度 $h_1=2.76\text{m}$，主轴轴承距质心的距离 $l=1.4\text{m}$，压机顶部至机脚的距离 $h=4.9\text{m}$，机脚（拟安装隔振器处）间的距离 $c=3.1\text{m}$。要求工作台振幅小于容许值 $[u_{z1}]=1\text{mm}$，基础容许的纵向位移 $[u_{z2}]=0.1\text{mm}$。其隔振的设计计算过程如下：

1. 压机启动时工作台两侧的摇摆振动参数计算

（1）隔振器参数设计

隔振器刚度越小，隔振效果越好。取隔振器刚度 K_1 为压力机立柱刚度 K_3 的 1/250 得：

$$K_1=K_3/250=1.21\times 10^{10}/250=4.8\times 10^7\text{N/m}$$

取隔振器阻尼 $C_z=4\times 10^5\text{N}\cdot\text{s/m}$

（2）按式(5-4-12)计算压机绕底部中点摆动的自振频率 ω_k：

$$\omega_k=\sqrt{\frac{c^2 K_1}{4(R^2+h_1^2)m}}=\sqrt{\frac{c^2 K_1}{4(R^2+h_1^2)(m_1+m_2)}}$$

$$= \sqrt{\frac{3.1^2 \times 4.8 \times 10^7}{4 \times (2^2 + 2.76^2) \times (30 + 19) \times 10^3}} = 14.2 \text{rad/s}$$

（3）压力机工作台两侧的最大竖向位移

压力机摇摆振动时的阻尼比 ζ_z 按《工程隔振设计标准》GB 50463 中公式（4.4.6-4）计算可得：

$$\zeta_z = \frac{C_z c}{4\sqrt{(R^2 + h_1^2)mK_1}} = \frac{4 \times 10^5 \times 3.1}{4\sqrt{(2^2 + 2.76^2) \times 49 \times 10^3 \times 4.8 \times 10^7}} = 0.0593$$

压力机摇摆振动工作台两侧最大竖向位移按《工程隔振设计标准》GB 50463 中式（4.4.6-1）为：

$$u_{zc} = \frac{cm_p r\omega(l + h_1)}{2m\omega_k(R^2 + h_1^2)} \exp\left(-\zeta \frac{\pi}{2}\right)$$

此处，$N = m_p r\omega = 702 \text{N} \cdot \text{s}$，所以：

$$u_{zc} = \frac{cm_p r\omega(l + h_1)}{2m\omega_k(R^2 + h_1^2)} \exp\left(-\zeta \frac{\pi}{2}\right)$$

$$= \frac{3.1 \times 702 \times (1.4 + 2.76)}{2 \times 49 \times 10^3 \times 14.2 \times (2^2 + 2.76^2)} \exp\left(-0.0593 \times \frac{\pi}{2}\right)$$

$$= 0.001 \text{m} = 1 \text{mm}_\circ$$

它比压机冲压工件时引起的工作台上下振幅 0.42mm 大，但仍在容许值 $[u_{z1}] = 1$mm 之内。

2. 冲压工件时压力机工作台竖向位移 u_{z2} 计算

冲压工件时工作台的竖向振动位移按式（5-4-21）或《工程隔振设计标准》GB 50463 中公式（4.4.6-5）可得：

$$u_{z2} = \frac{2Fm_1}{K_3(m_1 + m_2)} = \frac{2 \times 2500 \times 10^3 \times 3 \times 10^4}{1.21 \times 10^{10} \times (30 + 19) \times 10^3} = 2.53 \times 10^{-4} = 0.253 \text{mm}$$

3. 压力机冲压工件时基础的竖向位移 u_z

可按式（5-4-24）即《工程隔振设计标准》GB 50463 中公式（4.4.6-7）计算：

$$u_z = u_{z2} \frac{K_1}{K_z} \tag{5-4-25}$$

式中：基础的刚度 $K_z = C_z A = 18000 \times 10^3 \times 15 = 2.7 \times 10^8$ N/m；

压力机基础的底面积 $A = 15 \text{m}^2$。

所以压力机冲压工件时基础的竖向位移为：

$$u_z = u_{z2} \frac{K_1}{K_z} = 0.253 \times \frac{4.8 \times 10^7}{2.7 \times 10^8} = 0.045 \text{mm} < [u_{z2}] = 0.1 \text{mm}_\circ$$

压机工作台最大振幅：

$$u_{2max} = 2 \times 0.21 = 0.42 \text{mm} < [u_{z1}] = 1 \text{mm}_\circ$$

第五节　轨道交通隔振

一、轨道交通振动的特点和机理

轨道交通包括铁路（高速铁路、客货共线、城际铁路等）和城市轨道交通（地铁、轻轨、市域铁路、有轨电车等），1825 年世界上第一条铁路在英国斯托克顿和达灵顿之间建成；1863 年世界上第一条地铁在英国伦敦建成，接着英国格拉斯哥 1896 年、德国柏林 1902 年建成地铁，我国第一条地铁北京地铁一期工程于 1969 年 10 月 1 日完工并运营；1879 年世界上第一条有轨电车线路在德国柏林工业博览会场建成；1964 年世界上第一条高速铁路，连接东京与大阪的东海道新干线在日本建成。20 世纪航空运输在长途、国际和跨洋旅行中获得了很大的进展，轨道交通作为中短途旅行的主要交通工具也得到了同样的发展。大力发展城市轨道交通的城市客运解决方案已在国内大中城市得到了普遍认同，无论是从运输效能角度，还是从改善社会环境和可持续发展的综合效益出发，轨道交通系统都是大中城市交通中不可替代的重要客运方式。进入 21 世纪，国内越来越多的大中型城市进入地铁时代，截至 2019 年底，中国已有 39 个城市开通轨道交通，运营里程超过 6600 公里。随着城市轨道交通的蓬勃发展，由列车运行产生的振动和噪声对环境的影响也越来越受到人们的重视。同时，由于人们对生活质量的要求越来越高，对于同样水平的振动，过去可能不被认为是什么问题，而现在却越来越多地引起公众的强烈反应。在工程建设时如果忽略了振动噪声，投入运营后再改造，技术难度大，且投资巨大，我国上海、北京、广州、深圳等城市都有这方面的教训。这些都对轨道交通引起的振动及其对周围环境影响的研究和设计提出了新的要求，也引起了各国研究人员的高度重视。城市轨道交通大多位于市区，随着运营线路和里程的逐步增多，城市轨道交通引起的环境振动与噪声日益显著，越来越多地引起公众的强烈反应，成为制约城市轨道交通系统发展的首要因素。

我国的《环境保护法》《环境噪声污染防治法》《文物保护法》等从法律层面上规定了应当减轻环境振动和环境噪声污染。轨道交通是有别于工业振动、施工振动和地震的一种振动源，具有间歇性、长期性的特点；而工业振动是连续或不完全连续，施工振动是有限持续时间，是非永久性的、独立的或偶发的。如北京某条地铁线路的运营频次和引起的地面振动加速度见图 5-5-1，从图中可以看出，城市轨道交通每天的运营时间一般在凌晨 5 点到晚上 24 点，运营时间甚至超过了 19h，发车间隔在 2～10min，由地铁引起的振动可达到地铁总运营时间的 15%～20%，从现场连续采样得到的地面

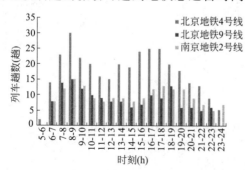
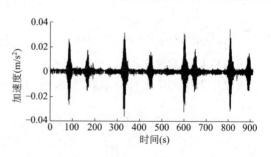

图 5-5-1　城市轨道交通运营频次和引起的地面振动加速度

加速度振动波形来看,可以明显区分远轨、近轨侧两个方向列车引起的振动,具有明显的间歇性特点。

轨道交通振动传递路径及影响见图5-5-2,运行的列车由于轮-轨相互作用产生振动,振动通过下部基础(路基、高架桥梁、隧道)传递到周围的地层,再经过地层向四周传播,引起地面建筑物产生振动(也称为地传振动),并进一步诱发室内地板或楼板振动而辐射二次噪声。轨道交通引起的振动对建筑物内人体舒适度、建(构)筑物安全以及对室内精密仪器设备正常使用等产生一定的影响。城市轨道交通引起的振动与很多因素有关,振动传播途径复杂,使城市轨道交通能够引起的地面振动具有复杂的频谱特征,并且大小随机变化。图5-5-3为城市轨道交通引起地面环境振动的典型加速度时程曲线,其引起地

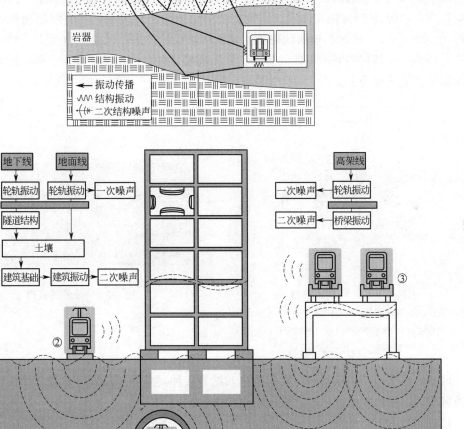

图 5-5-2　城市轨道交通振动传播示意图

面振动响应的典型频率范围为 $1\sim100\mathrm{Hz}$，振动加速度为 $0.005\sim0.1\mathrm{m/s^2}$。城市轨道交通运营引起的地面振动具有一些特征频率，且与采用的轨道结构类型、距离、隧道埋深、列车速度等有很大关系。

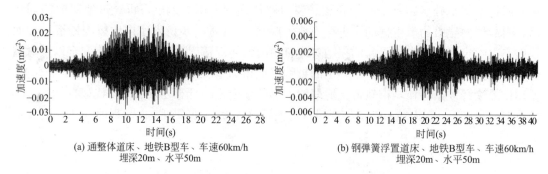

(a) 通整体道床、地铁B型车、车速60km/h
埋深20m、水平50m

(b) 钢弹簧浮置道床、地铁B型车、车速60km/h
埋深20m、水平50m

图 5-5-3 城市轨道交通引起的地面振动加速度时域波形

城市轨道交通引起的振动是由列车在轨道上的移动造成的，影响振源大小和频率的因素有很多，根源是轮-轨相互作用，即轨头和车轮踏面之间接触处的有限驱动点阻抗引起的振动，如图 5-5-4 所示。轨头的阻抗主要由轨道设计决定，但是它也受支承结构（例如隧道、桥梁、路基）和周围土体的影响。对于环境所关心的振动，车轮踏面处的阻抗主要由车辆的簧下质量确定。

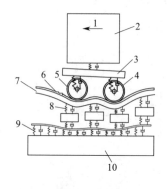

图 5-5-4 列车-轨道模型

1—列车速度；2—车体质量；3—转向架质量；4—簧下质量；
5—车轮粗糙度；6—钢轨粗糙度；7—钢轨阻抗；8—扣件；
9—路基隧道；10—地层阻抗

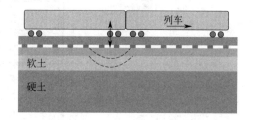

图 5-5-5 准静态机理

城市轨道交通产生振动的主要机理可归纳为五种：准静态机理、参数激励机理、钢轨不连续机理、轮轨粗糙度机理、波速机理等。

1. 准静态机理

准静态机理也可称为移动荷载机理，如图 5-5-5 所示，在移动列车荷载作用下，轨道、道床、路基和地层产生移动变形和弯曲波。该机理在轨道附近很显著，车辆每根轴通过都可以辨别出来。列车通过可以模拟为施加于钢轨上的移动集中荷载列。尽管荷载是恒定的，但当每个荷载通过时，地层固定观测点都经历了一次振动。当某根轴通过观测点对应的轨道断面时，观测点的响应呈现峰值；当观测点位于两根轴之间的断面时，观测点响应呈现谷值。准静态效应对 0～20Hz 范围内的低频响应有重要贡献。

2. 参数激励机理

参数激励机理其根源是钢轨在等间距扣件处的离散周期性支承，车轮行走在钢轨不同位置时，钢轨支承刚度是变化的，扣件处的刚度较高，扣件间的刚度较低。当车轮以恒定速度通过钢轨时，由于钢轨支承刚度的变化，导致轮轴的垂向运动，对钢轨施加了周期性动荷载，其频率称为扣件通过频率，等于列车速度除以扣件间距。周期力可以按照此频率做傅里叶级数展开。测试结果表明，在扣件通过频率出现峰值。这种频率峰值一般只出现在轨道和车轮状态极其完好时，通常状态下，即使在道床和隧道壁上也无法观测到这种频率峰值。另外，当轮轨振动与扣件通过谐波频率接近时，响应也会明显增大。

类似地，车轴的排列间距也产生谐波成分，轨道交通车辆的轴排列并不是均匀的，轴排列的特征距离有 4 种：转向架内轴距、转向架间轴距、车辆内轴距、车辆间轴距，见图 5-5-6，因此在一定车速下对应存在着 4 种特征频率：转向架内轴距通过频率、转向架间轴距通过频率、车辆内轴距通过频率、车辆间轴距通过频率。从理论上看，当这些频率与车辆、轨道、路基、桥涵、隧道的固有频率接近时，就会对它们和周围环境产生相当大的激励。在实际工程中这些频率一般只在桥梁结构中能观测到，原因是梁体结构的整体性和桥梁跨度与车辆长度的特殊比例关系。在其他情况下，这些频率往往被波长范围较宽的轮轨不平顺和粗糙度所掩盖，即使在轨道附近也无法出现峰值。一般而言，特征距离越大，其对环境振动的贡献越小。

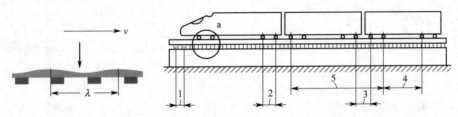

图 5-5-6　参数激励机理特征距离
1—扣件间距；2—转向架内轴距；3—转向架间轴距；4—车辆内轴距；5—车辆间轴距

地铁主型车辆的特征距离见表 5-5-1，在典型运营速度下的特征频率见表 5-5-2，从表 5-5-2 可以看出，地铁列车的典型特征频率范围是 0.8～32.4Hz。

地铁主型车辆的特征距离　　表 5-5-1

车辆类型	特征距离(m)				
	1	2	3	4	5
地铁 A	0.6	2.5	3.9	13.2	24.6
地铁 B	0.6	2.3	4.1	10.3	21.3

地铁主型车辆在典型运营速度下的特征频率　　表 5-5-2

车辆类型	列车速度(km/h)	对应于特征距离的特征频率(Hz)				
		1	2	3	4	5
地铁 A	70	32.4	7.8	5.0	1.5	0.8
地铁 B	70	32.4	8.5	4.7	1.9	0.9

3. 钢轨不连续机理

钢轨不连续机理主要是由于在钢轨接头、道岔区、交叉处的高差，见图5-5-7和图5-5-8，在这些部位，由于车轮曲率无法跟随错牙接头、低接头或钢轨的不连续，车轮对钢轨施加了冲击荷载，轮轨相互作用力明显增大。这一激励机理产生的噪声还会使车内乘客烦恼。如果有缝线路钢轨的长度等于车辆转向架中心距，振动水平会显著增大。对于现在大部分的轨道交通线路，由于无缝线路的广泛采用，这一机理变得不重要了，但是在钢轨焊接接头处常因焊接工艺不良而形成焊缝凸台。固定式辙叉咽喉至心轨尖端之间，有一段轨线中断的间隙，称为道岔的有害空间，车辆通过时发生轮轨之间的剧烈冲击。可动心轨辙叉消除了有害空间，保持轨线连续，从而使车辆通过辙叉时发生的冲击显著减小。这种机理还包括轨头局部压陷、擦伤、剥离、掉块等，见图5-5-9。

图 5-5-7　钢轨接头

图 5-5-8　道岔（群）"有害空间"

钢轨不连续机理产生的冲击虽然振动水平较高，但持续时间很短，频率较高，在轨道结构、路基和土层传播时衰减较快。但冲击产生的噪声对车内乘客和环境噪声影响较大。

4. 轮轨粗糙度机理

钢轨轨面和车轮踏面随机粗糙度包括两部分：与公称的平/圆滚动面相对应的局部表面振幅，即表面上具有的较小间距和峰谷所组成的微观几何形状特性；比粗糙度更大尺度（波长）的几何形状、尺寸和空间位置与理想状态的偏差，通常称为不

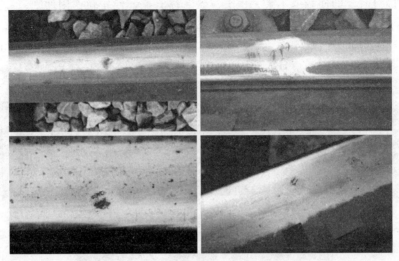

图 5-5-9　轨头局部压陷、擦伤、剥离、掉块

平顺。粗糙度会引起强迫激励，通常情况下这种激励对环境振动和噪声的贡献是最大的。

（1）轨道支承在密实度和弹性不均匀的扣件、道床、下部支承基础上，在运营中却要承受很大的随机性列车动荷载反复作用，会出现钢轨顶面的不均匀磨耗、道床路基桥涵隧道的永久变形、轨下基础垂向弹性不均匀（例如道砟退化、道床板结或松散）、残余变形不相等、扣件不密贴、轨枕底部暗坑吊板，见图 5-5-10，因此，轨道不可避免地会产生不均匀残余变形，导致钢轨粗糙度增大，且随时间变化，最后导致振动噪声显著增大。钢轨粗糙度产生的振动频率范围很宽。车轮通过不平顺轨道时，在不平顺范围内产生强迫振动，引起钢轨附加沉陷和作用于车轮上的附加动压力。在理想情况下，当圆顺车轮通过均匀地基上的具有特定波长—粗糙度的无缝钢轨时，轮轨相互作用力的频率等于列车速度除以波长，并受相同频率的列车惯性力的影响。典型的钢轨粗糙度（不含波浪形磨耗）的长波长的幅值大于短波长。

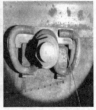

图 5-5-10　扣件脏污、板结，轨枕离缝、扣件离缝引起的钢轨支承不平顺

（2）钢轨粗糙度另一个主要来源是波浪形磨耗，见图 5-5-11。它由不同波长叠加的周期性轨道不平顺组成，总体看其波长较短，典型波长为 25～50mm。对于典型列车速度，这些短波长产生的振动频率高于 200Hz，这些频率被大地衰减，一般不会传播到附近的地面建筑物。

当周期性高低和水平不平顺的波长在一定列车速度下所激励的强迫振动频率与车辆垂

向固有频率接近时，即使幅值不大，也会导致车体共振，使轮轨作用加剧。

车轮不平顺包括车轮椭圆变形、车轮动不平衡、车轮质心与几何中心偏离、车轮的轮箍和轮心的尺寸有偏差（如偏心）等，见图 5-5-12。车轮粗糙度产生的振动对地面振动关心的频率范围有比较均匀的贡献。

图 5-5-11　钢轨波浪形磨耗

图 5-5-12　车轮损伤

5. 其他激励

除了上面提到的四种振动激励源以外，还有一些特殊的激励源：

（1）轨道过渡段刚度不平顺。在路—桥、路—隧、桥—隧、有砟—无砟轨道过渡段和道岔头尾处，由于轨下基础支承条件发生变化，轨道刚度出现纵向不均匀。另外，不同轨下基础还会出现沉降差，导致轨面弯折，由此产生振动。

（2）列车车轮、车轴、齿轮箱、轴挂电动机和联轴器的静态和动态不平衡引起的振动。

（3）车辆悬挂状态不良，包括悬挂被锁定的情况。

（4）恶劣环境条件引起的钢轨磨耗，例如轨头温度和湿度。

二、轨道交通振动的影响

1. 振动对人的影响

振动是自然界普遍存在的、多元化的现象之一。振动对人体的作用是通过人站姿时的双脚、坐姿时的臀部和斜倚时人的支撑面传递到身体各部位，称为全身振动，全身振动影响着生理、心理和人体机能。一般说来，全身振动对人的影响大致有四种情况：1）人体刚能感受到振动的信息，即"感知阈"，多数人对这种振动是可容忍的。2）振幅加大到一定程度，人就感到烦恼，即"烦恼阈"。这仅是一种心理反应，是大脑对振动信息的一种判断，并没有产生生理影响。3）振幅进一步增加，达到某种程度，人对振动的感觉由"烦恼阈"进入到"疲劳阈"，此时不仅有心理反应，也会出现生理反应，如注意力分散、工作效率降低等。对刚超过"疲劳阈"的振动，振动停止以后，生理影响还可以恢复。4）振动的强度继续增加就进入到"危险阈"（或"极限阈"），此时振动对人不仅有心理、生理影响，还可能产生病理性损伤，使内脏、感觉器官和神经系统产生永久性病变，即使振动停止也不能复原。振动对人的影响主要取决于振动的方向、强度和频率特性。

人对振动反应受诸多因素的影响，其中一些是客观物理类因素（例如振动幅值、频率成分、持续时间、建筑物类型、人的活动类型、人的视觉和听觉），而另一类是主观心理类因素，例如人口类型、年龄、性别、期望程度等。人感知振动的形式有许多种，人对不同振源的感受是不同的。当轨道交通列车由于轮轨相互作用产生的振动通过下部基础传递到周围的地层到达建筑物时，可能引起建筑物内的人直接觉察到振动，是否能觉察主要取决于振动幅值和频率。如果建筑物内的人觉察到了振动，其反应很复杂、多种多样，可产生多种影响：睡眠障碍、活动障碍（妨碍精细活动）、烦恼烦躁、不舒适、生活质量下降、工作效率降低和恐惧，在极为罕见的情况下，极大的振动水平会影响健康。通常，高频振动在传播路径上随着距离快速衰减，而低频振动衰减较慢。一般说来，城市轨道交通引起的地面振动频率上限为 $200\sim250\mathrm{Hz}$，传递到建筑物内后，建筑构件振动频率通常小于 $100\mathrm{Hz}$，人在建筑物内感觉到的全身振动频率范围通常为 $1\sim80\mathrm{Hz}$。

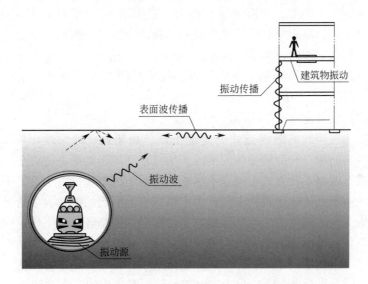

图 5-5-13　轨道交通环境振动引起的建筑物室内人体振动感知

广义来讲，凡由外界各种不同振源所引起的对周围环境产生的随时间而变化的规则或不规则的扰动，都属于环境振动。在工程技术领域通常指由自然或人为的环境扰动（如风扰动，地脉动、海浪、河水冲击，都市生活，交通干扰或机械振动等）作用下引起的环境地面运动。而在环境保护领域，环境振动特指在工业生产、建筑施工、交通运输和社会生活中等所产生的干扰周围生活环境的振动。环境振动对人正常生活、工作和学习的影响应符合现行国家标准《城市区域环境振动标准》GB 10070，《城市区域环境振动标准》GB 10070 相配套测试方法的标准为《城市区域环境振动测量方法》GB 10071，标准规定了城市区域环境振动的评价和测量方法。《城市区域环境振动标准》GB 10070 规定的环境振动标准限值见表 5-5-3。

城市区域环境振动标准限值（dB）   表 5-5-3

适用地带范围	昼间 （6：00～22：00）	夜间 （22：00～6：00）	适用地带划分
特殊住宅区	65	65	特别需要安静的住宅区
居民、文教区	70	67	居民、文教和机关区
混合区、商业中心区	75	72	一般工业、商业、少量交通与居民混合区
工业集中区	75	75	一个城市或区域内规划明确确定的工业区
交通干线道路两侧	75	72	车流量每小时 100 辆以上的道路两侧区域
铁路干线两侧	80	80	指据每日车流量不少于 20 列的铁道 30m 外两侧的区域

2. 低频噪声对人的影响

人对振动的反应很复杂，有时人对振动的感知并非来自振动本身，而是来自振动的二次影响，如结构噪声，即由于结构振动辐射出的二次噪声，为低频噪声，频率范围大约是在 10/20～200/250Hz 之间；还有家具、窗户、装饰物和建筑附属设施发出的嘎嘎声。人耳听力敏感度在低频降低，对声音的主观感受也有变化。一般认为 20Hz 是人听觉的下限截止频率，但是高敏感度的人可以听见 20Hz 以下的声音。如果人长期处于低频噪声的环境，容易神经衰弱、失眠等，在医学界被称为"隐形杀手"。低频噪声在室内更为显著。在室外，低频噪声可能完全或部分被更高频率的噪声所掩盖，例如公路交通噪声。室外的中频和高频噪声传到室内时，由于建筑物的隔离效应而衰减。当接受者远离噪声源时，低频噪声也逐渐占优，因为高频噪声更容易被空气或地面衰减。国内外标准（ISO 14837、BS 6472、FTA 标准等）中描述建筑物内人对振动的感觉时指出：不能觉察到振动，但是在非常安静的房间内可能听见二次噪声。

城市轨道交通按照线路敷设方式分为地下线、高架线、地面线，如图 5-5-14 所示，由于振动、空气直达噪声和低频噪声的不同产生机理和传递路径，使得空气噪声、振动和结构噪声影响根据线路敷设方式不同也不尽相同。对于地下线，由于空气噪声被隧道完全屏蔽了，空气噪声不会传到建筑物室内；而由轨道交通引起的振动大多情况下低于人体振动感知阈值，人无法感觉到由于列车运行产生的振动，但是经过地层传递到地面建筑物内产生振动，人可能明显听到由于建筑物内表面（墙、楼板和天花板）振动而辐射出"隆隆声"的低频噪声（结构噪声）（图 5-5-15）。尤其是在一些非常安静的环境下，甚至在距离线路 50～100m 以上，也能隐隐约约听到由于地铁列车产生的二次结构噪声。地下线的振动噪声投诉中大部分属于这种情形。地下线建筑物内的二次结构噪声已成为轨道交通造成周边群众投诉最多的原因之一。我国北京、上海、广州、深圳、天津、南京、青岛等城市地铁沿线已有居民对地铁二次结构噪声进行投诉，甚至在一些特别安静的地方和特殊土层的地方，地铁线路距离建筑物 80～100m 以上时，室内仍能听到地铁通过时明显的"隆隆声"。对于高架线、地面线以及地下线位于城市交通干线下方，由于城市轨道交通引起的建筑物室内低频噪声可能完全或部分被更高频率的空气噪声或环境噪声所掩盖，室内二次结构噪声的确定是困难的或者是不可能的，但是对于采取了声屏障等降噪措施而使直达空气声明显减小的地面线、高架线或者背向线路的房间、门窗隔声效果特别好的房间，低频噪声的影响就会凸显出来。低频噪声的主要感知是通过空气，但是当人躺在床上时，也可以觉察通过床结构传播的很低水平的地传噪声或地传振动。建筑物内的一些物体（例如玻璃、餐具、窗户、灯具、装饰物、家具和建筑附属设施）辐射出的较高频率噪声（"嘎嘎"声）也是一种明显的干扰源，但是在工程上一般不予讨论，因为这种"嘎嘎"声很难量化和预测，且比较容易整治。

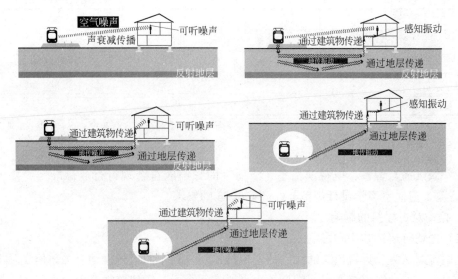

图 5-5-14　噪声、振动和低频噪声的不同产生机理和传递路径

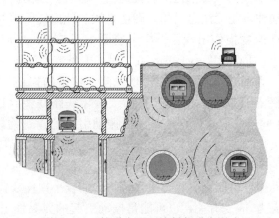

图 5-5-15　轨道交通环境低频噪声影响

《城市轨道交通引起建筑物振动与二次辐射噪声限值及其测量方法标准》JGJ/T 170是我国第一部关于城市轨道交通室内二次结构噪声的标准，准确地理解了二次结构噪声的低频特性，标准中规定的室内二次结构噪声的频率范围为 $16 \sim 200\text{Hz}$，频率计权为 A，时间计权采用 F（快），评价量为等效声级 L_{Aeq}（昼间和夜间各不小于 1h），测量位置为距墙壁的水平距离大于 1.0m 处。该标准中虽然采用的是等效声级 L_{Aeq} 的术语，但是从其等效声级 L_{Aeq} 的计算公式来看，实际上是多趟列车通过时段的暴露声级的平均值，容易引起误解。

对于一些对噪声要求严格的剧院、音乐厅、录（播）音室、电视演播室、演播室等场所，对于低频噪声的限值标准也较多，下面仅介绍有代表性的。

（1）音乐厅、影剧院噪声应符合《剧场、电影院和多用途厅堂建筑声学设计规范》

GB/T 50356 和《剧场建筑设计规范》JGJ 57 的要求。

建筑物室内二次辐射噪声限值[dB(A)]　　　　　　表 5-5-4

区域	昼间	夜间
0 类	38	35
1 类	38	35
2 类	41	38
3 类	45	42
4 类	45	42

注：0 类—特殊住宅区，1 类—居民、文教区，2 类—居住、商业混合区、商业中心区，3 类—工业集中区，4 类—交通干线两侧。

（2）录（播）音室、电视演播室、演播室的噪声应符合现行行业标准《广播电视录（播）音室、演播室声学设计规范》GY/T 5086 的要求。

3. 振动对古建筑的影响

（1）振动对建筑结构的影响

人们普遍认为邻近轨道交通线路的建筑的损伤与列车的运行振动有关，但实际上这种可能性很小，因为轨道交通引起的振动水平通常远小于一般建筑物振动损伤限值，振动几乎不可能导致普通建筑物损伤，哪怕是浅表性损伤。建筑物损伤振动限值比人体感知振动阈值高 10～100 倍，居住者是无法忍受的，即使是浅表性损伤所需的振动水平，也就是说居住者的烦恼会先于建筑物损伤出现。当质点速度小于 50mm/s 时，普通建筑物发生损伤的概率只有 5%，对于质点速度小于 25mm/s 时，未见普通建筑物发生损伤的报告。当振动小于 15mm/s 时，普通建筑物不存在损伤风险。这里的损伤是指玻璃破碎、严重的石膏开裂，可能还伴随石膏脱落，即较小损伤。国际铁路联盟（UIC）1982 年的 ORE D151 报告指出，25 年间未发现一例直接单独由振动引起的建筑物较小损伤和较大损伤。通常，造成建筑物浅表性损伤的大地振动限值至少比列车引起的距轨道中心线 15m 处的振动大三倍。在罕见的情况下，建筑物距离轨道太近且没有减振措施，极高的地传振动水平或很多高水平的振动循环可能会引起普通建筑结构的较小损伤或较大损伤。原因可能直接与建筑结构构件的应力/应变有关，也可能是振动引起的无黏性土和填土的沉降。对于轨道交通，应更多地关注施工期沉降和工后沉降，其损伤风险比振动本身大很多。

（2）古建筑振动影响

我国历史悠久，文物建筑和古建筑特别多，为保护文物艺术宝库，国家于 1982 年就颁布了"文物保护法"。古建筑或重要的文物古迹是特殊的建筑物，特别是古塔类建筑物，由于它们的建筑年代久远，有的数百年、上千年，甚至更长的。它们经历了无数自然灾害的袭击或人为的伤害，或多或少都存在着这样那样不同程度的损害和破坏；同时由于当时认知的局限性，有限的生产能力和材料品种，或是结构设计不合理，使得有的建筑物基础承载能力不够，加上由于累积的伤害，严重降低了它们抵抗振动的能力。所以这些经历了数百年甚至上千年的古建筑受自身结构寿命的影响，其建筑构件对环境尤其是振动环境的改变非常敏感，较之现代建筑对振动的要求更高。另一方面，由于其历史文化特殊性和破坏不可逆性，古建筑对"建筑结构损坏"的要求要远远高于现代建筑。我国《古建筑防工业振动规范》GB/T 50425 是针对古建筑的振动控制标准。用振动速度为 0.2mm/s 定为国家级文物保护单位的控制标准。为了减小城市轨道交通对文物保护单位的不可移动文物的振动影响，古建筑振动标准要远远高于国外。只有这样，才能让国家级文物古建筑处在一个安静的环境中，也就是古建筑的振动安全标准原则上应是回避现代社会活动的干扰影响。其振动安全控制的最高标准就是环境振动的本底大小，即对古建筑的振动控制的最佳状态应是原生环境的状态。比如西安钟楼位于西安市中心，是中国现存钟楼中形制最大、保存最完整的一座。根据西安地铁的规划设计，西安地铁 2 号线经过钟楼并采用左、右线分开绕行的方式经过，而后续规划的 6 号线也将近距离通过钟楼，并与既有 2 号线在钟楼附近呈井字形交汇。比如苏州市轨道交通 2 号线途经汀州会馆、玉涵堂两处保护建筑，轨道采用了钢弹簧浮置板道床减振。北京地铁 8 号线三期工程邻近元代建造的一座砖台——燕墩，其上竖有清乾隆皇帝御制碑一座，是北京著名碑刻之一，线路与燕墩的最小距离为 6m，轨道采用了钢弹簧浮置板道床减振，如图 5-5-16 所示。

图 5-5-16　轨道交通对古建筑振动影响实例

1）振动对文物保护单位、世界文化遗产、世界文化与自然遗产、世界文化景观、中国世界文化遗产预备名单古建筑、中国国家自然与文化双遗产预备名录古建筑的影响应符合现行国家标准《古建筑防工业振动技术规范》GB/T 50452 的要求；文物保护单位评价量采用承重位置最高处水平振动速度；文物保护点评价量为顶层水平向两个主轴方向的振动速度峰值及其对应的频率，基础处竖向和水平向两个主轴方向的振动速度峰值及其对应的频率。国家级、省级、市县级文物保护单位等古建筑应参照《古建筑防工业振动技术规范》GB/T 50452 中相关规定和限值进行评价。古建筑砖结构、石结构的容许振动速度按表 5-5-5、表 5-5-6 采用，主要以木材为承重骨架的，可按表 5-5-7 采用。

古建筑砖结构的允许振动速度 $[v]$(mm/s)　　　　　　　　表 5-5-5

保护级别	控制点位置	控制点方向	砖砌体 v_p(mm/s)		
			<1600	1600~2100	>2100
全国重点文物保护单位	承重位置最高处	水平	0.15	0.15~0.20	0.20
省级文物保护单位	承重位置最高处	水平	0.27	0.27~0.36	0.36
市、县级文物保护单位	承重位置最高处	水平	0.45	0.45~0.60	0.60

古建筑石结构的允许振动速度 [v] (mm/s)　　　表 5-5-6

保护级别	控制点位置	控制点方向	石砌体 v_p(mm/s)		
			<2300	2300～2900	>2900
全国重点文物保护单位	承重位置最高处	水平	0.20	0.20～0.25	0.25
省级文物保护单位	承重位置最高处	水平	0.36	0.36～0.45	0.45
市、县级文物保护单位	承重位置最高处	水平	0.60	0.60～0.75	0.75

古建筑木结构的允许振动速度 [v] (mm/s)　　　表 5-5-7

保护级别	控制点位置	控制点方向	顺木纹 v_p(mm/s)		
			<4600	4600～5600	>5600
全国重点文物保护单位	顶层柱顶	水平	0.18	0.18～0.22	0.22
省级文物保护单位	顶层柱顶	水平	0.25	0.25～0.30	0.30
市、县级文物保护单位	顶层柱顶	水平	0.29	0.29～0.35	0.35

2）对尚未核定公布为文物保护单位的不可移动文物、优秀历史建筑、优秀近代建筑、全国重点烈士纪念建筑物保护单位以及历史文化街区、历史风貌保护区、旧城风貌区、历史文化名镇名村中的非当代建筑的影响应符合现行国家标准《建筑工程容许振动标准》GB 50868 的要求。交通振动对建筑结构影响评价的频率范围为 1～100Hz，评价位置和参数应符合下列规定：建筑物顶层楼面中心位置处水平向两个主轴方向的振动速度峰值及其对应的频率；建筑物基础处竖向和水平向两个主轴方向的振动速度峰值及其对应的频率。交通振动对建筑结构影响在时域范围内的容许振动值，宜按表 5-5-8 的规定。

建筑结构影响的容许振动值　　　表 5-5-8

建筑物类型	顶层楼面处容许振动速度峰值(mm/s)	基础处容许振动速度峰值(mm/s)		
	1～100Hz	1～10Hz	50Hz	100Hz
对振动敏感、具有保护价值、不能划归上述两类的建筑	2.5	1.0	2.5	3.0

注：1. 表中容许振动值应按频率线性插值确定；

　　2. 当无法在基础处评价时，评价位置可取最底层主要承重外墙的底部。

4. 振动对振动敏感设备的影响

有一些设备对振动非常敏感，例如：电子显微镜、分光镜、原器天平等计量与检测仪器，光栅刻线机等光学加工及检测设备，计算机微处理器、液晶面板等微电子产品的生产线和三坐标测量机、激光波长基准设备等精密加工与检测设备，在显微镜下工作的外科手术等。很低的振动水平就会干扰这类设备的正常工作、任务以及次品率升高。干扰的本质是使得设备部件之间产生相对位移，干扰的主要形式是影响设备的传感、定位和聚焦以及执行这些任务的操作者的行为活动。轨道交通引起的振动达到一定水平时，该振动自身可能引起干扰，也可能与建筑物背景水平充分叠加而引起干扰（图 5-5-17）。安装有振动敏感设备的主要区域是：高等学校和科研机构的实验室、计量机构、与电子和光学技术有关的科学园区和工业园区、医院等。振动对振动敏感设备的影响应符合设备说明书要求，或符合现行国家标准《机械振动与冲击 装有敏感设备建筑物内的振动与冲击 第 2 部分：分级》GB/T 23717.2 和《建筑工程容许振动标准》GB 50868 的要求。振动敏感的通用振动准则 VC 曲线见图 5-5-18。

图 5-5-17　轨道交通对振动敏感设备振动影响实例

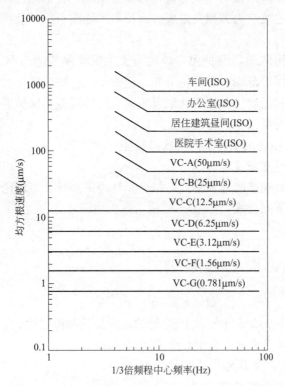

图 5-5-18　振动敏感设备的通用振动准则（VC）曲线

三、城市轨道交通环境振动影响评价

为贯彻《中华人民共和国环境保护法》《中华人民共和国环境影响评价法》和《建设项目环境保护管理条例》，防治振动环境污染，改善环境质量，规范城市轨道交通建设项目振动环境影响评价工作，制定《环境影响评价技术导则——城市轨道交通》HJ 453，指导城市轨道交通对沿线环境敏感目标（居住、医疗卫生、文化教育、科研、行政办公等为主要功能的区域，以及文物保护单位）的振动和噪声影响的预测评估等。采用规范推荐的链式经验公式、现场实测或其他手段相结合的综合手段，进行城市轨道交通列车振动、

室内二次噪声影响的定量计算或定性判断，预测的结果为轨道减振措施、传播路径隔振、敏感目标措施的设计提供参考。

1. 评价范围

地铁、轻轨的振动环境评价范围：地下线和地面线一般为距线路中心线两侧 50m；高架线一般为距线路中心线两侧 10m。

地铁、轻轨的室内二次结构噪声影响评价范围：地下线一般为距线路中心线两侧 50m。必要时，振动环境评价范围、室内二次结构噪声影响评价范围可根据建设项目工程和环境影响的实际情况适当缩小或扩大，例如地铁地下线平面圆曲线半径≤500m 或坚硬土、岩石地质条件下的室内二次结构噪声评价范围扩大到线路中心线两侧 60m。

2. 环境振动影响评价所需资料或需调查的内容

（1）调查评价范围内的现有振源种类、分布状况等。

（2）调查评价范围内的振动环境保护目标基本情况，包括保护目标与城市轨道交通工程的空间位置关系、建筑结构类型及规模、评价范围地质条件以及所对应的环境振动标准限值等。

（3）调查工程沿线的文物保护单位，说明文物保护单位的名称、保护类别、保护等级、建设控制地带、保护范围、数量、分布、建设年代、建筑式样、建筑材料、建筑承重结构材料、建筑高度和层数、保护现状以及所对应的环境振动保护要求，说明工程与文物保护单位的空间位置关系。

3. 城市轨道交通环境振动和室内二次结构噪声的预测方法

（1）轨道交通振动衰减规律

地面振动传播衰减规律的计算公式，结合弹性理论推导、半理论半试验和试验型经验公式，可统一表达为下列公式：

$$A_r = k_0 A_0 (r_0/r)^{k_1} \mathrm{e}^{-k_2(r-r_0)} \tag{5-5-1}$$

令 $D = \dfrac{A_r}{A_0}$，并将式(5-5-1) 变换，得：

$$D = k_0 r_0^{k_1} \mathrm{e}^{k_2 r_0} r^{-k_1} \mathrm{e}^{-k_2 r} \tag{5-5-2}$$

式中 D——距线路中心线 r 处相对于 r_0 处的地面振动幅值之比；

r_0——地面参考点距离线路中心线的距离（m）；

r——测试位置距离线路中心线的距离（m）；

A_0——r_0 处的地面振动幅值（$\mathrm{m/s^2}$）；

A_r——距线路中心线 r 处的地面振动幅值（$\mathrm{m/s^2}$）；

k_0——与振源有关的常数；

k_1——体波、面波合成的衰减特性系数；

k_2——土体对振动能量吸收衰减的特定系数。

D 的相关参数可通过采用幂函数和指数函数复合回归的方法来得到。

根据式(5-5-2)，可知，D 的计算公式中可简化为：

$$D = k_3 \cdot r^k \cdot \mathrm{e}^{ar} \tag{5-5-3}$$

式中 k_3——与振源和土类有关的振幅系数；

　　k——综合衰减系数；

　　r——地下线和高架线测试位置距离线路中心线的距离（m）；

　　α——土对地面振动能量的吸收系数。

将式(5-5-3)取对数得：

$$C_D = 20 \lg D = a \lg r + br + c \tag{5-5-4}$$

即：$a = 20k$，$b = 20 \times 0.4343\alpha = 8.686\alpha$，$c = 20 \times \lg k_3$。

其中式(5-5-4)中系数 k、α、k_3 的确定方法为：

1）首先将实测数据分别进行幂函数和指数函数的一元回归

幂函数和指数函数回归后的拟合方程分别为：

$$\begin{cases} f(r) = D_m = a_1 r^{b_1} \\ g(r) = D_z = a_2 e^{b_2 r} \end{cases} \tag{5-5-5}$$

式中　D_m——即 $f(r)$，表示距线路中心线 r 处相对于振源处的拟合振动幅值之比；

　　a_1、b_1——幂函数拟合得到的拟合系数；

　　D_z——即 $g(r)$，表示距线路中心线 r 处相对于振源处的拟合振动幅值之比；

　　a_2、b_2——指数函数拟合得到的拟合系数。

2）幂函数和指数函数进行二次拟合回归

将式(5-5-5)幂函数和指数函数进行二次拟合回归：

$$\ln D = \alpha_1 \ln D_m + \alpha_2 \ln D_z \tag{5-5-6}$$

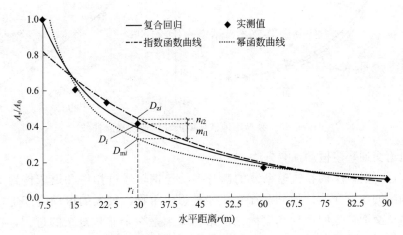

图 5-5-19　D-r 说明图

　　如图 5-5-19 所示，在距线路中心线 r_i 处，取幂函数 1 曲线和指数函数 2 曲线上 D_{mi} 和 D_{zi} 分别与实测的 D_i 的差值分别为：$m_i = |D_i - D_{mi}|$、$n_i = |D_i - D_{zi}|$，为使复合回归值尽可能更好地符合实测值，因此在第二次拟合时，α_{1i}、α_{2i} 的取值要根据振幅差 m_i 和 n_i 的大小确定。如 m_i 振幅差小，说明幂函数曲线上的对应值靠近实测值，则取值比例 α_{1i} 要大，反之则小。α_{1i}、α_{2i} 的取值分别按下式计算：

$$\alpha_{1i} = \frac{n_i}{m_i + n_i} \tag{5-5-7}$$

$$\alpha_{2i} = \frac{m_i}{m_i + n_i} \tag{5-5-8}$$

对于 $i = N$ 个测点时，α_1、α_2 必须取均值。即：

$$\alpha_1 = \frac{1}{N} \sum_{i=1}^{N} \alpha_{1i} \tag{5-5-9}$$

$$\alpha_2 = \frac{1}{N} \sum_{i=1}^{N} \alpha_{2i} \tag{5-5-10}$$

且有 $\alpha_1 + \alpha_2 = 1$，将拟合系数平均后可得 α_1、α_2。

将函数方程式(5-5-5)代入式(5-5-6)，并还原消除对数形式后可得：

$$D = (a_1 r^{b_1})^{\alpha_1} \cdot (a_2 e^{b_2 r})^{\alpha_2} = a_1^{\alpha_1} a_2^{\alpha_2} \cdot r^{\alpha_1 b_1} \cdot e^{\alpha_2 b_2 r} \tag{5-5-11}$$

将式(5-5-11)对比式(5-5-3)，可得：$k_3 = a_1^{\alpha_1} a_2^{\alpha_2}$，$k = \alpha_1 b_1$，$\alpha = \alpha_2 b_2$，分别为复合回归中求出的三个待定系数。

通常状况下，测试距离线路中心线 7.5m、15m、22.5m、30m、45m、60m 的振动加速度或振动速度并进行复合回归得到不同距离的地面振动衰减规律，图 5-5-20 为某城市地铁典型的振动加速度衰减曲线。

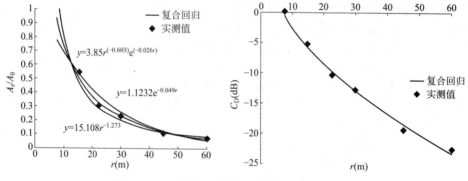

图 5-5-20 某城市地铁典型振动加速度衰减曲线

（2）轨道交通环境振动预测方法

当列车运行时，车辆和轨道系统的耦合振动经钢轨通过扣件和道床传到下部支承基础，再由周围的土壤介质传递到受振点，如敏感建筑物，较大的振动会产生环境振动污染。城市轨道交通产生的振动和室内二次结构噪声是一个非常复杂的过程，它与列车类型、行车速度、隧道埋深、水平距离、地质条件、轨道结构类型和地面建筑物的结构、基础等许多因素有关。如表 5-5-9 所示，影响城市轨道交通引起振动或低频噪声（二次结构噪声）的因素复杂，从振动传递的角度看，车辆、轨道、隧道、桥梁，地质条件、建筑物等每一个系统内参数的变化都会对振动产生影响：

1）车辆因素：列车轴重、行车速度、列车几何参数、车辆悬挂系统，车轮扁疤或磨损状态、列车加速与制动等。

2）轨道因素：轨道结构类型、轨道不平顺、曲线半径、钢轨类型、轨枕间距等。

3）隧道、桥梁与路基因素：隧道尺寸、隧道形状、隧道结构厚度、埋深、桥梁的跨度、桥梁结构类型、桥墩级基础类型等。

城市轨道交通环境振动影响因素 表 5-5-9

影响因素	相关参数
车辆条件	车辆类型、车辆轴重、悬挂系统、簧下质量、载客情况
运行条件	列车速度
线路条件	有缝/无缝线路、曲线半径、纵向坡度
轨道条件	钢轨类型、扣件、轨枕、道床(有砟、无砟轨道)
轮轨条件	轨道不平顺、车轮圆整度、车轮平滑度、钢轨平滑度
路基条件	路基类型
隧道条件	隧道埋深、隧道类型(结构和断面)、隧道周边地质、隧道厚度
桥梁条件	桥梁梁型及结构、桥梁支座类型、桥梁基础类型
地质条件	土壤和岩石类型
建筑物条件	建筑物结构类型、基础类型、层数
建筑物特性	振源的水平距离、垂直距离、环境功能区划和执行标准

4) 地质条件：包括岩土类型、岩土的分层、地下水的分布情况等。

5) 建筑物因素：建筑结构的类型和结构细节，房间尺寸、基础类型等。

6) 其他因素：人对建筑物内振动的反应很复杂，对振动的感知有时并非来自振动本身，而是来自振动的二次影响，例如，结构噪声、家具、窗户、装饰物和建筑附属设施发出的嘎嘎声，视觉影响（如室内物品的移动、悬挂物体的晃动）。

列车运行振动预测按下列公式计算：

$$VL_{Zmax}=VL_{Z0max}+C_{VB} \tag{5-5-12}$$

$$C_{VB}=C_V+C_W+C_R+C_T+C_D+C_B+C_{TD} \tag{5-5-13}$$

式中 VL_{Zmax}——预测点处的最大 Z 振级（dB）；

VL_{Z0max}——列车运行振动源强，源强的确定可采用类比测量、资料调查或二者相结合的方法确定；

C_{VB}——振动修正值（dB）；

C_V——列车速度修正值（dB）；

C_W——轴重和簧下质量修正值（dB）；

C_R——轮轨条件修正值（dB）；

C_T——隧道形式修正值（dB）；

C_D——距离衰减修正值（dB）；

C_B——建筑物类型修正值（dB）；

C_{TD}——行车密度修正值（dB）。

C_V、C_R、C_T、C_D、C_B、C_{TD} 的确定：

1) 列车速度修正值 C_V

当列车运行速度 $v \leqslant 100km/h$ 时，速度修正值 C_V 按下式计算：

$$C_V=20lg\frac{v}{v_0} \tag{5-5-14}$$

式中 v——列车通过预测点的运行速度（km/h），列车参考速度应在预测点设计速度的

145

$75\%\sim125\%$ 范围内；

v_0——源强的列车参考速度（km/h）。

2）轴重和簧下质量修正值 C_W

在车辆一系悬挂下方，支承于钢轨上的车辆每轴的车轮、轮轴、轴箱、制动盘、齿轮箱和轴挂电机等质量的总和，是影响轮轨动力作用的重要因素，最大限度地降低簧下质量是城市轨道交通车辆的低动力作用设计的第一原则。当车辆轴重和簧下质量与源强对应车辆给出的轴重和簧下质量不同时，其轴重和簧下质量修正值 C_W 按下式计算：

$$C_W = 20\lg\frac{w}{w_0} + 20\lg\frac{w_u}{w_{u0}} \tag{5-5-15}$$

式中　w_0——源强车辆的参考轴重（t）；

$\quad\quad w$——预测车辆的轴重（t）；

$\quad\quad w_{u0}$——源强车辆的参考簧下质量（t）；

$\quad\quad w_u$——预测车辆的簧下质量（t）。

3）轮轨条件修正值 C_R

轮轨条件的振动修正值见表5-5-10。

轮轨条件的振动修正值 表 5-5-10

轮轨条件	振动修正值 C_R(dB)
无缝线路	0
有缝线路	+5
弹性车轮	0
线路平面圆曲线半径≤2000m	+16×列车速度(km/h)/曲线半径(m)

注：在车轮出现磨耗或扁疤、钢轨有不均匀磨耗或钢轨波浪形磨耗、固定式辙叉的道岔、交叉或其他特殊轨道等轮轨条件下，振动会明显增大，振动修正值为0~10dB。

4）隧道形式修正值 C_T

隧道形式的振动修正值见表5-5-11。

隧道形式的振动修正值 表 5-5-11

隧道形式	振动修正值 C_T(dB)
单线隧道	0
双线隧道	−3
车站	−5
坚硬土、岩石隧道(含单线隧道和双线隧道)	−6

5）距离衰减修正值 C_D

距离衰减修正值 C_D 与工程条件、地质条件有关，地质条件接近时，可选择工程条件类似的既有城市轨道交通线路进行实测，采用类比方法确定修正值。如不具备测量条件，其距离衰减修正值按式(5-5-16)~式(5-5-18)计算。

①地下线

线路中心线正上方至两侧7.5m范围内：

$$C_{\mathrm{D}}=-8\lg[\beta(H-1.25)] \tag{5-5-16}$$

式中　H——预测点地面至轨顶面的垂直距离（m）；

　　　β——土层的调整系数，由表 5-5-12 选取。

线路中心线正上方两侧大于 7.5m 范围内：

$$C_{\mathrm{D}}=-8\lg[\beta(H-1.25)]+a\lg r+br+c \tag{5-5-17}$$

式中　r——预测点至线路中心线的水平距离（m）；

　　　H——预测点地面至轨顶面的垂直距离（m）；

　　　β——土层的调整系数，由表 5-5-12 选取。

式（5-5-17）中的 a、b、c 建议尽量采用类比测量并通过复合回归计算得到，如不具备测量条件，可参考表 5-5-12 选取 a、b、c。图 5-5-21 为地铁不同埋深和不同距离下振动衰减曲线。

$$\boldsymbol{\beta}、\boldsymbol{a}、\boldsymbol{b}、\boldsymbol{c}\text{ 的参考值}\qquad\qquad\text{表 5-5-12}$$

土体类别	土层剪切波速 v_s(m/s)	β	a	b	c
软弱土	$v_s\leqslant150$	0.42	-3.28	-0.13	3.03
中软土	$150<v_s\leqslant250$	0.32	-3.28	$-0.13\sim-0.06$	3.03
中硬土	$250<v_s\leqslant500$	0.25	-3.28	-0.04	3.09
坚硬土	$500<v_s\leqslant800$	0.22	-3.28	-0.03	3.09
岩石	$v_s>800$	0.20	-3.28	-0.02	3.09

a. 剪切波波速 v_s 依据 GB/T 50269、GB 50011 进行测试和计算。多层土层应按下列公式计算等效剪切波速 v_s：

$$v_{\mathrm{s}}=d_0/t \tag{5-5-18}$$

$$t=\sum_{i=1}^{n}(d_i/v_{si}) \tag{5-5-19}$$

式中　v_{s}——土层等效剪切波速（m/s）；

　　　d_0——计算深度，取隧道内轨顶面至预测点地面高度（m）；

　　　t——剪切波在地面至计算深度之间的传播时间（s）；

　　　d_i——计算深度范围内第 i 土层的厚度（m）；

　　　v_{si}——计算深度范围内第 i 土层的剪切波速（m/s）；

　　　n——计算深度范围内土层的分层数。

b. 剪切波波速 v_s 越快，b 取值越大，按照剪切波波速 v_s 线性内插计算 b。

②地面线和高架线

$$C_{\mathrm{D}}=a\lg r+br+c \tag{5-5-20}$$

式中　r——地面线为预测点至线路中心线的水平距离，高架线为预测点至邻近单个桥墩纵向中心线的水平距离（m）。

当土体类别为中软土时，参考表 5-5-13 选取 a、b、c。

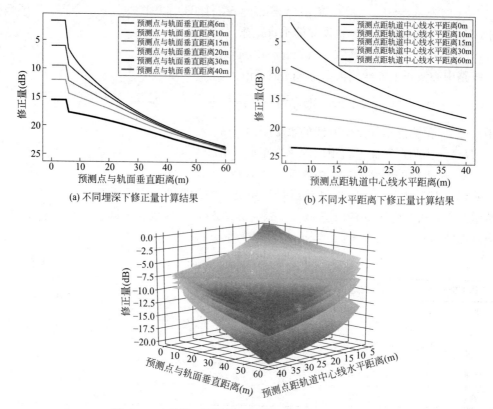

图 5-5-21　地铁不同埋深和不同距离下振动衰减曲线

a、b、c 的参考值

表 5-5-13

线路敷设方式	土体类别	a	b	c
地面线	中软土	-8.6	-0.130	8.4
高架线		-3.2	-0.078	0.0

6）建筑物类型修正值 C_B

建筑物越重，大地与建筑物基础的耦合损失越大，建议尽量采用类比测量法，如不具备测量条件，可将建筑物分为六种类型进行修正，见表 5-5-14。

建筑物类型的振动修正值

表 5-5-14

建筑物类型	建筑物结构及特性	振动修正值 C_B(dB)
Ⅰ	7 层及以上砌体(砖混)或混凝土结构(扩展基础)	$-1.3\times$层数(最小取-13)
Ⅱ	7 层及以上砌体(砖混)或混凝土结构(桩基础)	$-1\times$层数(最小取-10)
Ⅲ	3～6 层砌体(砖混)结构或混凝土结构	$-1.2\times$层数(最小取-6)
Ⅳ	1～2 层砌体(砖混)、砖木结构或混凝土结构	$-1\times$层数
Ⅴ	1～2 层木结构	0
Ⅵ	建筑物基础坐落在隧道同一岩石上	0

7）行车密度修正值 C_{TD}

行车密度越大，在同一断面会车的概率越高，因此宜考虑地下线和地面线两线行车的振动叠加，振动修正值见表 5-5-15。

地下线和地面线行车密度的振动修正值　　　　　　　　　　　　　表 5-5-15

平均行车密度 TD(对/h)	两线中心距 d_t(m)	振动修正值 C_{TD}(dB)
$6 < TD \leqslant 12$	$d_t \leqslant 7.5$	+2
$TD > 12$		+2.5
$6 < TD \leqslant 12$	$7.5 < d_t \leqslant 15$	+1.5
$TD > 12$		+2
$6 < TD \leqslant 12$	$15 < d_t \leqslant 40$	+1
$TD > 12$		+1.5
$TD \leqslant 6$	$7.5 < d_t \leqslant 40$	0

注：行车密度修正宜按照昼、夜间实际运营时间分开考虑。

（3）轨道交通室内二次结构噪声的预测

建筑物室内二次结构噪声是建筑物室内结构（包括楼板、墙板、天花板）振动时，通过空气向建筑室内辐射声能（图 5-5-22）。在实际情况下，建筑界面既不是理想的平面，也不是无限大，因此，引入辐射效率有助于分析问题的简化。美国声学家白瑞纳克（Beranek）于 1971 年分析墙体声辐射时引入了这一概念。他的分析中指出，辐射效率与材料材质、边界约束情况及频率有较大关系。对于金属板、玻璃、混凝土、石膏板等材料，高频振动以剪力波为主导，辐射效率可以认为接近于等于 1；在低频部分含有大量的弯曲波，辐射效率要比 1 小很多；而在吻合临界频率附近，将出现大于 1。对于混凝土等厚重材料，辐射效率也要比 1 小很多。因此，在实际建筑中，轻薄的板，空气声辐射能量相对要高些，甚至吻合临界频率附近可能出现放大性的空气声辐射；而厚重的板，空气声辐射能量要低得多。由于建筑构件所辐射的空气声具有频率越低辐射效率越低的趋势，一般在 40Hz 以下，空气声能的辐射能量就很小了。因此，在建筑室内大量的测量结果显示，轨道交通引起的振动频率范围基本在 40～100Hz，其峰值频率也处于这一范围内。目前的轨道交通引起的建筑物内二次噪声的预测大多通过室内振动级（速度级或加速度级）来计算的经验或半经验预测公式。

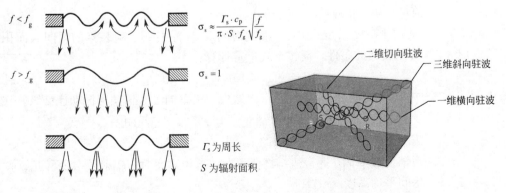

图 5-5-22　城市轨道交通室内二次噪声的辐射

振动激励的建筑物表面振动辐射声功率为：

$$W = \rho_0 c_0 S \langle \overline{v^2} \rangle \sigma \tag{5-5-21}$$

式中　ρ_0——空气密度；

　　　c_0——声速；

　　　$\langle \overline{v^2} \rangle$——表面法线上振动速度的平方的平均值；

　　　σ——声辐射因子；

　　　S——楼板面积。

根据 sabine 公式，室内振动辐射的二次结构噪声的平均声压为：

$$\langle \overline{p^2} \rangle = \frac{\rho_0 c_0^2 T_{60} W}{13.81 V} \tag{5-5-22}$$

式中　V——房间体积；

　　　T_{60}——室内混响时间。

室内声压级可写成：

$$L_P = L_v + 10 \lg \sigma - 10 \lg H - 20 + 10 \lg T_{60} \tag{5-5-23}$$

式中　L_v——楼板平均振动速度级，参考速度为 10^{-9} m/s；

　　　H——房间高度，$H = V/S$。

假设 $\sigma = 1$，$H = 2.8$m，$T_{60} = 0.5$s，则：

$$L_P \approx L_v - 27 \text{dB} \tag{5-5-24}$$

计算房间内总的 A 计权声压级时，需首先将上式应用于楼板振动的每个 1/3 倍频带上，然后在将各个频带得到的结果进行 A 计权后，叠加得到房间内的 A 计权声压级。这种方法忽略了墙体和天花板的辐射，也忽略了房间的特定模态行为。考虑到建筑房间内墙的共振和放大效应，列车通过时段建筑物室内二次结构噪声空间最大的 1/3 倍频程声压级 $L_{p,i}$（16～200Hz）预测计算见式（5-5-25）。

对于混凝土楼板：

$$L_{p,i} = L_{Vmid,i} - 22 \tag{5-5-25}$$

式中　$L_{p,i}$——单列车通过时段建筑物室内空间最大的 1/3 倍频程声压级（16～200Hz）（dB）；

　　　$L_{Vmid,i}$——单列车通过时段建筑物室内楼板中央垂向 1/3 倍频程振动速度级（16～200Hz），振动基准速度为 1×10^{-9} m/s（dB）；

　　　i——第 i 个 1/3 倍频程，$i = 1 \sim 12$。

式（5-5-25）适用于高度 2.8m 左右、混响时间 0.8s 左右的一般装修的房间（面积约为 10～12m²）。如果偏离此条件，需按下式进行计算：

$$L_{p,i} = L_{Vmid,i} + 10 \lg \sigma - 10 \lg H - 20 + 10 \lg T_{60} \tag{5-5-26}$$

式中　$L_{Vmid,i}$——单列车通过时段建筑物室内楼板中央垂向 1/3 倍频程振动速度级（16～200Hz），参考振动速度基准值为 1×10^{-9} m/s（dB）；

　　　i——第 i 个 1/3 倍频程，$i = 1 \sim 12$；

　　　σ——声辐射效率，在通常建筑物楼板振动卓越频率时声辐射效率 σ 可近似取 1；

　　　H——房间平均高度（m）；

　　　T_{60}——室内混响时间（s）。

单列车通过时段建筑物室内空间最大的等效连续 A 声级 L_{Aeq,T_p}（16～200Hz）按下式计算：

$$L_{\text{Aeq},T_p} = 10\lg \sum_{i=1}^{n} 10^{0.1(L_{p,i}+C_{f,i})} \tag{5-5-27}$$

式中　L_{Aeq,T_p}——单列车通过时段建筑物室内空间最大的等效连续 A 声级（16～200Hz）[dB(A)]；

　　　　$L_{p,i}$——单列车通过时段建筑物室内空间最大的 1/3 倍频程声压级（16～200 Hz）[dB(A)]；

　　　　$C_{f,i}$——第 i 个频带的 A 计权修正值（dB）；

　　　　i——第 i 个 1/3 倍频程，$i=1$～12；

　　　　n——1/3 倍频程带数。

四、轨道交通隔振减振综合措施和原则

在对振动超标的敏感点采取减振措施的同时，也应对因地铁振动而引起建筑物二次结构噪声超标的敏感点进行统筹考虑减振措施。减小城市轨道交通环境振动和室内二次结构噪声的措施可分为三大类：振源控制、传播路径控制、建筑物振动控制。

1. 振源控制

城市轨道交通减振优先采用振源控制，振源控制可采用轨道隔振、重型钢轨（图 5-5-23）和无缝线路、减振接头夹板（图 5-5-24）、阻尼钢轨、钢轨调谐质量减振器（图 5-5-25）、减轻车辆的簧下质量、优化车辆的悬挂系统、平面小半径曲线处采用轮轨润滑装置、轨道不平顺管理、定期进行车轮镟修或钢轨打磨等措施。列车和车辆选型时，应重视与环境振动有关的关键性参数：如车辆的一系和二系悬挂、簧下质量、车辆轴重、车辆轴距的布置。

图 5-5-23　重型钢轨（60kg/m 以上），无缝线路

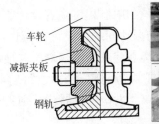

车轮

减振夹板

钢轨

图 5-5-24　减振接头夹板

图 5-5-25　阻尼钢轨或钢轨调谐质量减振器

（1）线位

将新建轨道交通的线位远离接受者（敏感建筑物）可以有效减小其振动影响。线位能远离的程度是有限的，需要综合考虑旅客乘坐舒适性、车轮和钢轨的磨耗速度、最小曲线半径（水平向和竖向）、最大曲率变化率（水平向和竖向）和纵坡。对于不同轨道交通类型，这些限制的程度也是不一样的。线位的限制程度随着设计速度的提高而提高。为了解决地铁 16 号线对北京大学精密仪器楼的振动问题，设计方面也对北京大学段的线路进行了进一步的研究，可以使得线路尽量远离在建的精密仪器实验楼，在保证苏州街以及海淀桥两个车站位置基本不变的前提下，规划初期曾对北大段线路共研究出 4 个方案，见图 5-5-26，在下穿部分建筑后，线路距离北大精密仪器楼分别为 290m、310m 和 350m。

（2）轨道设计

采用减振轨道时，可采用扣件减振、轨枕减振、道床减振等，应综合考虑城市轨道交

(a) 以前方案

(b) 调整方案一

(c) 调整方案二

(d) 调整方案三

图 5-5-26　地铁线位调整优化实例

通的可靠性、可用性、可维修性和安全。

1）采用重型钢轨可提高钢轨的垂向抗弯刚度，其减振性能对软土路基更为有效。采用减振接头夹板或无缝钢轨可以减小或消除有缝钢轨冲击带来的振动和噪声。

2）采用可动心辙叉可减小固定式辙叉的有害空间，减小振动和噪声。提高轨头硬度可以减缓波浪形磨耗的形成，减小振动和噪声。在小曲线半径处，安装钢轨润滑装置或车载润滑装置，可以减小轮轨侧磨引起的高频振动和噪声。另外，减小轨枕间距、拓宽轨道交通地面线的路堤、采用重型隧道结构等措施也可以明显减小振动，但工程可行性通常较差。

3）除了上述常规的轨道设计措施外，轨道设计可提高轨道的垂向动弹性，有时还会增加弹性元件之上的重量。但轨道结构也需要弹性以保证旅客乘坐舒适性和减少列车及轨道部件的磨耗和裂纹，但是太大的弹性会产生不利影响。除了道砟和扣件橡胶垫板，普通轨道结构不包含明显的吸能元件或耗能单元。绝大多数减振轨道是基于隔振原理，仅仅是将振动能量转移到列车-轨道-支承结构系统中的不同单元。因此需要注意在设计减振轨道时不能引发其他问题，诸如旅客乘坐舒适性、轮轨磨耗等，需要保证可接受的可靠性、可利用性、可维修性和安全性。

（3）列车/车辆设计

列车/车辆设计中对环境振动产生重要影响的特性相对较少。关键参数为：

1）车辆的一系和二系悬挂：降低刚度，采用无摩擦式阻尼器，其中一系悬挂更重要，可明显减小车体浮沉模态产生的振动；

2）簧下质量：减小簧下质量（车轮、轮轴和轴箱），可明显减小车轮跳动模态产生的振动；

3）车辆轴重：越小越好；

4）车辆轴距的布置；

5）应减小车轮踏面粗糙度；

6）弹性车轮：弹性车轮基本上不能减小建筑物内人体振动影响关注的低于 80Hz 的地传振动，另外，通常弹性车轮可以提高弹性扣件的隔振性能，但是却会降低浮置板轨道的隔振性能；

7）阻尼车轮。

如图 5-5-27 所示分别为弹性车轮和阻尼车轮。

图 5-5-27　弹性车轮和阻尼车轮

（4）列车速度

降低列车速度通常不是控制地传振动或地传噪声的有效方法，不应视作常规方法。一方面，地传振动和地传噪声水平与列车速度呈非线性关系，列车速度的降低有时可能使地传振动和地传噪声增大，这取决于车轮通过频率与轮轨共振频率的接近程度，但是在列车常见速度范围内，总体上列车速度的提高会引起更大的振动。另一方面，列车速度对于轨道交通的商业运营和运输效率来说是最基本的因素之一，在局部位置减小地传振动或地传噪声需要与列车延误而对旅客带来的干扰进行权衡。

（5）既有轨道交通

减小已运营的轨道交通产生地传振动或地传噪声的办法通常是有限的。这是因为，线位是固定的，诸如更换弹性更高的轨道结构、增加路基刚度和质量（例如在轨道下增设混凝土板或石灰桩以控制低频振动）的减振措施需要长时间停止列车运营来完成改造工作，这会对乘客和商业运营产生重大的影响。因此，能应用于广泛运营线路的地传振动或地传噪声控制的措施局限于可通过维修实施的，特别是保证光滑的轮轨踏面的维修。主要措施及其使用局限性如下：

1）钢轨打磨：在运营速度下，减小与地传振动或地传噪声有关波长的钢轨粗糙度（图 5-5-28）。其局限性是需要保持牵引力和制动力。持续地减小振动和噪声水平只能通过定期的预防性打磨或抛光，或将打磨与声学准则联系起来。基于减小钢轨磨耗和提高旅客乘坐舒适性的打磨不会消除与地传振动或地传噪声有关的所有波长。此外，这些波长的典型正常服役粗糙度幅值的测量数据很少，因为粗糙度测量的历史数据主要集中于长波长（磨耗和乘客舒适性）或短波长（与空气噪声有关）。

2）消除钢轨接头：这主要由安装减振接头夹板或焊接钢轨接头来完成。局限性是需要处理钢轨热膨胀，在隧道内焊接存在健康和安全方面的困难。

3）道岔和交叉维修：定期的调整道岔和交叉的组合部件以减小钢轨的移动。

4）车轮镟修和打磨：局限性与钢轨打磨类似。

5）轨道几何形位调整：对于高速列车，提高钢轨几何形位的精确度可以减小低频振动。

6）在极端情况下，可以考虑在较短线路长度内临时限速。

图 5-5-28　钢轨打磨

2. 传播路径控制

振动传播途径控制是指在振源和接受者（建筑物）之间的大地中设置屏障，当振动波传播到屏障时，会发生反射，阻碍振动的传播，从而减小振动。当然振动波仍然会有一部分透射到屏障的后部，还会在屏障的两端和底部绕射。

振动传播途径控制的主要措施有：

（1）空沟或填充沟：在振源与建筑物之间设置空沟或填充沟。通常空沟或填充沟的效果较差，这是因为所关注频率的地传振动和与地传噪声有关的长波长会从沟的两端和底部绕射，在软黏土中的效果尤为差，因为这种土的振动频率相当低，对应的波长会很长。由于长波长振动更容易产生绕射，空沟或填充沟对高频振动的效果优于低频振动，且空沟或填充沟需距建筑物或振源较近时减振效果较好。由于空沟几乎没有透射，所以空沟的效果优于填充沟。图 5-5-29 为大地-填充沟-建筑物的耦合动力学分析模型。空沟或填充沟只适用于表面波，通常 R 波在地面振动中占优势，因此，空沟或填充沟的深度需要大于 R 波波长或 1.2 倍波长（R 波波长的范围通常在 10～100m），但是修建深度达到 R 波波长且足够长的空沟或填充沟在实际工程中是不大可行的，因为涉及施工难度、地下水、坍塌和行人的安全等。空沟的宽度对减振效果的影响远小于深度，而填充沟的宽度的影响很大。填充沟的填充材料可采用膨润土泥浆、锯木屑、沙子、粉煤灰及泡沫材料等。

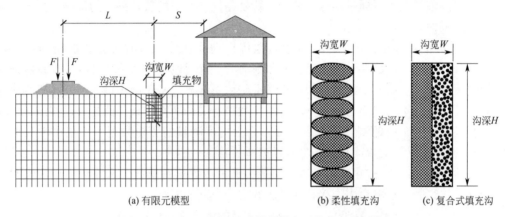

图 5-5-29　大地-填充沟-建筑物耦合系统动力分析模型

（2）混凝土墙屏障：在振源与建筑物之间设置混凝土墙或其他介入式屏障。其原理和局限性与空沟或填充沟类似，只是强化了反射作用，但是其透射作用大于空沟，混凝土墙屏障的减振效果低于空沟。其主要优点是可以做得比沟深、比沟长。

（3）排桩（孔）：在振源与建筑物之间设置一系列周期性分布的桩（孔）。其原理与空沟、填充沟和混凝土墙屏障类似，不同之处在于其非连续性。其工程可行性优于空沟或填充沟。排桩（孔）的排列方式(排数、错位平行排列、蜂窝排列)、桩长、桩直径和桩间距对减振效果的影响很大，在最优化的情况下，排桩（孔）的减振效果可以接近混凝土墙屏障。

（4）波阻板：波阻板是基于一种 1992 年才发现的特殊原理：基岩上的土层中波的传播存在截止频率，当土层表面荷载频率低于该频率时，土层中没有波的传播；仅当激振频率大于截止频率时，土层中才会出现波的传播。因此，可以在土中人工设置一个刚性层来形成有限尺寸的人工基岩，称其为波阻板。影响波阻板减振效果的主要参数有平面尺寸、厚度、刚度、剪切模量、埋深、相对于振源和建筑物的位置和土体竖向非均匀性。波阻板减小中低频振动的效果很好，且一些新型波阻板也克服了土体开挖量较大的缺点，降低了造价。

若考虑采用波阻板、隔振沟（孔）和隔振壁（排桩），应重点关注场地卓越波长、长波长在地屏障的两端和底部的绕射。

3. 受振体控制

受振体控制是指为减小环境振动对人体舒适度、建筑物内振动噪声敏感设备的影响，对建筑物自身采取的隔振措施。常见的措施有基础隔振、浮置式楼板和房中房隔振。

（1）浮置楼板

在建筑物结构楼板上安装隔振器，然后在隔振器上再修建一个楼板，适合于控制建筑物内个别房间需要特别减小楼板振动的情况。室内浮置楼板就是通过控制隔振系统的传递率来达到减振目的。在房间结构地面上再做一层可浮置的混凝土楼板，用隔振元件予以支撑浮置，构成浮置地板，浮置混凝土板的厚度一般在 50～100mm，与房间结构地面的间隙一般为 30～50mm，隔振元件一般采用钢弹簧隔振器，这种隔振方式具有比较良好的隔振性能，可以有效隔离来自地面的固体传声。主要应用于厅堂、电影院、剧场和音乐厅等对撞击声隔声要求较高、跨度较大的空间。该隔振方式施工简单，性价比较高。目前国内已有不少工程实例，如上海东方艺术中心、苏州科技文化中心和武汉大剧院等就采用了该技术，隔振元件采用的是可调平的钢弹簧隔振器。上海（交响乐）音乐厅将观众席楼板浮筑于钢弹簧隔振器上，以减小上海地铁 10 号线（最近距离只有 6m）的二次结构噪声影响，见图 5-5-30。

图 5-5-30　上海交响乐音乐厅隔振

浮置地板的设计应遵循隔振要求和建筑许可条件，合理选择浮置地板的厚度和隔振元件，同时需要考虑浮置地板的自重、活荷载，隔振器布置，校核浮置地板和地面的承载力，以保证结构安全。浮置地板隔振技术对房屋的净空要求很高，对于居住建筑结构，净空要求难以满足，所以该技术的适用范围是有局限性的。

（2）房中房装置

当建筑物中有对振动和噪声特别敏感的特殊功能房间时，可以在浮置式楼板的基础上进一步将房间的侧面和顶面与结构墙壁和楼板隔离，即再建一个具有独立墙壁、地板和顶板的内层房间，四周墙壁及顶棚与外部墙壁和顶板之间没有任何刚性连接或接触，留有一层空气层，其厚度以人可通过为宜，如图 5-5-31 所示。房中房隔振可以有效隔离来自各个方向的振动和二次结构噪声，保证局部空间的声学性能。常用于电视演播室、录音室、播音室，我国国家大剧院中 5 个高档录音室就采用了房中房隔振降噪技术。但是房中房隔振技术同样对房屋的空间尺度有很高要求，对于住宅建筑结构，净空要求通常难以满足，该技术具有局限性。

（3）建筑基础隔振

建筑物基础隔振是基于隔振原理，将整个建筑物支承在隔振系统（通常为橡胶垫板、

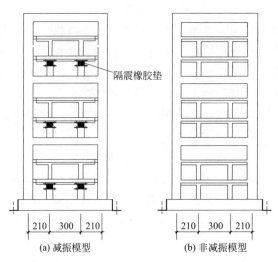

隔震橡胶垫

210	300	210

(a) 减振模型

210	300	210

(b) 非减振模型

图 5-5-31　房中房隔振

钢弹簧、聚氨酯垫板等）上方，使建筑物基础与大地隔离，如图 5-5-32 所示。建筑物基础隔振是减小建筑物室内振动和室内二次结构噪声的最有效的建筑物振动控制措施。由于参振质量较大，基础隔振可以获得较低的固有频率，可有效隔离低频振动。

图 5-5-32　基础隔振

　　建筑物视为若干弹簧和阻尼器支承的刚体。该措施与抵抗地震的建筑物基础隔震有很多相似之处，不同之处在于隔震主要是针对水平振动，而隔振是针对垂向振动，其主要难点与基础隔振一样，是影响建筑物的抗倾覆能力。隔振元件可采用可调平、可预紧、寿命较长的钢弹簧隔振器，也可采用各种隔振支座作为隔振元件。常见的建筑物基础隔振支座有两种：叠层橡胶支座和钢螺旋弹簧，见图 5-5-33。依据隔振要求选择隔振元件，主要是确定竖向固有频率，隔振体系频率越低，隔振效果越好。该技术主要用于对固体传声要求非常严格、附近有明显振源的建筑。

　　针对轨道交通振动噪声的建筑物基础隔振工程实例遍布各种建筑物：居住建筑、办公建筑、音乐厅、电影院、医院和广播电台。最早的两例是：1930 年代美国纽约曼哈顿的一些建筑物（铅-石棉支座）；1965 年英国伦敦的奥尔巴尼公寓楼（橡胶支座）。代表性的

图 5-5-33　建筑物基础隔振支座：叠层橡胶支座和钢螺旋弹簧

有：英国电影学院（伦敦）的 IMAX 电影院、英国格拉斯哥音乐厅、英国伯明翰的 Bridgewater 音乐厅、英国曼彻斯特地铁站上方的音乐厅、法国蒙彼利埃 Le Corum 音乐厅、法国巴黎 Roissy 机场的 Sheraton 酒店等。这些案例为我国高速铁路综合站区车站建筑的基础隔振研究提供了参考。将建筑物视为若干弹簧和阻尼器支承的刚体，系统的垂向固有频率通常设计为需要减小的最低大地振动频率的 1/2.5，例如系统的垂向固有频率为 4Hz，可以有效地减小 10Hz 以上的振动。也可以利用传统结构材料实现与基础隔振类似的刚体安装频率。

　　建筑物基础隔振技术可以有效地隔离来自各个方向的振动和二次结构噪声，可以保证建筑物内所有空间的声学性能，是减小轨道交通振动和噪声的最有效的建筑物振动控制措施。

五、城市轨道交通轨道隔振

　　隔振轨道主要特指基于隔振原理设计的通过提高轨道系统的动态弹性和（或）增加所有弹性单元的质量，达到缓解环境振动和（或）室内二次结构噪声影响的轨道减振措施。轨道结构主要由钢轨、扣件及轨下基础组成。轮轨之间的振动与轨道结构各部件的质量、刚度以及阻尼密切相关，不同形式的轨道结构其振动也不同，单自由度质量-弹簧-阻尼系统的自振频率与弹簧刚度和质量有关。刚度越大或质量越小，自振频率越高；反之刚度越小或质量越大，自振频率越低。根据这一原理，选择在轨道结构不同位置处插入弹性元件，其质量越大也就相应能获得更低的自振频率以及更宽泛的减振频段和更高的减振效果。

　　1. 隔振原理

　　我们假设地铁列车振源处产生随机振动的某一具体频率分量为 $\bar{\omega}$，对应的简谐荷载为 $p_0\sin\bar{\omega}t$，将减振系统简化为一单自由度的质量-弹簧-阻尼系统，见图 5-5-34。它的稳态位移反应可以表示为：

$$u(t)=\frac{p_0}{k}D\sin(\bar{\omega}t-\theta) \tag{5-5-28}$$

$$D=\frac{\rho}{p_0/k}=[(1-\beta^2)^2+(2\beta\xi)^2]^{-1/2} \tag{5-5-29}$$

式中　　D——动力放大系数，为合成反应振幅与 p_0 所引起的静位移的比值。

因此，由弹簧传给基底的力为：

$$f_s = ku(t) = p_0 D\sin(\bar{\omega}t - \theta) \tag{5-5-30}$$

同时，相对于基底的运动速度为：

$$\dot{u}(t) = \frac{p_0}{k}D\bar{\omega}\cos(\bar{\omega}t - \theta) \tag{5-5-31}$$

由此导致作用在基底上的阻尼力为：

$$f_D = c\dot{u}(t) = \frac{cp_0 D\bar{\omega}}{k}\cos(\bar{\omega}t - \theta) = 2\xi\beta p_0 D\cos(\bar{\omega}t - \theta) \tag{5-5-32}$$

因为阻尼力的相位角超前弹簧力 90°，故作用于基底上的力的幅值为：

$$f_{max} = \sqrt{f_{smax}^2 + f_{Dmax}^2} = p_0 D\sqrt{1 + (2\xi\beta)^2} \tag{5-5-33}$$

作用于基底上力的最大值与作用力的幅值之比称为支承体系的传导比（TR），表示为：

$$TR = \frac{f_{max}}{p_0} = D\sqrt{1 + (2\xi\beta)^2} \tag{5-5-34}$$

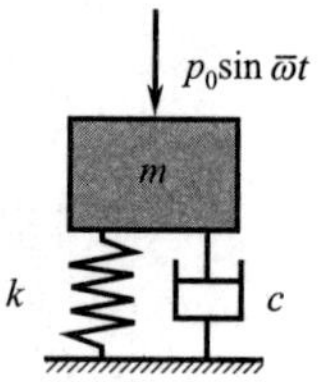

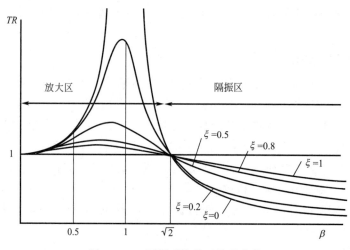

图 5-5-34　单自由度质量-弹簧-阻尼系统

将传导比作为频率比和阻尼比的函数绘制于图 5-5-35。可以发现，所有曲线都经过同一点，这点的频率比 $\beta = \sqrt{2}$，只有当频率比大于临界频率比时，减隔振系统才发挥作用。

图 5-5-35　隔振系统绝对传递曲线

对于频率比为 1 时，可以求得单自由度系统的自振频率为：

$$\omega_0 = \sqrt{\frac{K}{M}} \tag{5-5-35}$$

从绝对传递率的表达式及图 5-5-35 中的曲线，可以得出如下几点：

（1）当 $\omega/\omega_0 = 1$，即系统的固有频率等于外激振频率时，整个系统产生共振，绝对传递率 TR 将有极大值，无阻尼时达到无穷大，并随着阻尼的增大而减小，共振时系统处于恶劣的工作环境中，因此隔振设计时应尽可能避开共振，即系统的固有频率尽可能远离外激励的振动频率。

（2）当 $\omega/\omega_0 < 1$ 时，即激振频率小于系统固有频率时，绝对传递率 TR 大于 1，这时隔振设计并未带来什么好处，或者说略有坏处。

（3）$\omega/\omega_0 > \sqrt{2}$ 时，$TR < 1$，此时隔振设计才发生作用。因为要达到隔振的目的，隔振系统固有频率的选择必须满足 $\omega/\omega_0 > \sqrt{2}$ 的条件。随着频率比 ω/ω_0 的不断增大，绝对传递率 TR 的值也越来越小，隔振效果也更好。当 $\omega/\omega_0 > 5$ 后，TR 曲线下降趋于平缓，这时若将隔振器设计得更软，使 ω/ω_0 取得比 5 更大的数值，则将在静挠度和其他方面付出更大代价，而绝对传递率仅比 $\omega/\omega_0 = 5$ 时略微降低。所以一般实际采用的 ω/ω_0 值常在 2.5～5 之间，相应的隔振效率为 80%～90%。

（4）图 5-5-35 中对应于不同阻尼值的各条绝对传递率曲线都在 $\omega/\omega_0 = \sqrt{2}$ 处相交，阻尼比越大则共振处的峰值越小，曲线越趋平缓，相反则峰值越大，曲线越陡峻，但当 $\omega/\omega_0 > \sqrt{2}$ 时阻尼值的增加反而会加大 TR 值。因此，如仅仅为了降低绝对传递率可以不加入阻尼。但在工程中常会有一些不规则的冲击和振动，因而选择合适的阻尼可以抑制系统在这种冲击和振动作用下的振幅，并使自由振动很快消失，尤其是系统发生共振时，阻尼的作用就显得更为突出了。

2. 轨道隔振的形式和系统设计

（1）轨道隔振的形式和分类

按照隔振元件的位置主要分为三类：轨下即扣件类，枕下即轨枕类，道床下即道床类，每一类轨道可能包含有多种形式的轨道结构形式，如图 5-5-36 所示。一般来说，扣件类、轨枕类、道床类轨道隔振的减振效果依次递增；在所有的轨道隔振措施中，钢弹簧浮置板和浮置式道砟槽的减振效果最好，固有频率最低，隔振元件支承的质量最重。图 5-5-37 给出了有砟轨道和无砟轨道隔振各种形式的主要特征和主要弹性元件的位置。

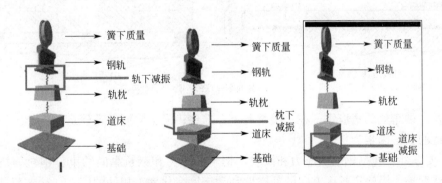

图 5-5-36　轨道不同位置处插入弹性元件示意图

（2）轨道隔振的系统设计

虽然轨道隔振是减小地传振动和地传噪声的有效方法，但是这并不是其最主要的功能。轨道最基本的功能是支承和引导车辆运行，以使得轨道交通正常运营，安全、舒适、性价比高。鉴于此，轨道设计应考虑可靠性、可利用性、可维修性和安全性原则，还有经

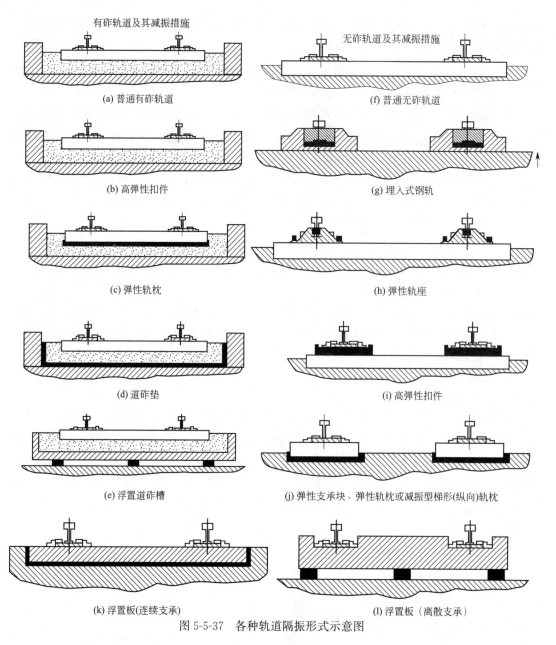

图 5-5-37　各种轨道隔振形式示意图

济性以及多种车辆的适应性。在某些情况下，这些因素会限制减振轨道的性能。一般限制减振轨道的关键因素为：

1）安全性：包括钢轨的应力和倾斜，钢轨扣压力和钢轨纵向约束，钢轨静挠度、动挠度和挠度差，沿轨道长度方向的静挠度和动挠度变化率，扣件的应力、冲击荷载的衰减（轨道部件疲劳荷载）；

2）建设成本：包括轨道形式的复杂性，特殊设计的部件，安装所需的时间和人工；

3）全寿命成本（包括维修）：部件寿命，是否容易接近寿命较短的部件；

4）旅客乘坐舒适性：钢轨静挠度和动挠度，轨道动力学对乘坐品质和列车振动的影响；

5）可靠性；

6）轨道交通的可利用性（即大量的轨道维修而影响正常运营）；

7）钢轨粗糙度和波浪形磨耗的发展特性。

可靠性、可利用性、可维修性和安全性（RAMS）准则，包括上面列出的限制因素，由轨道交通运营商和轨道结构设计工程师设定，且不同的轨道交通是有差异的。安全性是最重要的问题，因此，在轨道交通正式运营前，必须用试运行或试铺试验来证明轨道结构的安全性。保证轨道交通可靠性、可利用性、可维修性和安全性，甚至减振轨道结构的特性可能与减小地传振动或地传噪声所需特性矛盾。因此，减振轨道的开发必须是集成化设计。

1）城市轨道交通隔振与减振设计，应具备下列资料：

①工程概况。②轨道交通模式、列车车辆的参数。③环境影响评价报告及相关文件。④振动环境功能区、振动敏感目标及其使用功能、环境振动或室内二次结构噪声要求、建筑物结构类型及规模、建筑物基础类型、设计速度曲线等。⑤振动敏感目标附近的岩土工程勘察资料。⑥钢轨通常作为列车牵引回流电路，轨道结构应满足绝缘要求，以减少迷流对结构及设备的腐蚀。排水、预埋过轨管线的位置及类型方法，杂散电流防护要求，通信、信号等专业的特殊要求。

2）目前我国城市轨道交通轨道隔振的设计标准还不完善，很多设计还需参考铁路的设计规范，轨道隔振的一般设计应符合现行国家标准《地铁设计规范》GB 50157 中关于轨道的设计规定，同时参考行业标准《铁路轨道设计规范》TB 10082 的规定。

3）轨道隔振设计中应保证轨道具有快速可维修性和可更换性，城市轨道交通每天停运时间一般较短，通常在夜间 24:00～4:30，因此维修和更换必须快速。

4）轨道结构的强度和疲劳性能应进行模型试验验证。采用新型减振轨道结构、产品或特殊工况使用时，应在实际工程中铺设试验段，并应测试评价列车运行时的安全性和平稳性以及减振效果。轨道减振一般会使列车运行安全性和乘坐舒适性下降，轨道减振设计中应进行列车-轨道-支承结构（隧道、桥梁或路基）耦合动力学验算，以保证轨道稳定性、钢轨强度以及列车运行安全性和平稳性。车辆-轨道耦合动力模型多通过有限元法进行求解，实现车辆-轨道耦合动力学的解析分析，动力学模型一是建立合理的数学模型，以反映车辆轨道耦合系统的物理本质；二是选择有效的解析编程算法；三是准确确定车辆轨道系统的基本参数。完整的车辆-轨道耦合模型系统如图 5-5-38 所示，该系统考虑整车模型、无限长轨道结构、轨道不平顺和轮轨接触等因素。

城市轨道交通列车运行平稳性和安全性，现行国家标准《地铁设计规范》GB 50157 和《地铁车辆通用技术条件》GB/T 7928 规定的车辆运行的平稳性指标应小于 2.5，车辆的脱轨系数应小于 0.8。国家标准《城市轨道交通车辆组装后的检查与试验规则》GB/T 14894 规定新造车的脱轨系数应小于 0.8，新造车的轮重减载率应小于或等于 0.6，车辆运行的平稳性指标应小于 2.5。

5）每种减振轨道的标准有效长度不宜小于最大列车编组长度。减振轨道的标准有效长度应至少在振动敏感目标两端各延长 20m。

6）减振轨道的固有自振频率应避开车辆的车体、转向架和轮对的固有频率，同时应

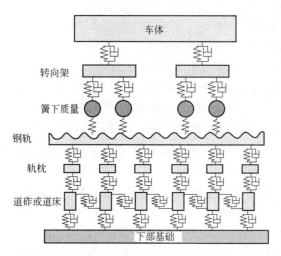

图 5-5-38　车辆-轨道耦合的动力学模型

避开桥梁等下部基础结构的固有频率。轨道隔振是基于隔振原理的，仅仅是将振动能量转移到列车-轨道-支承结构系统中的不同单元，因此，需注意在设计减振轨道时不能引发其他问题，如乘坐舒适性、轮轨磨耗等。

7）为保证列车运行安全性和旅客乘坐舒适性，城市轨道交通不同类型减振轨道之间、减振轨道与非减振轨道之间的刚度不能突变，需要通过设置过渡段实现刚度的平稳过渡。

8）从减小城市轨道交通引起的环境振动和二次结构噪声看，不能将两种或多种减振措施叠合在一起来提高减振性能。例如减振扣件可以减小环境振动 5dB，浮置板轨道可以减小 15dB，那么浮置板轨道上安装减振扣件并不会减小 20dB，实际上两者组合的性能可能低于浮置板自身的性能；但是在为了减小浮置板的振动从而减小浮置板辐射噪声时，可以考虑两者叠加。

3. 减振扣件

钢轨扣件的作用是保持钢轨的正确位置，防止钢轨纵横向位移，提供一定的轨道弹性，并将钢轨所受的力传递到轨下基础。目前常用的减振扣件主要有双层非线性扣件、轨道减振器扣件、GJ-3 扣件、Vanguard 扣件、Lord（洛德）扣件、嵌套型扣件等，性能说明见表 5-5-16。由于减振扣件主要为轨道系统提供更大的弹性，会频繁受到列车动荷载的作用，考虑减振扣件的疲劳性能和长期工作的稳定性，并保证其减振性能的有效性，减振扣件设计时应注意：

（1）扣件零部件的物理力学性能指标，应符合扣件产品相关技术条件的规定和设计要求。减振扣件疲劳试验的荷载和荷载循环次数宜根据最不利受力工况和使用寿命确定，考虑减振扣件的易更换性，荷载循环次数不应少于 300 万次。减振扣件疲劳试验后不得出现部件损坏和失效，竖向静刚度变化不应大于 25%，轨距扩大量应小于 6mm，钢轨纵向阻力变化不应大于 20%，扣压力损失不应大于 20%。

（2）无砟轨道减振扣件节点竖向静刚度设计值宜为 5～20kN/mm，容许偏差宜取 ±20%，动静刚度比不应大于 1.4。

（3）在定员荷载列车通过时，减振扣件单侧钢轨轨顶最大横向动位移不宜大于2mm。

减振扣件类型及性能统计　　　　　表 5-5-16

扣件类型		结构特点	垂向刚度（kN/mm）	工作频率（Hz）	减振效果（dB）
普通扣件	WJ-2	轨下用复合小阻力垫板	40～60	—	—
	DTⅢ	双层橡胶垫板	约 21	—	—
	DTⅢ2	双层橡胶垫板	20～30	—	—
	DTⅥ2	无 T 形螺栓	20～40	—	—
	单趾弹簧扣件	双层橡胶垫板、单趾弹条、无 T 形螺栓	30～40	—	—
减振扣件	Ⅰ、Ⅱ型轨道减振器	利用橡胶剪切变形提供弹性，但其性能衰减较快	10～18	>15	1～6
	Ⅲ型轨道减振器	双刚度，同时保证减振效果及运行安全	10	>10	
	Delkor Egg（减振器扣件）	改善了橡胶的耐环境老化性能，利用橡胶剪切变形提供弹性	6～15	>40	
	GJ-Ⅲ型扣件	双层非线性弹性垫板	10～20	暂无	
	ALT.1	硫化粘结型，利用橡胶压缩变形提供弹性	12～30	>42	
	Lord 扣件	硫化粘结型，利用橡胶压缩变形提供弹性	15～22.5	>19	
	Vanguard 扣件	支承钢轨头部，钢轨悬空，其振动与道床隔离	5～15	>10	5～8

注意：本节提到的轨道的参数和减振效果是具有代表性的，根据具体工程会有区别（下同）。

除了基于隔振原理的减振措施外，还有两种措施是基于阻尼耗能原理：阻尼钢轨和钢轨调频质量减振器（动力吸振器），这两种措施可以增大钢轨阻尼，提高振动衰减，耗散钢轨振动能量。

（1）双层非线性减振扣件

1）双层非线性减振扣件是一种基于钢轨隔振的地铁轨道减振扣件（图 5-5-39），双层非线性减振扣件具有整体尺寸紧凑、重量轻、轨道高度增加不多的特点，该扣件是通过设计双层非线性弹性垫板系统以降低系统刚度和提高结构阻尼来减振的。该扣件可在制造厂家进行预组装，也可在现场维修时局部更换零部件。双层非线性减振扣件是基于底板型扣件系统，主要由弹条、轨下垫板、上层铁垫板、中间胶垫层、下层铁垫板、自锁机构及绝缘缓冲垫板等组成，利用两层非线性弹性垫进行减振，扣件节点组合垂向静刚度为 12 ～ 20kN/mm。

2）GJ-3 型双层非线性减振扣件为压缩型减振扣件，GJ-3 型双层非线性扣件减振失效时可直接更换垫层，维修方便（图 5-5-40）。独特的"自锁结构"设计通过在铸件结构中镶嵌尼龙结构件，巧妙地解决了上、下铁垫板之间的连接问题，不用螺栓锚固，也不用硫化粘结，便能传递纵、横向力和翻转力矩；能方便地更换失效的中间橡胶垫，而铁垫板可继续使用，大大降低了维护费用。目前广州地铁、深圳地铁等均采用了 GJ-3 型双层非线性减振扣件。

（2）Lord 减振扣件

Lord 扣件主要特点是将承轨板、带孔橡胶和底板硫化为整体，利用橡胶孔的变形进行减振（图 5-5-41）。Lord 扣件直接支承钢轨，下面设置调高垫板，扣件调距通过调距扣

(a) 双层非线性减振扣件

(b)ZE-I型改进型双层非线性减振扣件

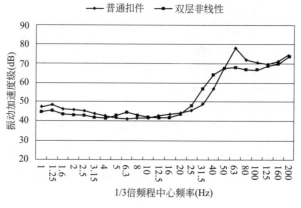

(c) 双层非线性减振扣件对比减振效果

图 5-5-39　双层非线性减振扣件

(a) 现场铺设图

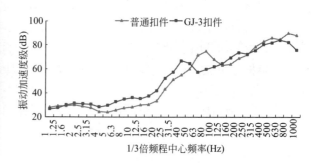

(b) 对比减振效果

图 5-5-40　GJ-3 型双层非线线性减振扣件

板的齿纹移动铁垫板，利用铁垫板的长圆孔来实现"无级"调距的目的。Lord 扣件的垂直静刚度为 15~22kN/mm，动静刚度比＜1.4。Lord 扣件结构尺寸紧凑，轨道高度增加不多，橡胶与铁垫板复合技术特殊，完全胶粘。加拿大和马来西亚的轨道采用了 Lord 扣

件，使用效果良好，技术较为成熟。我国上海和广州的城市轨道减振地段也使用了 Lord
扣件。

图 5-5-41　Lord 扣件

（3）轨道减振器扣件

轨道减振器扣件 1978 年在德国科隆市地铁轨道中首次采用，由于其外观形似鸡蛋，
也称"科隆蛋"，这种扣件把承轨板与铁座之间用减振橡胶硫化粘结为一整体，利用橡胶
圈剪切变形获得弹性，扣件节点垂向静刚度 10～14kN/mm（图 5-5-42、图 5-5-43）。该扣
件施工性及可维修性均属优良，设计使用寿命（通过总重）＞1.5 亿 t。轨道减振器扣件
使钢轨在车轮荷载作用下有较大的挠曲，从而降低上部建筑的力学阻抗，减小振动的激
发。它已于 20 世纪 90 年代分别用于上海地铁和广州地铁。缺点是横向刚度较低，在列车
的动力作用下轨距容易发生变化，钢轨波磨现象时有发生，而且当橡胶制造工艺不良时容
易造成橡胶圈脱落而失效。

图 5-5-42　科隆蛋（轨道减振器）扣件

2001 年，根据大连快速轨道交通 3 号线等工程的需求，调整了扣压钢轨部件，配套
设计了适用于 50kg/m 钢轨的 II 型轨道减振器扣件（图 5-5-44）。

按城市轨道交通的列车运营安全和运行平顺性要求，钢轨动态下沉量限值取 3mm。
III 型轨道减振器的静刚度目标值为 8～12kN/mm，动静比不大于 1.25（图 5-5-45）。III 型
轨道减振器采用双刚度设计，以往在进行扣件设计时，均以强度指标进行刚度设计。由于
按最大可能动荷载再乘以安全系数来控制刚度设计，扣件的弹性一般较小，只能满足一般
地段的承载和弹性需求。

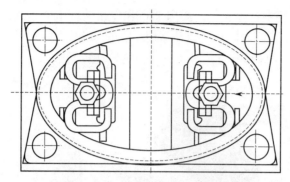

图 5-5-43　Ⅰ型轨道减振器扣件

图 5-5-44　Ⅱ型轨道减振器扣件

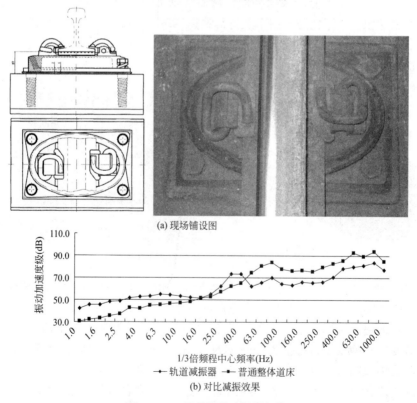

(a) 现场铺设图

(b) 对比减振效果

图 5-5-45　Ⅲ型轨道减振器扣件

（4）Vanguard 先锋扣件

Pandrol Vanguard 是一种新型的扣件系统，在该系统中，钢轨由头部下方和腹板中的橡胶组件支撑，使钢轨底部悬空。橡胶总成由铸铁侧板固定到位。先锋扣件的各部分组成如图 5-5-46 所示。

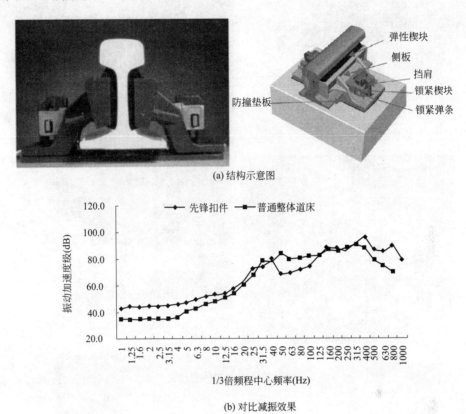

(a) 结构示意图

(b) 对比减振效果

图 5-5-46　Vanguard 先锋扣件示意图和减振效果对比

Vanguard 系统的整体竖向动刚度大约在 6kN/mm，由于其刚度非常低，使其具有了较好的减振效果。先锋扣件于 2005 年在广州地铁引入。

（5）类似先锋扣件的相关产品

借鉴 Vanguard 先锋扣件的设计理念，近年来国内外一些科研单位和厂家研制了类似的扣件产品，如图 5-5-47 所示。

4. 枕下减振

轨枕隔振可采用弹性短轨枕（弹性支承块）、弹性长枕、梯形轨枕（纵向轨枕）。隔振元件的刚度与扣件刚度应合理匹配，可以使隔振效果最大化。考虑轨枕减振的疲劳性能和长期工作的稳定性，并保证其减振性能的有效性，枕下减振设计时应注意：

1）隔振元件的竖向静刚度不应偏离设计值的 ±15%，动静刚度比不应大于 1.4。隔振轨枕疲劳试验后隔振元件的竖向静刚度变化不应大于 15%，竖向永久变形应小于 1mm。

2）隔振轨枕的竖向无荷载固有频率宜为 25～45Hz，阻尼比不应小于 0.05。

3）在定员荷载列车通过时，钢轨最大竖向动位移不宜大于 4mm。

(a) 谐振式浮轨减振降噪扣件

(b) FG轨道减振器

(c) 谐通扣件

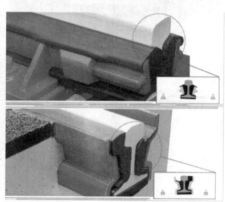
(d) VIBREX系统

图 5-5-47　类似先锋扣件的相关产品

（1）弹性短轨枕

弹性短轨枕轨道又称弹性支承块（简称 LVT），这种轨道由瑞士人 RogerSonneville 先生发明，于 1966 年在瑞士 Bozberg 隧道铺设，其后于 1974 年在 Heitersberg 隧道铺设。截至 1991 年，已在美国、英国、德国、法国、意大利和日本等国采用，轨道总延长达数百千米。英吉利海峡海底隧道也采用了低振动轨道。我国于 2000 年在西安-安康铁路18.4km 的秦岭特长隧道内首次使用，在国内地铁工程中广州地铁 2 号线首次使用。试验表明，这种轨道有很好的耐久性，维修工作量小，大修也很容易。

弹性短轨枕式无砟轨道主要由混凝土底座、混凝土道床板、混凝土短轨枕、橡胶靴套、块下橡胶垫板以及配套扣件等组成，混凝土弹性短轨枕离散地铺设在钢轨与轨道板之间。为了取得降低振动的效果，在短轨枕底部设有弹性橡胶垫板，在其周围设有橡胶靴套。块下橡胶垫板应略小于短轨枕地面尺寸，厚度为 12mm，胶垫的上下表面均设有沟槽，为橡胶提供足够的变形空间，提高其弹性的要求，静刚度 95 ～110kN/mm；橡胶靴套是配合短轨枕使用的，外形尺寸要求严格，靴套的周边和底层厚度均为 7mm，在其横向断面上设置沟槽，以缓冲列车横向荷载的冲击作用，而底部不设沟槽，主要起隔离的作用，达到可修复的目的。此外块下橡胶垫板和橡胶靴套还应具有较长的使用寿命，如图 5-5-48 所示。

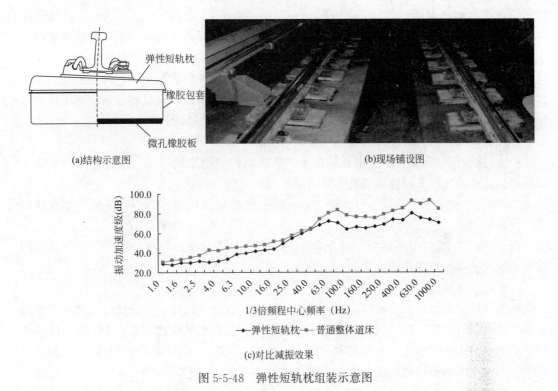

(a)结构示意图　　　　　　　　　　　(b)现场铺设图

(c)对比减振效果

图 5-5-48　弹性短轨枕组装示意图

弹性短轨枕轨道结构由轨下和块下两层弹性垫板提供垂向弹性，使轨道各部件的振动传递频率得以降低，很大程度上模拟了传统碎石道床弹性点支承的结构承载特性，轨道纵向节点支承刚度趋于均匀一致，部件的损伤程度降低，几何形位在长时间内也可以得以保持，最大程度地减少了养护维修工作量。通过双层弹性垫板的刚度和阻尼的不同组合，还可获得优于有砟轨道的最佳刚度和阻尼组合，以达到良好的减振效果。轨道的纵横向弹性由短轨枕外的橡胶靴套提供，从而使得轨道在水平方向的承载和振动传递方面更接近碎石道床轨道，可以减少无砟轨道侧向刚度过大带来的危害，有利于减缓钢轨的侧磨。

（2）弹性长轨枕

弹性长轨枕由弹性支承块轨道（LVT）发展而来，是一种新型减振轨道结构，近几年逐渐应用于地铁建设中。弹性长枕轨道将轨枕设计成长枕，进一步增强了轨排的整体性，提高了轨枕的稳定性，同时道床中央设计了排水沟便于套靴内积水排出。

弹性长枕轨道结构由钢轨、扣件系统、弹性长枕组成，如图 5-5-49 所示。弹性长轨

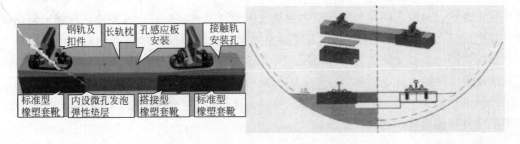

图 5-5-49　弹性长轨枕轨道结构

枕采用预应力 C60 混凝土结构，长 2300mm，宽 300mm，高 170～182.5mm。弹性垫层制作材料采用三元乙丙（EPDM）微孔橡胶，其性能稳定可靠、成本较低。轨枕两端由开启式橡胶套靴包裹，橡胶套靴材料为三元乙丙橡胶（EPDM），采用开启式的"撮箕"型特殊构造，既有利于套靴内积水排出，又方便对弹性垫层的检查与更换。弹性长枕克服了弹性支承块的不足，在中等减振需求路段具有明显优势，因此，现已被逐渐应用于地铁隧道内，如上海地铁 7 号线、北京地铁机场线、9 号线及 15 号线等。

弹性长轨枕轨道相对于弹性短轨枕主要存在以下技术优点：

1）左右股钢轨固定在同一根长轨枕上，轨道结构的稳定性可得到有效保障，对施工安装的技术要求也没有弹性短轨枕那么苛刻。

2）弹性套靴采用"撮箕"型构造，只需将长轨枕稍微抬高，即可方便地对弹性垫层进行检查与更换。

3）采用"标准型＋搭接型"组合的方式，实现加长型弹性套靴的功能，以较低的制造成本实现了接触轨的集成安装。

（3）梯形轨枕

梯形轨枕（即纵梁式轨枕）是在传统横向轨枕、双块式轨枕、双向预应力的板式轨道和框架板轨道的基础上演变而来，将板式轨道的双向预应力结构改进成由 PC 制的纵梁和钢管制的横向连接杆构成，从而消除了枕中负弯矩，消除了横向预应力，形成独特的"纵向预应力梁＋横向钢连杆"框架结构，简化了结构和制造工艺，如图 5-5-50 所示。

图 5-5-50　梯形轨枕的演变

梯形轨枕，由左右两块预制预应力混凝土纵梁及其连接杆件、减振垫、纵横向限位及缓冲垫组成（图 5-5-51）。预制预应力混凝土纵梁与钢轨形成双弹性叠合梁，一方面增大了轨道抗弯刚度，扩大轮轨力分布范围，降低基底轮轨动态力的峰值和变化幅度，从而改善轮轨动力学性能；此外，整体框架式的构造可确保高精度的轨距和轨底坡，从而实现高质量的轨道平顺性，起到主动隔振和降低噪声的作用；另一方面由点支撑的减振垫形成了轻型的质量弹簧系统，起到减振作用。

5. 道床减振

无砟轨道道床隔振一般采用橡胶或聚氨酯等高分子材料支承浮置板、钢弹簧支承浮置

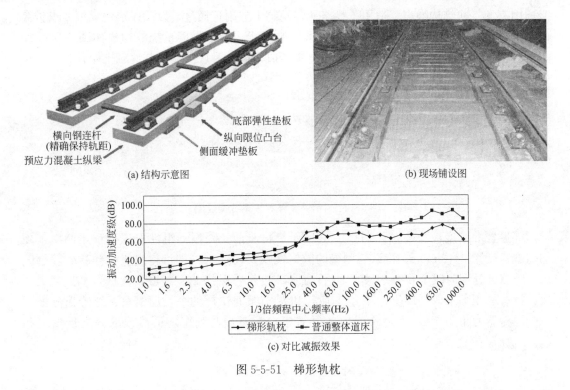

图 5-5-51　梯形轨枕

板等，常见的支承方式有点支承、条状支承（线支承）、面支承（整体支承、满铺），为保证浮置板轨道的减振性能和长期性能的稳定性，系统设计时，应注意：

1）浮置板应具有足够的截面积或采用高密度混凝土提高其隔振效果：列车编组长度对应的浮置板的质量宜大于板上列车定员荷载质量与 3 倍板上列车簧下质量之和，浮置板的平均厚度不宜小于 300mm。

2）钢弹簧支承浮置板的竖向无荷载固有频率宜为 6.5～12Hz，橡胶或聚氨酯等高分子材料支承浮置板的竖向无荷载固有频率宜为 12～25Hz，阻尼比不应小于 0.05。

3）在定员荷载列车通过时，钢轨最大竖向振动位移不宜大于 5mm。

4）钢弹簧隔振器、橡胶或聚氨酯等高分子材料隔振器是浮置板轨道的核心部件，因此，根据维修更换要求对隔振器的疲劳寿命提出较高的要求，隔振元件疲劳试验的荷载和荷载循环次数宜根据最不利受力工况和使用寿命确定，且荷载循环次数不应少于 500 万次。钢弹簧隔振元件的实际竖向静刚度不应偏离设计值的 ±10%。橡胶或聚氨酯等高分子材料隔振元件的实际竖向静刚度不应偏离设计值的 ±15%，动静刚度比不应大于 1.3。

（1）钢弹簧浮置板轨道

浮置板隔振轨道结构又称质量-弹簧系统，是将具有一定质量和刚度的混凝土道床板浮置在隔振器上，构成质量-弹簧的隔振系统。其基本原理是在轨道上部建筑与基础间插入一固有振动频率远低于激振频率的线性谐振器，即将具有一定质量和刚度的混凝土道床板浮置在橡胶或者弹簧隔振器上，利用浮置板质量惯性来平衡列车运行引起的动荷载，仅存在没有被平衡的动荷载才将动力作用通过弹簧元件传到路基或者隧道结构上，达到减振的目的。在所有的隔振方法中，钢弹簧浮置板轨道减振效果最好，钢弹簧浮置板隔振系统的竖向固有频率约 6～12Hz，减振效果通常为 15～25dB，可有效地减振、消除城市轨道交通引起的二次结构噪声。适用于线路从建筑物下或附近通过，以及建筑物隔振要求较高的区域如研究机构、医院、博物馆和音乐厅等场所。整个隔振系统的构成如图 5-5-52 所示。其中，浮置板道床由钢筋和混凝土浇筑而成，可分为现浇和预制混凝土两种。

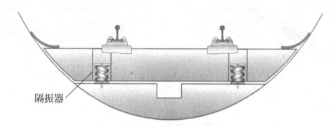

图 5-5-52　钢弹簧浮置板系统构成图

隔振器静刚度检验装置如图 5-5-53 所示。检验前，隔振器组件先进行预压两次，预加荷载速度为 2~3kN/s。将试验测得的数据代入式(5-5-36) 即可得出相应样品的静刚度 K。压缩量分别为四个百分表读数的平均值，卸载后保持 20s 再重新加载，如此反复 3 次，将 3 次压缩量取平均值，即为 A 荷载和 B 荷载时试样的平均压缩量，浮置板分配到每个隔振器的重量（kN）为 A 荷载，浮置板分配重量与列车定员荷载下分配重量之和（kN）为 B 荷载。

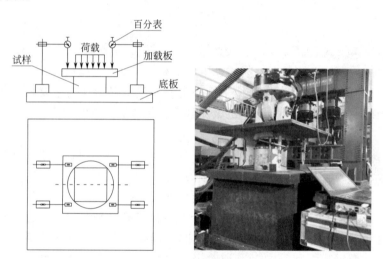

图 5-5-53　静刚度检验试验装置图

静刚度 K 按下式计算：

$$K = \frac{\Delta P}{\Delta X} = \frac{(B-A)}{(X_B - X_A)} \tag{5-5-36}$$

式中　X_B——试样在加载 B 荷载时的压缩量（mm）；

　　　X_A——试样在加载 A 荷载时的压缩量（mm）。

浮置板隔振系统的设计原则是降低振动系统的固有频率，使浮置板的结构固有频率避开地铁车辆运行的激振频率，并使浮置板的 6 个刚体固有频率，尤其是垂向固有频率尽量远低于激振频率 $\sqrt{2}$ 倍以下，可取得较好的隔振效果。弹簧浮置板的固有频率 f_0 为：

$$f_0 = \frac{\omega_0}{2\pi} = \frac{1}{2\pi}\sqrt{\frac{k}{m}} \qquad (5\text{-}5\text{-}37)$$

由式(5-5-37)可以看出,降低浮置板系统固有频率一般有两种方法:一种是增加浮置板的质量 m,另外一种是减小隔振器的刚度 k。对于钢弹簧浮置板,可以通过增加浮置板厚度、采用重级配混凝土、减小弹簧刚度的方法来降低自振频率。对于同一个激振频率,浮置板系统固有频率越低,隔振效果越好。但是降低隔振系统的固有频率受到很多条件的制约,增大浮置板质量时需考虑空间和结构承载强度等限制条件,同样,弹簧刚度也不能无限降低,增加弹性元件的弹性受系统稳定性和安全性限制。钢弹簧浮置板具有以下优缺点:

1)固有频率低,并且具有较高的隔振效率和固体传声控制效率。

2)应用范围广。浮置板的质量及钢弹簧的刚度均有比较强的可塑性,我们可以通过灵活改变它们的参数来达到不同的隔振目的。

3)施工简单,可维修性好。由于弹簧系统具有较大的水平刚度,因此只覆盖橡胶板或钢板不需设置限位装置。混凝土道床板可现场浇筑,调整钢弹簧的高度可以有效地消除因为线路沉降而造成的不平顺,也可借助简单工具实现浮置板的抬高及调整。不需拆卸钢轨就可以进行检修、更换钢弹簧以及校正线路不平顺(图 5-5-54)。

(a) 正线现场铺设图

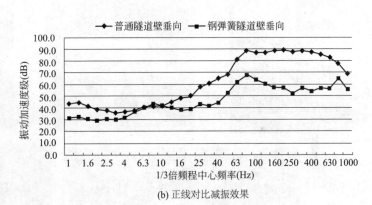

(b) 正线对比减振效果

(c) 道岔区现场铺设图

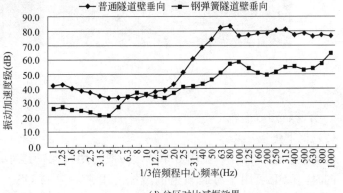

(d) 岔区对比减振效果

图 5-5-54 钢弹簧浮置板

4）使用寿命长。一般情况下其设计使用寿命可达 50 年。

5）前期投入成本较高。

（2）减振垫浮置板轨道

减振垫浮置板系统在我国深圳、杭州、武汉、北京、南京等城市减振设计中已经大量使用，实际减振效果可达 10dB 以上。减振垫浮置板轨道，在浮置板道床底面采用橡胶垫或聚氨酯等高分子材料支承，系统设计施工接口简单，施工也很方便；该系统在德国柏林地铁已经铺设使用了三十年，至今减振效果仍未出现任何问题。减振垫浮置板轨道通过弹性体把轨道结构上部建筑与基础完全隔离，使其处于悬浮状态，建立一个固有频率很低的质量-弹簧单自由度系统，利用整个道床在弹性体上进行惯性运动来隔离和衰减列车运行产生的振动。减振垫浮置板轨道通常包含钢轨、扣件、轨道板、减振垫及轨下基础。根据减振垫铺设方式的不同，减振垫浮置板分为满铺、条铺和点铺浮置板。通过调整不同铺设方式减振垫的刚度，当保持轨道板下减振垫总体刚度相同时，三种减振铺设方式均能实现相同的减振效果；不同铺设方式下减振垫性能指标要求均有不同。在相同减振效果下，满铺减振垫用量最多，刚度最小；点铺减振垫用量最少，减振垫刚度最大；条铺介于中间，如图 5-5-55、图 5-5-56 所示。

图 5-5-55　减振垫道床构造图

6. 有砟轨道减振轨道

（1）枕下垫板

枕下垫板也称 USP，见图 5-5-57，一般是用来保护道砟从而延长养护维修的时间间隔。同时，USP 可用于有砟轨道的减振。用来隔振的 USP，期望其拥有较低的动刚度（一般要求低于 100MN/m），以及较低的静动刚度比（一般低于 1.2）。这一要求的局限性导致材料可以对高频振动（高于 30Hz）减振。

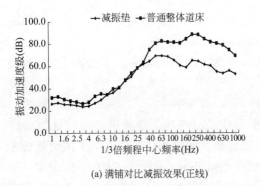
(a) 满铺对比减振效果(正线)

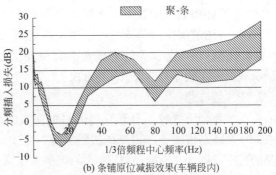
(b) 条铺原位减振效果(车辆段内)

图 5-5-56　减振垫道床减振效果

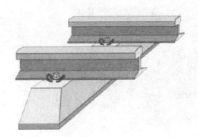

图 5-5-57　枕下垫板（USP）

　　USP 在轨枕底面有全部粘贴和仅在钢轨支承部位的有效承载范围内粘贴两种方式。USP 通常采用橡胶、聚氨酯或者乙烯-醋酸乙烯酯共聚物发泡的材料制作。制作完成以后与轨枕粘连形成弹性轨枕有两种方式：1）直接粘贴在成品轨枕底面；2）在轨枕生产过程中，在混凝土硬化前粘贴在轨枕底面。USP 通常由 3 层组成：中间为弹性层，与道砟接触的为保护层，与轨枕底面接触的为粘结层。也有的枕下弹性垫板将其中的 2 层合二为一。

　　城市轨道交通有砟轨道已经很少采用，一般在车辆段中使用。采用道砟垫可以增加轨道结构的弹性，减小道砟应力和路基压力，对于高于 30～40Hz 的振动和噪声有良好的衰减作用。由于道砟在各方向都具有良好的弹性和可弯曲性，所以道砟垫对其下路基的平整度要求并不高。道砟垫由合成橡胶或天然橡胶制成，德国联邦铁路的技术标准 DB-TL 918071 对其性能进行了规定。道砟垫在列车荷载作用下的变形应小于 3mm，这是为了保证列车运行稳定性（安全性）、旅客乘坐舒适性、钢轨强度。道砟垫的静动态刚度（也称为道床模量）与道床高度、轨枕类型、轨枕间距、钢轨类型、列车最高运行速度、列车轴重密切相关。在道砟下面铺设整体橡胶道砟垫分为两种，第一种铺设在混凝土底板上，第二种铺设在压实路基上。研究表明，道砟垫基础的刚度影响减振效果，美国圣弗朗西斯科市地铁中道砟垫隔振系统的实测结果表明，在混凝土底板上铺设道砟垫与普通有砟轨道相比，可减小振动 12dB，而在压实土基上铺设道砟垫减小振动 9dB。疲劳试验后道砟垫竖向静态基础模量变化不应大于 15%，道砟垫不得出现破损。道砟垫在系统设计时，需考虑：

　　1）在定员荷载列车通过时，道砟垫最大竖向动位移不宜大于 3mm，钢轨最大竖向动位移不宜大于 5mm。

2）道砟垫的竖向静态道床模量宜为 $0.01\sim0.02\mathrm{N/mm}^3$，动静刚度比不应大于 1.4。

3）应通过压实路基或采用混凝土板增大道砟垫的下部基础刚度。

4）道砟垫疲劳试验的荷载和荷载循环次数宜根据最不利受力工况和使用寿命确定，且荷载循环次数不应少于 1000 万次。

（2）道砟垫

在城轨地下线使用有砟轨道的目的主要是希望地面线与地下线轨道动力特性保持一致。在道砟与混凝土隧道壁的接触碰撞过程中，道砟更容易被粉碎。因此，采用道砟垫来保护道砟（图 5-5-58）。这样轨道的规格与正常的会稍有不同，刚度发生了一些变化，同时道砟垫也减少了传递到隧道壁上的振动。应对一些恶劣条件，隧道道砟垫在生命周期方面仍然有非常好的表现。

图 5-5-58　道砟垫

图 5-5-59 为德国慕尼黑轻轨铺设道砟垫照片。

图 5-5-59　德国慕尼黑轻轨采用卡愣贝格（Calenberg）道砟垫

垫板的刚度是至关重要的：比如非常软的垫子可以很好地保护道砟，但是也非常可能引起截止频率域内的共振，从而导致接收处的振动放大。对于尺寸合适的道砟垫来说，能在低频（大约 20Hz）处的衰减高达 5dB。高频范围内的衰减可能更高。对于既有线来说，成本费主要来源于拆除更换轨道和道砟，这与当地环境有关。

（3）弹性轨枕

铺设弹性轨枕的有砟轨道结构如图 5-5-60 所示。轨道结构包括钢轨、扣件、轨枕、枕下弹性垫板以及有砟道床。相对于传统有砟轨道结构，弹性轨枕有砟轨道结构仅在轨枕底部增设了枕下弹性垫板。

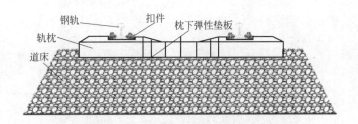

图 5-5-60　铺设弹性轨枕的有砟轨道结构

弹性轨枕垫不改变原轨枕的任何设计，只是在轨枕底部加入聚氨酯弹性垫层。聚氨酯弹性轨枕垫的作用原理主要体现在以下几个方面：

1）Zimmermann 理论。沿着钢轨更好的荷载分布以及轨枕的受力更均匀。

2）增加接触面积。轨枕垫被用作轨枕底部的弹性层，从而将轨枕底部与道砟层的接触面积从 2％～8％增加到 30％以上。广泛的应用证明，增加接触面积能够改善道床的荷载传递性能并减少对路基的作用力。因此能够阻止道砟颗粒由于过载而碎裂并减少道床的沉降，而且轨枕下方的空吊和悬吊也能有效地得到缓解。

3）隔振作用。弹性轨枕垫的积极作用体现在维持线路的几何形位处于良好水平，保持轨道的高平顺性，从而减少了高速和重载引起的列车冲击作用，使道床和轨道部件均处于良性状态，从而减少了捣固和养护维修的需求。

（4）弹性梯形轨枕

相比无砟梯形轨枕轨道，有砟梯形轨枕轨道的研究很少。日本铁道研究所在美国交通技术中心铺设了有砟梯形轨道试验段（图 5-5-61），试验结果表明有砟梯轨在沉降、稳定性控制上优于横向混凝土轨枕。日本铺设有砟纵向轨枕主要集中在车站地段，我国上海地铁 7 号线和广州地铁 5 号线（直线电机）铺设了有砟纵向轨枕轨道（图 5-5-62 和图 5-5-63）。

图 5-5-61　美国交通技术中心铺设了有砟梯形轨道试验段

图 5-5-62　有砟梯轨在上海地铁 7 号线应用

图 5-5-63　有砟梯轨在广州地铁 5 号线应用

弹性垫层类型及性能统计见表 5-5-17。

弹性垫层类型及性能统计　　　　　　　　表 5-5-17

减振措施	轨道条件	测点位置	激扰	工作频率(1/3 倍频程)	插入损失(dB)
轨枕垫	有砟轨道,B70 混凝土轨枕	德国干线(距轨道中心 8m)	ICE 列车 160km/h	>31.5Hz	5～10 *
	有砟轨道	瑞士(不同测点)	暂无	>31.5Hz	5～15 *
	无	法国台架试验(两类轨枕垫)	静载(90kN/120kN)动态激励(8～400Hz)	>63Hz/80Hz(40Hz 处产生共振)	5～15 *
道砟垫	有砟轨道	瑞士、德国及欧洲各国干线	列车(其他信息暂无)	>40Hz	5～15 *
	道砟下混凝土板	德国干线(距轨道中心 8m)	城郊、货运列车 40km/h	> 8Hz（16Hz、31.5Hz 处产生共振)	0 *（无道砟垫)5～10,部分 10～15 *（有道砟垫)
	道砟槽	德国干线(距轨道中心 4、12m)	城郊列车(ET 420)60、120km/h	16～31.5Hz,>63Hz	5～10 *

注：* 表示与有砟轨道相比。

六、城市轨道交通轨道隔振效果评价

1. 城市轨道交通环境振动控制产品的评价指标

插入损失是唯一可用于评价减振效果的物理量，定义为：

$$L_{IL} = 20 \lg \frac{I_1}{I_2} \qquad (5\text{-}5\text{-}38)$$

式中　I_1——没有采用减隔振措施的响应；

　　　I_2——采用减隔振措施后的响应。

由于不同频率的响应之比是不同的，因此插入损失是一个随频率改变的物理量。在国内有时为方便描述，通过对竖向振动响应的插入损失进行计权处理，可以得到 Z 振级插入损失。需要说明的是，插入损失是一种理想状态下的评价量，它需要同时分析减振前、后的振动响应。在进行数值模拟和实验室试验时，获得插入损失相对容易；然而实际工程中，当一段减振轨道铺设完成后，只能得到一种响应：即采用减振轨道以后的振动响应。为了获得插入损失，工程上有时补充测试相似地段采用普通轨道的振动响应。但需要指出的是，这种方法仅是一种工程近似，称为对比插入损失，它的近似度受隧道周围土层、线路设计参数、行车车速等一系列因素控制。

工程中减振轨道减振效果通过比较有/无减振措施时下部结构（如隧道、路基或桥梁）、地面或地面建筑物的振动来评价。通过选取线路和车辆状态满足经常保养等级的规定，地质条件、线路平面曲线半径、钢轨类型、隧道结构等，车辆类型、车辆轴重、簧下质量、列车速度与减振轨道类似的非减振地段（普通道床地段）作对比，通过与无减振措施的对比得出隔振轨道的减振效果。

当评价隔振轨道减振效果对于环境的影响时，其减振效果评价量采用 1～80Hz 频率范围内的铅垂方向人体全身振动计权后振动加速度级的插入损失值；当评价隔振轨道及减振轨道产品的减振效果时，按《浮置板轨道技术规范》CJJ/T 191 的规定，采用 1～200Hz 频率范围内的铅垂方向人体全身振动计权后分频振级均方根的差值作为产品减振效果评价量。

插入损失的定义为：

$$L_1 = 20 \lg \frac{a_{2R}}{a_2} \qquad (5\text{-}5\text{-}39)$$

式中　a_{2R}——没有隔振装置时的响应；

　　　a_2——有隔振装置时的响应。

当 $L_1 > 0$ 时，隔振系统起作用；当 $L_1 \leqslant 0$ 时，隔振系统没有衰减作用。

对式（5-5-39）进行变换，引入基准加速度 $a_0 = 10^{-6} \text{m/s}^2$，得到：

$$L_1 = 20 \lg \frac{a_{2R}}{a_2} = 20 \lg \left(\frac{a_{2R}}{a_0} \cdot \frac{a_0}{a_2} \right) = 20 \lg \frac{a_{2R}}{a_0} - 20 \lg \frac{a_2}{a_0} \qquad (5\text{-}5\text{-}40)$$

$$L_1 = VL_{2R} - VL_2 \qquad (5\text{-}5\text{-}41)$$

分析列车通过时段下列物理量：

（1）Z 振级 VL_z

《城市区域环境振动测量方法》GB 10071 采用的是 GB/T 13441-1（ISO 2631-1）铅

垂向计权网络，因此计算 1～80Hz 范围内 GB/T 13441 铅垂向计权网络的 Z 振级，分析列车通过时的 VL_{zmax}。城市轨道交通环境影响评价时，减振轨道减振效果评价采用减振轨道与普通整体道床对比时的 GB/T 13441 铅垂向计权网络计算的 VL_{zmax} 的差值 ΔVL_{zmax}。

（2）分频振级均方根插入损失

《浮置板轨道技术规范》CJJ/T 191 中减振效果评价指标为分频振级均方根，频率范围为 1～200Hz，计权网络为 GB/T 13441.1 铅垂向计权网络，评价量为减振轨道与普通整体道床对比时的分频振级均方根的差值 ΔVL_{za}。

$$\Delta VL_{za} = 10\lg\left(\sum_{i=1}^{n} 10^{\frac{VL_q(i)}{10}}\right) - 10\lg\left(\sum_{i=1}^{n} 10^{\frac{VL_h(i)}{10}}\right) \tag{5-5-42}$$

式中　$VL_q(i)$——普通整体道床隧道壁铅垂向振动加速度在 1/3 倍频第 i 个中心频率的分频振级（dB）；

　　　　$VL_h(i)$——减振轨道隧道壁铅垂向振动加速度在 1/3 倍频程第 i 个中心频率的分频振级（dB）。

（3）分频插入损失

对比普通整体道床，减振轨道隧道壁铅垂向振动加速度在 1/3 倍频程第 i 个中心频率的分频振级之差 $\Delta VL_{za}(i)$。

2. 现场轨道减振效果评估试验

对轨道减振性能的测试评价包括实验室评估（称为"线下评估"）和试验段/运营线测试结果（称为"线上评估"）。"线上评估"是指在运营线或试验线，采用实际列车荷载以一定速度通过作为振源，测试评价真实运营条件下轨道减振效果。传统的观念认为，一种轨道形式的设计参数如果确定了，那么它的减振效果也是确定的。然而近年来研究表明：轨道的减振效果并非是轨道的固有特性，而与激励条件、运营条件等各种因素有关。因此，如果忽略实验室"线下评估"和现场"线上评估"的差异，将会直接影响轨道设计和选型。由于线上测试通常难以原位更换轨道，所以上述研究通常选取相邻轨道进行对比测试，由于对比段受车速、曲线半径、隧道形式、轨道下部刚度等各种复杂因素影响，因此，实际线上测试得到的减振效果评价量并不是严格意义上的插入损失，而通常被称为"对比损失"。为了测得较为准确的轨道减振效果，可采用两种方法：原位更换轨道测试和对相邻两种轨道对比测试。城市轨道交通隔振轨道与减振轨道的减振效果测试和评价，应符合以下规定：

（1）应对比测试有、无隔振与减振措施时下部结构的振动值。

（2）宜选用原位换铺对比测试评价（图 5-5-64a），列车车辆类型、车辆轴重、簧下质量、列车速度宜相同。

（3）选用非原位对比测试评价时（图 5-5-64b），线路应满足经常保养等级的规定，地质条件、车辆类型、车辆轴重、簧下质量、列车速度、直/曲线、有缝/无缝线路、钢轨类型、扣件类型、隧道结构和断面、桥梁梁型及结构或路基类型、桥梁支座类型、桥墩基础类型等宜相同。

（4）当评价环境振动影响时，应符合现行国家标准《城市区域环境振动标准》GB 10070、《城市区域环境振动测量方法》GB 10071 和现行行业标准《环境影响评价技术导

则 城市轨道交通》HJ 453 的规定。

（5）当评价隔振轨道及减振轨道产品的减振效果时，应符合现行行业标准《浮置板轨道技术规范》CJJ/T 191 的规定。

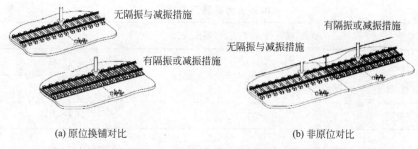

(a) 原位换铺对比　　　　　　　　　(b) 非原位对比

图 5-5-64　插入损失和对比损失测试示意图

3. 减振效果现场测试实例

北京地铁 4 号线普通整体道床、Ⅲ 型轨道减振器、弹性短轨枕（弹性支承块）、梯形轨枕、钢弹簧浮置板道床的现场振动测试，对不同减振轨道结构的实际减振效果进行评价。

（1）测试仪器和测点布置

对比测试的 5 种轨道形式均铺设于单洞单线的圆形隧道内，不同轨道结构测试地点所处曲线半径、地质条件、隧道结构、列车行车速度和隧道轨面埋深等对比见表 5-5-18。

不同轨道类型的简况对比　　　　　　表 5-5-18

项目	梯形轨枕	轨道减振器	普通整体道床	钢弹簧浮置板	弹性短轨枕
直、曲线	直	直	直	直	$R=600m$ 曲线的缓和曲线
线路坡度(‰)	3	3	3	17.4	15
隧道断面形式	圆形盾构	圆形盾构	圆形盾构	圆形盾构	圆形盾构
轨面埋深(m)	20	20	20	18	21.6
地质特征	粉土及卵石圆砾上下堆叠	粉土及卵石圆砾上下堆叠	粉质黏土、卵石圆砾及杂黏土上下堆叠	粉质黏土	粉质黏土、卵石圆砾及中粗砂上下堆叠
行车速度(km/h)	60	60	60	60	60

图 5-5-65 为测点布置示意图，测试内容包括钢轨、道床、梯形轨枕、短轨枕铅垂向加速度，隧道壁铅垂向、横向加速度和列车通过速度。

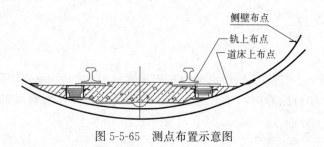

图 5-5-65　测点布置示意图

测试采用了 16 位精度的 INV306 智能信号采集处理分析仪，采用内装 IC 压电加速度传感器，具有低阻抗输出、抗干扰、噪声小等特点，主要技术指标如表 5-5-19 所示。自动触发采样，采样频率为 2560Hz，时间间隔为 0.39ms。

加速度传感器技术指标   表 5-5-19

测试位置	钢轨、浮置板、短轨枕、梯形轨枕	隧道壁
灵敏度系数	800mv/g	40v/g
分辨率	2×10^{-4}	5×10^{-7}
分析频率范围	1～1000Hz	1～1000Hz

测试列车为实际运营的 B 型 4 轴车，固定轴距 2.3m，车辆定距 12.6m，6 辆编组，由于试验在试运营期间进行，列车为 B 型车空车。

（2）评价标准和数据处理方法

目前分析轨道交通轨道减振措施的减振效果时，根据《城市区域环境振动测量方法》GB 10071 和《城市轨道交通引起建筑物振动与二次辐射噪声限值及其测量方法标准》JGJ/T 170 进行测量和评价，应采用 1～80Hz 频率范围内的 Z 振级插入损失值，作为减振措施的评价量。插入损失即为有、无隔振装置情况下的加速度级之差。

插入损失的定义为：

$$L_1 = 20 \lg \frac{a_{2R}}{a_2} \qquad (5\text{-}5\text{-}43)$$

式中　a_{2R}——没有隔振装置时的响应；

　　　a_2——有隔振装置时的响应。

当 $L_1 > 0$ 时，隔振系统起作用；当 $L_1 \leqslant 0$ 时，隔振系统没有衰减作用。

对式（5-5-43）进行变换，引入基准加速度 $a_0 = 10^{-6} \text{m/s}^2$，得到：

$$L_1 = 20 \lg \frac{a_{2R}}{a_2} = 20 \lg \left(\frac{a_{2R}}{a_0} \cdot \frac{a_0}{a_2} \right) = 20 \lg \frac{a_{2R}}{a_0} - 20 \lg \frac{a_2}{a_0} \qquad (5\text{-}5\text{-}44)$$

$$L_1 = VL_{2R} - VL_2 \qquad (5\text{-}5\text{-}45)$$

文中统一采用振动加速度来分别计算弹簧浮置板、梯形轨枕、轨道减振器、弹性短轨枕相对于普通整体道床的对比损失。

计算加速度有效值的计算时常为列车通过时段，Z 振级采用的时间计权常数为 1s。每个测点振动加速度以 6～10 次测量数据的算术平均值，取平均值作为该点的测量结果。

（3）测试结果与分析

1）时域分析

图 5-5-66 和图 5-5-67 为不同轨道结构在列车通过时的钢轨和隧道壁时域波形。从表 5-5-20 和图 5-5-68 中可以看出：轨道减振器、梯形轨枕、弹性短轨枕和钢弹簧浮置板可降低隧道壁 VL_{Zmax} 分别为 4dB、7.6dB、7.8dB、19.0dB。

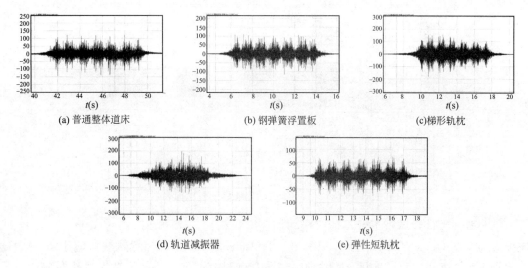

图 5-5-66　钢轨振动加速度典型时域波形图

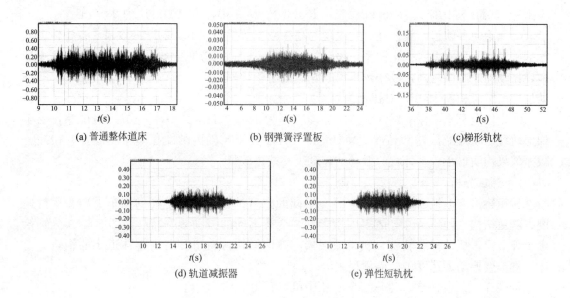

图 5-5-67　隧道壁振动加速度典型时域波形图

不同轨道结构振动加速度级（dB）　　　　　　　　　表 5-5-20

位置	频率范围	普通整体道床	钢弹簧浮置板	梯形轨枕	轨道减振器	弹性短轨枕
钢轨铅垂向	1～1000Hz	148.4	144.6	145.7	153.7	143.1
道床铅垂向	1～1000Hz	110.9	121.3	93.8	100.2	96.7
隧道壁 铅垂向	1～80Hz	85.8	63.0	76.6	77.9	76.0
	1～200Hz	87.6	63.9	78.2	78.7	77.4
	1～1000Hz	98.3	70.3	82.9	88.4	84.7

注：加速度有效值的计算时长为列车通过时段 8s。

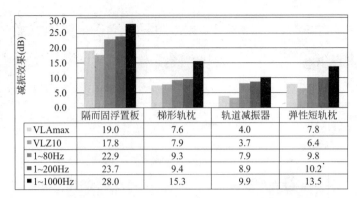

图 5-5-68　不同轨道结构隧道壁对比损失

①与普通整体道床隧道壁不计权振动加速度级相比，轨道减振器对应于 1～80Hz 对比损失为 7.9dB，1～200Hz 为 8.9dB，1～1000Hz 为 9.9dB；梯形轨枕对应于 1～80Hz 对比损失为 9.3dB，1～200Hz 为 9.4dB，1～1000Hz 为 15.3dB；弹性短轨枕对应于 1～80Hz 对比损失为 9.8dB，1～200Hz 为 10.2dB，1～1000Hz 为 13.5dB；钢弹簧浮置板对应于 1～80Hz 对比损失为 22.9dB，1～200Hz 为 23.7dB，1～1000Hz 为 28.0dB。

②无论何种轨道减振措施，均表现为高频减振效果高于低频的减振效果。各种轨道减振措施对应于不同上限截止频率，振动加速度级不同，对应减振效果也不同。截止频率越高，振动加速度级越高，减振效果也越好。隧道壁处对应于 1～1000Hz 与 1～80Hz 的振动加速度级可相差 10dB，对比损失可差别 6～10dB。

③人体全身垂向振动感觉敏感的振动频率为 1～80Hz，其中 4～10Hz 最敏感，由于梯形轨枕、轨道减振器和弹性短轨枕对于 40Hz 频率范围内的减振效果不明显，VL_{Zmax} 减振效果均明显小于不计权的振动加速度级的减振效果。

2）频域分析

城市轨道交通地下线振动频率因受不同的轨道结构形式、不同的列车类型、运行速度、隧道结构、地质条件等诸多因素影响，会有不同的振动频率特性。图 5-5-69 分别给出了弹簧浮置板、梯形轨枕、轨道减振器、弹性短轨枕轨道和普通整体道床的钢轨、道床、隧道壁振动加速度 1/3 倍频程频谱。

从表 5-5-21 和图 5-5-69～图 5-5-71 中可以看出：

各种减振措施隧道壁处不同频段的减振效果　　　　　　　　表 5-5-21

轨道类型	减振效果	频率
弹簧浮置板	7～13	12.5～40Hz
	18～33	50Hz 以上
梯形轨枕	9～18	50Hz 以上
轨道减振器	7～14	50Hz 以上
弹性短轨枕	6～20	50Hz 以上

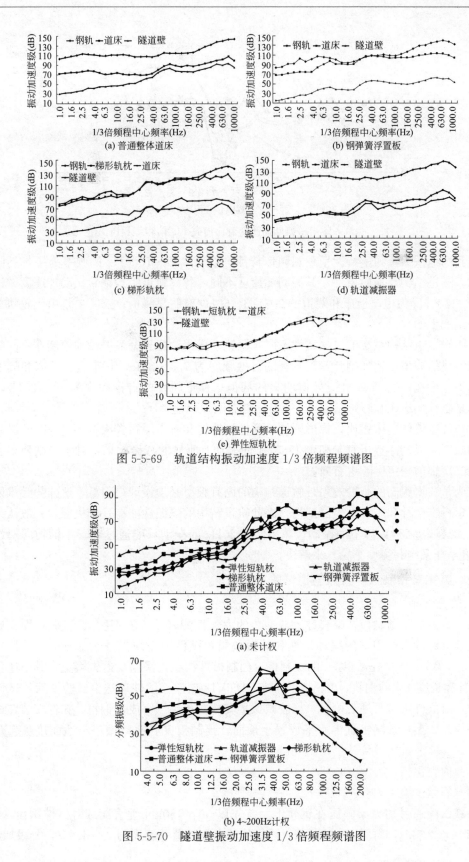

图 5-5-69 轨道结构振动加速度 1/3 倍频程频谱图

图 5-5-70 隧道壁振动加速度 1/3 倍频程频谱图

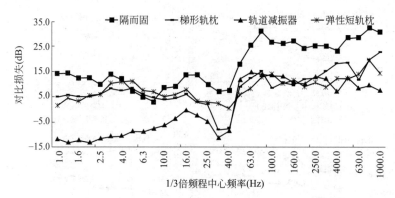

图 5-5-71　隧道壁振动加速度对比损失 1/3 倍频程频谱图

①我国地铁振源频谱特性呈现宽频带特性，以 $f=80\sim1000$Hz 的频率为主，不同轨道结构、隧道结构及地质条件，其振动加速度不同，各种轨道结构钢轨振动加速度频谱均以 $630\sim1000$Hz 为主，道床和隧道壁在 $31.5\sim60$Hz 有明显峰值，这主要是由于轮轨相互耦合作用产生的。

②由于轨道结构系统的自振特性不同，钢轨、道床、隧道壁等振动加速度在不同的频率处有明显的峰值。比如钢弹簧浮置板的自振频率为 $7.5\sim8$Hz，其钢轨、道床和隧道壁的振动加速度在中心频率 8Hz 处有明显的峰值；梯形轨枕的自振频率为 $25\sim35$Hz，钢轨、梯形轨枕、道床和隧道壁在 $25\sim40$Hz 处有明显峰值。

③与普通整体道床相比，梯形轨枕、弹性短轨枕和轨道减振器对高于 40Hz 的振动有明显的减振效果；浮置板对于高于 12.5Hz 的振动有明显的减振效果，对于控制列车运行产生的二次辐射噪声影响更有效。

④为了获得很高的减振效果，轨道结构的固有频率必须设计得很低，这样势必难以保证列车运行安全性和旅客乘坐舒适性，因此轨道结构的隔振性能有一个极限，一般认为轨道隔振无法解决 20Hz 以下的振动，减小低于 20Hz 的振动只能通过改善车辆转向架性能（低刚度悬挂系统和弹性车轮）来解决。

七、减振垫预制板浮置板轨道试验室试验

1. 试验概况

为了解减振垫预制板及配套橡胶减振垫的力学性能（动、静刚度）、自振特性、疲劳性能以及落锤冲击作用下的振动特性和减振效果，试件为 1 块尺寸为 3600mm（长）× 2200mm（宽）×330mm（厚）的预制板，预制板重约 6t，采用 C60 混凝土；其中还包括 6 组扣件和长度 4m 的钢轨，60kg/m 钢轨，DTVI2 扣件。试件运送至试验室后，试件组装到位，对试件进行了外观检查。橡胶减振垫安装在预制厂完成，钢轨、扣件安装在试验室内完成。减振垫预制板试件水平放置于地面，预制板仅底部减振垫与地面接触起减振作用。

试验内容包括：

（1）静载试验

静载试验通过加力架施压在钢轨上。首先以 $50\sim450$kN 垂直荷载对试件预压 3 次，然后从 $50\sim400$kN，每级 50kN 荷载，逐级加载。施加荷载速度为 $2\sim3$kN/s，分级加载 3

图 5-5-72　橡胶减振垫预制板加载工装图

个循环，并测量各级荷载所对应的预制板垂向位移和控制截面处的混凝土应变。

（2）300 万次疲劳试验

加载荷载值 40kN，加载频率 3.5Hz，循环次数为 300 万次。

（3）300 万次疲劳后的静载试验

试验荷载、试验工况、测点布置同疲劳前静载试验相同，用来分析 300 万次疲劳检验前、后减振垫预制板的应变、变形、轨道静刚度等的大小和变化。

（4）减振垫预制板轨道的自振特性

减振垫预制板轨道的自振特性（含铅垂向自振频率和振动阻尼比）。

（5）落锤冲击减振对比试验

落锤冲击试验是通过测试减振垫预制板在落锤冲击作用下的振动加速度，了解减振垫预制板及其基础在落锤冲击作用下的铅垂向振动加速度大小、频谱特性和 Z 振级，掌握在落锤冲击作用下预制板减振垫安装后相对于安装前（减振垫拆除，普通整体道床）的减振效果。

试验所采用的落锤质量为 50kg，垂直下落高度为 100～150mm，在预制板两侧钢轨上，垫厚 3～4mm 的橡胶垫，进行不少于 10 次有效冲击。

（6）配套橡胶减振垫动静刚度比试验

减振垫静刚度试验通过试验机向减振垫施加垂向荷载，测定垫板表面在荷载下产生的最大和最小位移。首先预加静载 9kN，卸载，停留 10s，再一次加载至 0.02kN，然后以 1mm/min 速度匀速加载至 9kN 后减载到 1.8kN，如此反复试验 3 次，取第三次在 9kN 和 1.8kN 测得的压缩量求得减振垫静刚度（或静力基础模量）。

减振垫动刚度试验通过试验机以恒定频率向减振垫施加周期垂向荷载，测定垫板表面产生的最大和最小位移，试验现场组装见图 5-5-73。首先预加静载 9kN，卸载，停留 10s，再一次加载至 0.02kN，然后施加周期荷载（1.8～9kN），加载频率为 5Hz 与 10Hz 两种工况，荷载循环 1000 次。在最后的 100 次荷载循环中，记录 10 个循环的实际加荷载和压缩量，取平均值后求得减振垫动刚度。

2. 试验结果

（1）自振特性

图 5-5-73　减振垫动静刚度试验

　　减振垫预制板自振频率采用自由振动衰减法测试，自由振动衰减法选取自由振动波形个数 $n \geqslant 4$。

$$\xi = \frac{\eta}{2} = \frac{1}{2}\sqrt{\frac{4\lambda^2}{4\pi^2 + 4\lambda^2}} \tag{5-5-46}$$

$$\lambda = \frac{1}{n}\ln\frac{X_i}{X_{i+n}} \tag{5-5-47}$$

式中　λ——单个波形对数衰减率；

　　　n——自由振动波形个数；

　　　X_i——第 i 个波峰幅值；

　　X_{i+n}——第 $(i+n)$ 个波峰幅值。

　　将测得的数据代入式（5-5-46）即可得出相应样品的阻尼比 ξ。减振垫预制板自振特性见表 5-5-22。从图 5-5-74 和图 5-5-75 可知，疲劳前减振垫预制板竖向自振频率为 15Hz，振动阻尼比为 8.4%。从图 5-5-76 和图 5-5-77 可知，300 万次疲劳试验后减振垫预制板竖向自振频率为 14.5Hz，振动阻尼比为 7.6%，300 万次疲劳试验前后减振垫预制板竖向自振特性未发生明显变化。

减振垫预制板自振特性

表 5-5-22

工况	竖向自振频率（Hz）	振动阻尼比（%）
疲劳前	15.0	8.4
300 万次疲劳后	14.5	7.6

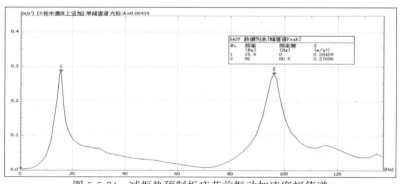

图 5-5-74　减振垫预制板疲劳前振动加速度幅值谱

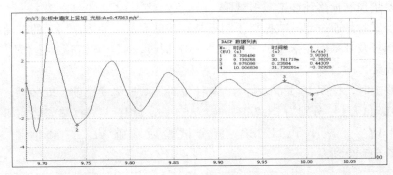

图 5-5-75　减振垫预制板疲劳前振动阻尼比

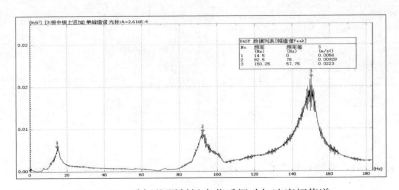

图 5-5-76　减振垫预制板疲劳后振动加速度幅值谱

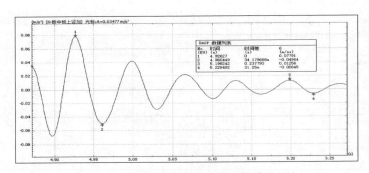

图 5-5-77　减振垫预制板疲劳后振动阻尼比

（2）疲劳前后静刚度变化

将试验所得各测点位移平均值数据代入式（5-5-48）即可得出该减振垫预制板系统的垂向静刚度 K。

$$K = \frac{\Delta P}{\Delta X} = \frac{(B-A)}{(X_B - X_A)} \qquad (5-5-48)$$

式中　X_B——试件在加载 B 荷载时的压缩量（mm）；

　　　X_A——试件在加载 A 荷载时的压缩量（mm）。

B 荷载选取 400kN，A 荷载选取 50kN。计算得到减振垫预制板系统疲劳试验前的静刚度为 105.59kN/mm；300 万次疲劳试验后减振垫预制板道床系统的静刚度为 100.72kN/mm，疲劳前后减振垫预制板的静刚度变化为－4.3%。

（3）减振垫预制板落锤冲击减振试验

落锤冲击试验是通过测试减振垫预制板及其基础在落锤冲击作用下的振动加速度，了解减振垫预制板及其基础在落锤冲击作用下的 Z 振级，掌握在落锤冲击作用下减振垫预制板的减振效果。

在落锤冲击时，按照 ISO2631-1：1985 计权时，减振垫安装前、安装后、300 万次疲劳后预制板基础 VL_{zmax} 分别为 78.7dB、66.8dB、66.9dB；与减振垫安装前相比，减振垫安装后基础 VL_{zmax} 减小了 11.9dB，疲劳试验后基础 VL_{zmax} 减小了 11.8dB。如图 5-5-78～图 5-5-80 所示。

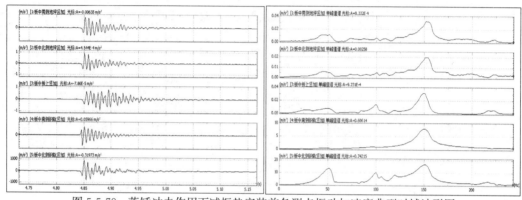

图 5-5-78　落锤冲击作用下减振垫安装前各测点振动加速度典型时域波形图

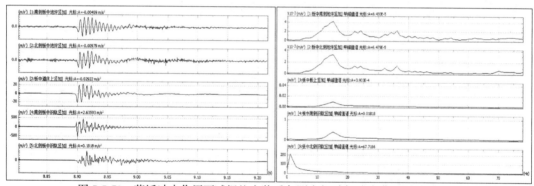

图 5-5-79　落锤冲击作用下减振垫安装后各测点振动加速度典型时域波形图

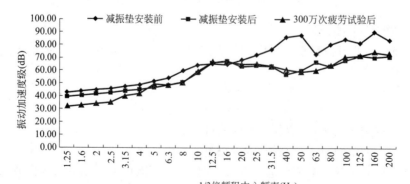

图 5-5-80　落锤冲击作用下减振垫安装前后、300 万次疲劳试验后基础减振效果

（4）橡胶减振垫动静刚度比试验

减振垫动静刚度比试验采用 3 块尺寸为 $300\text{mm} \times 300\text{mm} \times H$ 规格的减振垫样品分别进行试验，其中 H 为减振垫产品的制造厚度，试验采用的 3 块减振垫样品厚度如表 5-5-23 所示，试验现场照片如图 5-5-81 所示。静刚度荷载时程曲线如图 5-5-82 所示。

减振垫样品厚度表（mm）   表 5-5-23

试件编号	1	2	3	平均值
厚度	33.92	33.66	34.00	33.86

图 5-5-81　减振垫动静刚度试验

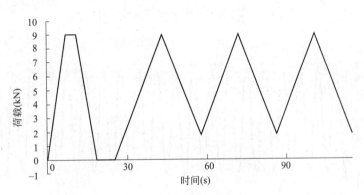

图 5-5-82　静刚度荷载时程曲线

减振垫动刚度试验通过试验机以恒定频率向减振垫施加周期垂向荷载，测定垫板表面产生的最大和最小位移。首先预加静载 9kN，卸载，停留 10s，再一次加载至 0.02kN，然后施加周期荷载（1.8～9kN），加载频率分别为 5Hz 与 10Hz，荷载循环 1000 次。在最后的 100 次荷载循环中，记录 10 个循环的实际加荷载和压缩量，取平均值后求得减振垫动刚度。截取部分动刚度荷载时程曲线如图 5-5-83 和图 5-5-84 所示。

表 5-5-24 为 3 块减振垫样品的动静刚度比试验结果，从表中可以看出其静刚度分别为 0.0184N/mm^3、0.0181N/mm^3、0.0194N/mm^3；5Hz 动荷载下，动刚度分别为 0.0201N/mm^3、0.0198N/mm^3、0.0212N/mm^3；10Hz 动荷载下，动刚度分别为 0.0212N/mm^3、0.0207N/mm^3、0.0223N/mm^3。5Hz 动荷载下，动静刚度比为 1.09、1.09、1.09；10Hz 动荷载下，动静刚度比为 1.15、1.14、1.15；均满足动静刚度比小于

等于 1.25 的要求。

减振垫动静刚度比试验结果 表 5-5-24

编号	静刚度 （N/mm³）	5Hz 动刚度 （N/mm³）	10Hz 动刚度 （N/mm³）	动静刚度比 （5Hz）	动静刚度比 （10Hz）
1	0.0184	0.0201	0.0212	1.09	1.15
2	0.0181	0.0198	0.0207	1.09	1.14
3	0.0194	0.0212	0.0223	1.09	1.15
平均值	0.0186	0.0204	0.0214	1.09	1.15

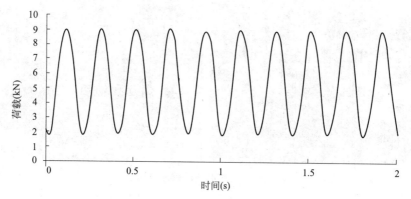

图 5-5-83 动刚度荷载时程曲线 （5Hz）

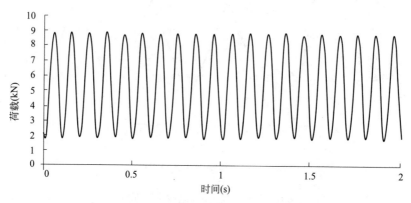

图 5-5-84 动刚度荷载时程曲线 （10Hz）

第六章 被动隔振

第一节 被动隔振设计方法

一、被动隔振设计方法

1. 单自由度体系

被动隔振仅考虑支承结构（或地基）作用的简谐干扰位移 $u_{ov}(t) = U_{ov}\sin\omega t$ 和简谐干扰转角 $u_{ov}\phi_v(t) = U_{ov}\phi_v\sin\omega t$（图 6-1-1），$v$ 分别为 x、y、z 轴。

而不考虑作用有脉冲干扰位移和脉冲干扰转角的情况，这种情况对支承结构（或地基）来说是不会发生的。

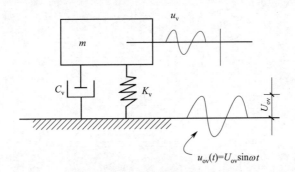

图 6-1-1 被动隔振

图 6-1-1 所示隔振体系，质点 m 的运动微分方程为：

被动隔振可按下列规定进行计算：

$$m\ddot{v}(t) + C_v[\dot{v}(t) - \dot{u}_{ov}(t)] + K_v[v(t) - u_{ov}(t)] = 0 \tag{6-1-1}$$

$$\ddot{v}(t) + 2n_v\dot{v}(t) + \omega_{nv}^2 v(t) = 2n_v\dot{u}_{ov}(t) + \omega_{nv}^2 u_{ov}(t) \tag{6-1-2}$$

$$n_v = \frac{1}{2}\frac{C_v}{m} \tag{6-1-3}$$

$$\omega_{nv} = \sqrt{\frac{K_v}{m}} \tag{6-1-4}$$

令
$$u_{ov}(t) = U_{ov} \cdot \sin\omega t = U_{ov} \cdot e^{j\omega t}（取虚部） \tag{6-1-5}$$

则
$$v(t) = V_o \cdot e^{j\omega t}（取虚部） \tag{6-1-6}$$

代入式（6-1-1）和式（6-1-2）则得：

$$v_o = [(\omega_{nv}^2 - \omega^2) + j\,2n_v \cdot \omega]\,e^{j\omega t} = U_{ov}(\omega_{nv}^2 + j\,2n_v \cdot \omega)\,e^{j\omega t} \tag{6-1-7}$$

$$v_o = u_{ov}\frac{\sqrt{(\omega_{nv}^2)^2 + (2n_v\omega)^2}\,e^{j\delta t}}{\sqrt{(\omega_{nv}^2 - \omega^2)^2 + (2n_v\omega)^2}\,e^{j\theta t}} \tag{6-1-8}$$

$$\tan\delta_v = \frac{2n_v \cdot \omega}{\omega_{nv}^2} \tag{6-1-9}$$

$$\tan\theta_v = \frac{2n_v \cdot \omega}{\omega_{nv}^2 - \omega^2} \tag{6-1-10}$$

代入式（6-1-6），则得式（6-1-1）、式（6-1-2）的解为：

$$v(t) = u_{ov} \cdot \frac{\sqrt{1 + \left(2\zeta_v \frac{\omega}{\omega_{nv}}\right)^2}}{\sqrt{\left[1 - \left(\frac{\omega}{\omega_{nv}}\right)^2\right]^2 + \left(2\zeta_v \frac{\omega}{\omega_{nv}}\right)^2}} \cdot \sin(\omega t + \delta_v - \theta_v) = U_v \cdot \sin(\omega t + \delta_v - \theta_v)$$

$$\tag{6-1-11}$$

上式当 $\sin(\omega t + \delta_v - \theta_v) = 1$ 时，得最大振幅值为：

$$U_v = U_{ov} \cdot \eta_{v \cdot max} \tag{6-1-12}$$

$$u_{\phi v} = u_{o\phi v} \cdot \eta_{\phi v \cdot max} \tag{6-1-13}$$

$$\eta_{vmax} = \frac{\sqrt{1 + \left(2\zeta v \cdot \frac{\omega}{\omega_{nv}}\right)^2}}{\sqrt{\left[1 - \left(\frac{\omega}{\omega_{nv}}\right)\right]^2 + \left(2\zeta v \cdot \frac{\omega}{\omega_{nv}}\right)^2}}; \zeta_v = \frac{n_v}{\omega_{nv}} \tag{6-1-14}$$

$$\eta_{\phi vmax} = \frac{\sqrt{1 + \left(2\zeta_{\phi v} \cdot \frac{\omega}{\omega_{\phi nv}}\right)^2}}{\sqrt{\left[1 - \left(\frac{\omega}{\omega_{\phi nv}}\right)\right]^2 + \left(2\zeta_{\phi v} \cdot \frac{\omega}{\omega_{\phi nv}}\right)^2}}; \zeta_{\phi v} = \frac{n_{\phi v}}{\omega_{\phi nv}} \tag{6-1-15}$$

2. 对于双自由度耦合振型的被动隔振系统的计算公式，同样可按上述方法和主动隔振的计算公式进行推导得到，这里不再详述。

二、被动隔振设计步骤

1. 被动隔振设计应具备的资料，详见第三章第一节。

2. 隔振方案的选择：首先要考虑隔振效果，也要满足传递率 η 的要求，被动隔振传递率为：

$$\eta = \frac{u_h}{u_g} \tag{6-1-16}$$

式中　u_h——隔振后通过隔振器输出的振动位移；

　　　u_g——受外界干扰的振动位移。

3. 被动隔振体系计算时，采用如下假定：

（1）被隔振对象的质量中心与隔振器的刚度中心在一条铅垂线上；

（2）隔振器的质量在整个隔振体系中所占的比重十分微小，计算时可忽略不计；

（3）台座结构为不变形的刚体；

（4）支承隔振器的底座为刚性支座。

4. 根据被动隔振方法进行隔振计算，满足设计要求。

第二节　精密仪器及设备

一、精密仪器、设备的特点及控制振动的意义

第二次世界大战后半个多世纪是现代科技高速发展的时期，人类经过半个多世纪的努力，无论在工业、医药、生物、核能、环境、宇宙探索、军事技术以及基本理论研究等方面，都取得了重大的成就。材料的高纯度、产品的高精度及可靠性是这一时期科技发展的特点。超微细加工、装配和测试，对诸如空气洁净、防微振、防电磁干扰、低噪声以及对超纯水、超纯气体等的严格要求，使由此产生的环境控制学得到了迅速发展。控制微污染，已成为现代科技发展的一项前沿学科，控制微振动，即防微振，是这一学科的一个重要分支。对精密仪器、设备的微振动控制体现在各行各业，例如微电子工业，集成电路线宽已精细到纳米级，线宽 10nm 集成电路产品已经面世，线宽 7nm 产品已进入实验室阶段，硅片加工中的光刻工序对微振动控制极为严格，已要求频域振动速度值不大于 $1\mu m/s$；在光栅刻线加工方面，6000 线/mm 的光栅刻线对微振动限制在时域振动速度不大于 $1.5\mu m/s$。在惯导技术方面，为提高导弹的打击精度，准确命中目标，需要对陀螺仪、加速度计及组合制导系统的精度提出极高的要求，这种高精度惯导系统的测试和检测已要求环境振动不大于 $1\times10^{-8}g$；对于空间光学装置（可见光、红外、激光等）的地面精密检测，其光束在数十米光程的平行光管内不能有丝毫的抖动，对环境振动有苛刻的限制；在海关的货物快速无损检查方面，特别是铁路货运列车的快速无损检查，要求在列车行驶通过检测站时，检测仪器不受列车振动影响，必须将检测仪器安装于隔振台座上；其他诸如精密机械加工、光学器件加工、特种声学实验、理化实验、长度计量、精细化工、超薄金属箔材轧制等，都需要对微振动进行控制。

我国对微振动控制技术的研究及工程实践始于 20 世纪 60 年代初期，经历了长期的努力，不仅建立和完善了防微振理论，进行了对精密仪器、设备的容许振动值的试验研究，开发了微振动控制用隔振产品，还进行了大量的工程实践，成功地解决了如彩色胶片涂布、惯导系统测试、集成电路光刻、空间光学装置检测、铁路货运列车快速无损检查、激光实验、光栅刻线及超薄金属箔材轧制、理化实验及军用装备检测等方面的防微振问题。

改革开放以来，随着我国工农业生产、国防科技及科学研究等领域的飞速发展，在精密仪器、设备隔振即微振动控制技术方面也取得了瞩目的成就，取得了显著成果，这不仅表现在科研方面，更表现在科研成果转化应用在具体工程项目上，为国民经济及国防科技发展作出了重要贡献，使我国的精密仪器、设备隔振技术接近国际先进水平。

二、减弱环境振动对精密仪器设备影响应采取的措施

减弱环境振动对精密仪器、设备的影响，是一项综合措施，一般应包括：减弱建筑物地基基础和建筑结构振动，对振源设备、精密仪器及设备隔振等。对于要求较高的精密仪器及设备，不可能只采取单一的措施就能达到目的，采取综合措施尤为重要。而对精密仪器及设备进行隔振，仅是其中的一项措施。由于精密仪器及设备感受的是一个微量的振动，这样微量的振动，其影响因素及传递途径都较复杂，因此，在工程设计中，应采取综合措施、分阶段实施、分阶段实测微振动，为下一步采取措施提供数据。综合措施如下：

1. 减弱建筑地基基础和建筑结构振动的措施

为了减弱外界传来的振动，对有精密仪器、设备的厂房或实验室的地基基础及建筑结构采取措施，能起到相当的效果。以集成电路芯片生产厂房为例，常采用桩基或复合地基，并且采用厚重的整体浇筑底板（±0.00 位置），底板的厚度有达 1000mm 者，这种厚重的底板，能较好减弱外界传来的振动。图 6-2-1 和图 6-2-2 为某芯片厂房 800mm 厚底板上测得的振动与室外地面振动的对比。

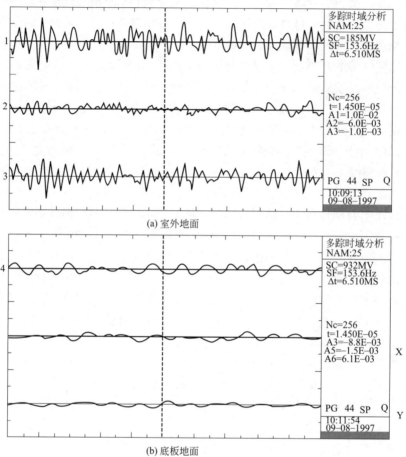

(a) 室外地面

(b) 底板地面

图 6-2-1　厚重底板对减弱振动的作用（一）

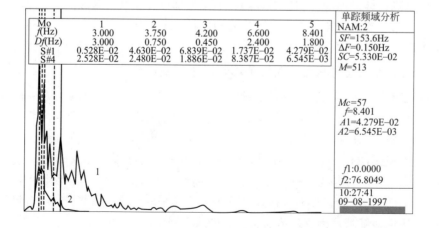

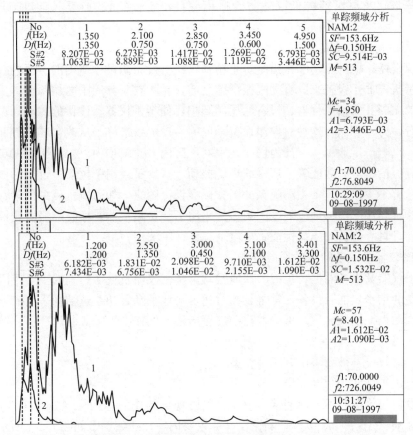

图 6-2-2　厚重底板对减弱振动的作用（二）

1—室外地面；2—底板顶面

在建筑结构上采取的措施更为多样，仍以集成电路芯片厂房为例，对二层的生产层采用小尺寸的柱网及厚重的楼板，有时在一层的柱间设置防微振墙（或支撑）以减弱生产层的振动，生产层楼板常用无梁楼盖形式，板厚达 800～1000mm，这些措施都能有效减弱环境振动影响，图 6-2-3 为某芯片厂房防微振动结构方案。

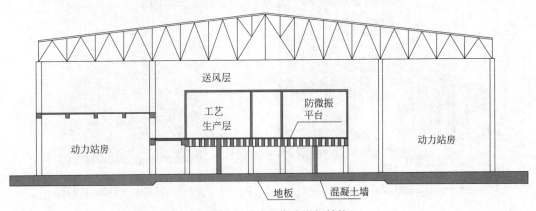

图 6-2-3　芯片厂房防微振结构

对地基基础及建筑结构采取的防微振措施，由于投资较大，实施时应进行多方案比较。

2. 振源设备的主动隔振措施

对振源设备采取的主动隔振措施，是精密仪器、设备防微振措施的重要内容。一般说来，在对精密仪器、设备采取被动隔振措施之前，首先要对其周围的振源设备采取隔振措施，能有效减弱其对精密仪器、设备的振动影响，使精密仪器、设备的被动隔振得以合理有效地进行。另一方面，这种对振源设备采取的主动隔振措施，从改善环保方面考虑，也是有益的。以电子工业工厂设计为例，几乎对厂区内（建筑物内外）的所有振源设备，均采取主动隔振措施，有效改善了厂区的环境振动，减少了对精密仪器、设备的振动影响。

我国已有不少振源设备主动隔振的国家标准设计图集，如通风机隔振图集、水泵隔振图集、压缩机隔振图集、冲床隔振图集等，采用了弹簧隔振器、橡胶隔振器或橡胶隔振垫等隔振元件，具有优良的隔振性能，可供工程设计中选用。

3. 精密仪器及设备的被动隔振措施

对精密仪器及设备隔振，是减弱环境振动对精密仪器及设备影响的主要手段。对于微振要求较高的精密仪器及设备，常常是在对建筑物地基基础和建筑结构采取措施及对振源设备采取主动隔振措施之后，再采取被动隔振措施，例如电子工业芯片厂房、航空、航天实验室等均属此类。

精密仪器及设备被动隔振有三种类型：

（1）与建筑结构相结合类型

精密设备与隔振器不直接连接，中间设置由现场制作的结构物（如台座），是《工程隔振设计标准》GB 50463 中被动隔振设计的主要内容。典型例子如图 6-2-4 所示。

（2）与精密设备相结合类型

精密仪器及设备直接与隔振器相连，使隔振器成为仪器及设备的一部分。常见有光刻机、精缩机、电子束扫描曝光机、三坐标测量仪、电子显微镜等，这种类型已越来越多地在精密仪器及设备的成套供应中出现，其隔振元件多为空气弹簧隔振器，并配置有调平装置的高度控制阀，如图 6-2-5 所示某自带隔振器的精密设备。

图 6-2-4　与建筑结构结合型被动隔振

图 6-2-5　自带隔振器的精密设备

（3）商品化隔振台座

工厂化生产，带有整套空气弹簧隔振装置及台座的产品。隔振装置由空气弹簧隔振器、高度控制阀组成，有时配置了气源（微型空压机），台座多为平板型，顶面为不锈钢板。产品有标准型与非标准型，标准型为固定几种台座尺寸的定型产品，非标准型可随用户要求设计制作。这类商品化隔振台座承载能力较小，适用于小型精密仪器隔振，常用于激光等理化实验，如图 6-2-6 所示标准型隔振台座，如图 6-2-7 所示非标准隔振台座。另外还有一种隔振平板（空气弹簧隔振），适用于小型仪器，如图 6-2-8 所示。

图 6-2-6　标准型隔振台座

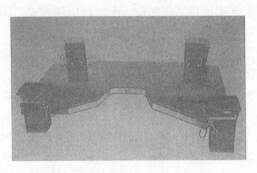
图 6-2-7　非标准隔振台座

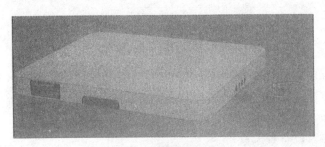
图 6-2-8　隔振平板

商品化隔振台座及隔振平板适用于隔振要求不很高的一般精密仪器及设备，选用时产品供应商应提供台座承载能力及隔振性能等参数。

对于一些极为精密的仪器及设备，采用上述措施往往不能完全消除振动影响，特别是直接施加在精密仪器、设备上的振动，例如对于线宽为纳米级的光刻机，因洁净室内气流扰动及声压变化引起的设备振动，以及光刻机附加装置运行引起的振动及设备自振，已对光刻机的加工产生影响，而这样的振动无法用隔振来加以消除，需采用主动控制系统来解决。

主动控制系统对于低频段振动的控制有较好效果，常与被动隔振系统配合采用。

主动控制系统已有产品问世，图 6-2-9 为其产品外形。

图 6-2-9　主动控制系统

三、精密仪器及设备隔振设计方法

精密仪器及设备隔振设计与一般工程设计（包括动力设备隔振设计）有明显的不同，

这是由它本身的特点所决定的。精密仪器、设备的隔振设计有如下特点：

（1）防微振工程是分阶段进行的，如总平面布置设计、精密厂房建筑结构防微振设计、动力设备隔振设计及精密仪器设备隔振设计及各阶段的微振动测试等，只有分阶段进行，才能使工程具有成功的可能性，精密仪器设备隔振设计是其中的一项内容。

（2）微振动是物体的微观运动，量值微小，影响因素多，传递途径复杂，难以用理论公式来描述不同场地、不同环境的振动，因此，特别强调依靠在工程每一阶段的振动实测取得真实数据，进行防微振工程设计。

根据经验，精密仪器及设备隔振设计及工程施工应按图 6-2-10 所示程序进行，实践证明这是较为有效的设计方法。

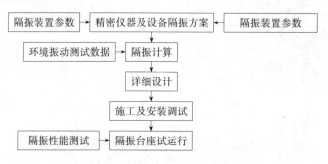

图 6-2-10　精密仪器及设备隔振设计和施工安装程序

在这个设计程序中，有几个十分重要的环节，即环境振动测试，仪器、设备容许振动值的确定及隔振方案比较等。

1. 隔振设计所需资料

（1）精密仪器及设备有关资料

1）仪器及设备型号、规格及轮廓尺寸图；

2）仪器及设备质量、质心位置及质量惯性矩；

3）仪器及设备的底座外轮廓图，附属装置，管道及坑、沟、洞尺寸，地脚螺栓及预埋件位置等；

4）仪器及设备调平要求；

5）仪器及设备容许振动值；

6）当仪器及设备有内振源时，应了解扰力性质、大小、频率及作用位置；

7）仪器及设备有移动部件时，应了解移动部件质量、质心位置及移动范围；

8）仪器及设备操作要求及人、机位置。

（2）工程地质资料

（3）环境振动测试资料

1）环境振动测试资料是精密仪器及设备隔振设计的重要依据。由于不同场地及结构物上环境振动响应不同，要准确做好精密仪器及设备的隔振设计，必须依靠实测的环境振动数据。

2）环境振动数据采集应根据精密仪器及设备容许振动的物理量进行，如振动速度、加速度、位移的时域值或频域值、幅值为峰值或有效值（均方根值）以及频带宽度等。

（4）建筑结构等有关资料

1）建筑结构柱网、跨度、结构形式及承载能力；

2）精密仪器及设备所在位置支承结构的详细资料，如结构形式、几何尺寸及承载能力；

3）采用空气弹簧隔振时，需提供电源、压缩空气（或氮气）参数及接口位置；

4）当位于洁净室内时，需提供洁净度等级。

2. 隔振设计方案

与建筑结构相结合类型的隔振设计方案可分为：

（1）支承式隔振：为普遍使用的一种形式。隔振台座用钢筋混凝土、型钢混凝土、石料、型钢或铸钢制作，台座应具有足够的刚度。当置于地面以下时，台座四周应留安装及检修通道，并应留有千斤顶位置，便于在安装隔振器时，将台座顶起。

（2）悬挂式隔振

1）刚性吊杆悬挂式隔振：采用两端铰接的刚性吊杆悬挂隔振台座及精密设备，此种形式仅用于减弱水平向振动。

2）悬挂支承式隔振：两端铰接的刚性吊杆一端连接隔振台座，另一端连接隔振器。

隔振器一般为受压状态，此种形式用于减弱垂直向及水平向振动。支承式隔振为常用的隔振方案。

（3）地板（楼板）整体式隔振

当仪器、设备布置较密集时，采用此种形式，将大面积地板（楼板）置于隔振器上，这种形式常用于电子计算机机房工程。

精密仪器及设备，特别是一些贵重设备，由于对环境振动要求严格，或者其长度、体积及质量较大，或者使用场所特殊，安装后不易变动，隔振设计的合理性非常重要。因此，在方案设计或初步设计阶段应进行多种方案比较，优化设计方案。

在隔振设计方案中，隔振器的选择十分重要。隔振器种类繁多，但供精密仪器及设备隔振用的品种有限，应根据隔振要求不同加以选择，优先选择市场供应的定型产品。

适用于精密仪器及设备隔振的隔振器的特性见表 6-2-1。

隔振材料及隔振器特性   表 6-2-1

名称	特性	最低固有振动频率（Hz）	阻尼比	应用
金属弹簧隔振器	1. 力学性能稳定,计算与试验值误差小； 2. 隔振效果好； 3. 承受荷载的覆盖面大； 4. 适用温度－35～600℃； 5. 耐油、水浸蚀； 6. 阻尼值很小； 7. 由于波动效应影响,高频振动传递率高	2.1～3.5	0.005	质量与质心位置无变化的一般精密设备
橡胶隔振器	1. 可制作成需要的几何形状； 2. 适用于中、高频振动的隔振； 3. 有一定的阻尼值； 4. 环境温度变化对隔振器刚度影响大； 5. 适用温度－5～500℃； 6. 耐油、紫外线、臭氧性能差,寿命短	7～12	0.07～0.10	防微振要求不高的精密设备

名称	特性	最低固有振动频率（Hz）	阻尼比	应用
橡胶隔振垫	特性同橡胶隔振器，而且具有： 1. 安装方便，价廉； 2. 可多层叠用，降低固有振动频率	8～17	0.07～0.10	防微振要求不高的精密设备
海绵乳胶	1. 弹性好，有一定阻尼值； 2. 构造简单，使用方便； 3. 适用于中、高频隔振； 4. 承载能力低； 5. 易老化	3～5	0.07	小型精密设备
空气弹簧隔振器	1. 刚度随荷载变化； 2. 按需要选择不同类型胶囊及约束条件，能到达极低的固有振动频率，对低频、中频及高频的隔振效果突出； 3. 能同时承受轴向及径向振动； 4. 阻尼值可调节； 5. 承受荷载的覆盖面大； 6. 隔声效果较好； 7. 配用高度控制阀，可自动保持被隔振体的水平度； 8. 应用范围广； 9. 耐疲劳； 10. 价格较贵	竖向 0.7～1.5 水平向 1.0～2.5	竖向＞0.15 水平向＞0.10	一切精密设备，特别适合于防微振要求高的精密设备

用于精密仪器及设备隔振的隔振器应具有较低刚度及较大的阻尼值，较低的刚度可以获得低固有振动频率，得到较好的隔振效果，而较大的阻尼值可以减少隔振体系自振幅值，同时可以减少由于碰撞隔振体系引起的振动，根据经验，隔振体系的阻尼比不宜小于 0.10。

金属弹簧本身阻尼值极小，而设置有阻尼器的金属弹簧隔振器，由于改善了阻尼性能，可应用于质量及质心位置无变化的仪器及设备的隔振。橡胶隔振器及隔振垫具有一定的阻尼值，但由于其刚度较大，只能用于要求不高的精密仪器及设备。

空气弹簧由于具有很低的刚度及可调节阻尼等特点，在精密仪器及设备被动隔振中已广泛应用。应用于被动隔振体系的空气弹簧是一种组合型的装置，它由空气弹簧隔振器、竖向阻尼器、横向阻尼器、高度控制阀、控制柜及管道组成，另有气源系统供给压缩空气，对于小型隔振台座，可用压缩氮气瓶供气。另外，商品化的空气弹簧隔振台座由空气弹簧隔振器、高度控制阀及管道组成，并配有小型空压机或压缩氮气瓶。

国产常用被动隔振用空气弹簧隔振装置性能见表 6-2-2。

国产被动隔振用空气弹簧隔振器性能　　　　　　　　　表 6-2-2

系列	性能					
	单只隔振器荷载范围（kN）	隔振器有效直径（mm）	最低固有振动频率 f（Hz）		阻尼比 ζ	
			垂直向	横向	垂直向	横向
JYKT	3～66	$\phi140～\phi410$	0.7	1.7	＞0.35	＞0.10
ZYM	2～140	$\phi113～\phi600$	0.95	0.8	＞0.35	＞0.10

国产商品化空气弹簧隔振台座有多种型号，台座平面尺寸为 1200mm×800mm～3500mm×1500mm、固有振动频率为 2～3Hz，阻尼比较小。

图 6-2-11 为支承式隔振方案，用空气弹簧隔振。

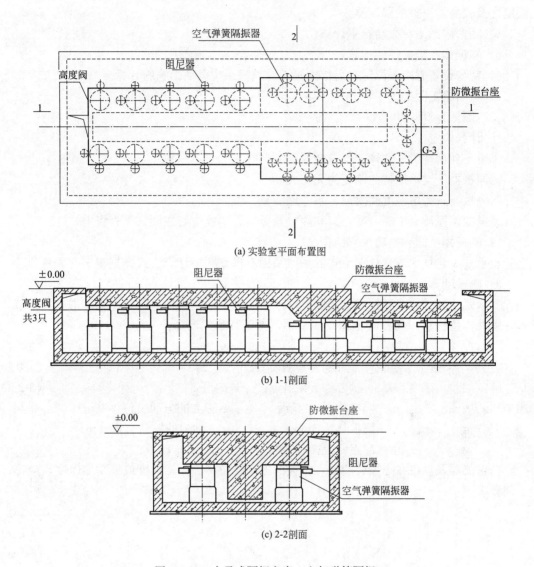

(a) 实验室平面布置图

(b) 1-1剖面

(c) 2-2剖面

图 6-2-11　支承式隔振方案（空气弹簧隔振）

3. 隔振设计

（1）隔振设计步骤

1）收集并熟悉设计资料，熟悉需隔振设备的工作原理，判断采取隔振措施的需求，在此基础上确定隔振方案类型及隔振器类型。

2）对照精密仪器及设备容许振动值及环境振动测试数据，寻找在频域上超出容许振动值的频率及所对应的振动幅值，由此确定隔振系统的传递率。

对于精密仪器及设备被动隔振而言，环境振动不可能是单一频率的简谐振动，因此，必须根据环境振动频率域分析结果来确立隔振系统的有关参数，包括隔振台座质量、传递率等。

3）根据确定的隔振参数初选隔振器，获得隔振器的刚度值及阻尼值。应尽量选择较低刚度及较高阻尼值的隔振器。

4）隔振体系固有振动频率计算。

5）隔振体系隔振性能计算。

6）精密设备有内振源时，需作内振源对隔振系统振动影响的计算。

7）绘制施工图纸。

（2）隔振计算

1）计算假定

①设备和台座为一刚体，没有变形。

②隔振器下支承结构的刚度为无穷大。

③隔振器只考虑刚度和阻尼，不考虑质量。

④隔振体系质量中心（质心）和隔振器竖向总刚度中心在同一垂直线上。

2）隔振体系固有振动频率计算

支承式、悬挂式或悬挂支承式隔振体系固有振动频率计算公式详见本书有关章节。

3）隔振计算

支承式、悬挂式或悬挂支承式隔振体系质心处振动位移计算公式详见本书有关章节。

隔振体系任意一点 L 处的振动线位移，按下列公式计算：

$$u_{xL} = u_x + u_{\phi y} z_L - u_{\phi z} y_L \tag{6-2-1}$$

$$u_{yL} = u_y + u_{\phi z} x_L - u_{\phi x} z_L \tag{6-2-2}$$

$$u_{zL} = u_z + u_{\phi x} y_L - u_{\phi y} x_L \tag{6-2-3}$$

式中　u_{xL}、u_{yL}、u_{zL}——隔振体系 L 点沿 x、y、z 轴向的振动线位移（m）；

u_x、u_y、u_z——隔振体系质心处沿 x、y、z 轴向的振动位移（m）；

x_L、y_L、z_L——L 点距隔振体系质心的坐标值（m）。

精密仪器及设备在隔振后的某点位置的振动线位移、振动速度或振动加速度，应符合下列要求：

$$u \leqslant [u] \tag{6-2-4}$$

$$v \leqslant [v] \tag{6-2-5}$$

$$a \leqslant [a] \tag{6-2-6}$$

式中　$[u]$——精密仪器及设备的容许振动线位移（m）；

$[v]$——精密仪器及设备的容许振动速度（mm/s）；

$[a]$——精密仪器及设备的容许振动加速度（m/s^2）。

4）对于大型及超长型台座，尚应计算台座的模态频率，并考虑环境振动对台座的影响。

四、精密仪器及设备隔振设计实例

1. 设计资料

（1）精密设备有关资料：一台空间光学设备的测试装置，有较高防微振要求。装置质量为 9t，质心高度 5.2m，质量惯性矩见表 6-2-3。

装置的质量及质量惯性矩　　　　　　　　　　表 6-2-3

部件号	质量(t)	质心位置(m)			质量惯性矩(kg・m²)		
		x	y	z	x	y	z
m_1	2.5	0	0	8.1	1000	1000	800
m_2	2.0	0	0	5.7	400	400	560
m_3	3.0	0	0	3.6	17000	17000	8000
m_4	1.5	0	0	2.8	4300	4300	500
共计	9.0	0	0	5.2	—	—	—

装置容许振动值：在频带 $1\sim100\text{Hz}$ 范围内任意频率点的振动速度值应小于或等于 $1\times10^{-3}\text{mm/s}$。

装置的底座尺寸及安装要求从略。

(2) 场地环境振动实测数据：场地环境振动实测线性谱见图 6-2-12，可以看出，部分频率点的振动速度幅值大于容许振动值。

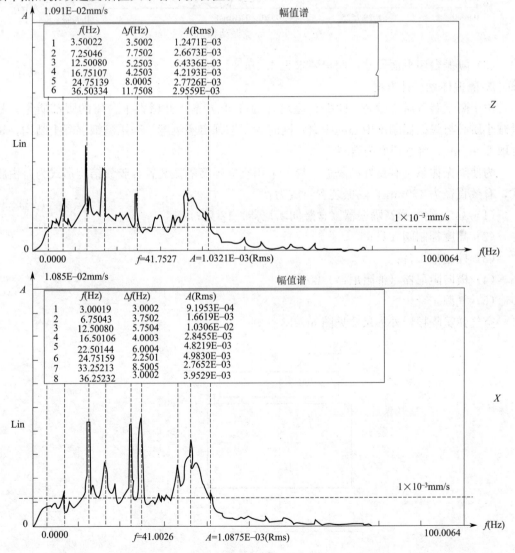

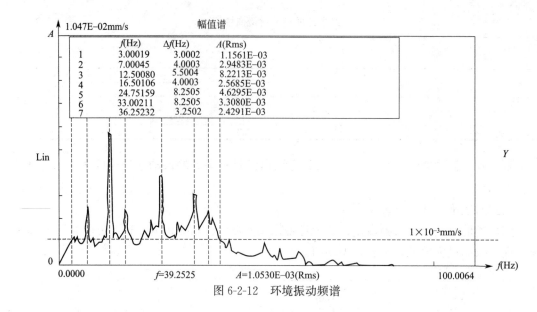

	f(Hz)	Δf(Hz)	A(Rms)
1	3.00019	3.0002	1.1561E−03
2	7.00045	4.0003	2.9483E−03
3	12.50080	5.5004	8.2213E−03
4	16.50106	4.0003	2.5685E−03
5	24.75159	8.2505	4.6295E−03
6	33.00211	8.2505	3.3080E−03
7	36.25232	3.2502	2.4291E−03

图 6-2-12　环境振动频谱

（3）隔振台座平面尺寸：用户要求为 4.4m×4.4m。

2. 隔振体系设计方案

由于测试装置质心较高，隔振台座设计为 T 形方案，并增大了台座的腹部质量，尽量减小质心与隔振器刚度中心的距离。同时为了增强台座刚度，采用型钢混凝土结构，密度取 2.9t/m³。台座顶面为石料饰面。

为使隔振体系具有良好的隔振效果，采用空气弹簧隔振装置，胶囊结构形式为自由膜式，有效直径为 450mm，隔振装置组成为：

（1）ϕ450 空气弹簧隔振器（含竖向阻尼器）12 只；

（2）高度控制阀 3 只；

（3）控制柜 1 台；

（4）横向阻尼器（油阻尼器）20 只；

（5）气源 1 套。

空气弹簧隔振器外形尺寸见图 6-2-13。

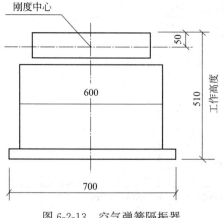

图 6-2-13　空气弹簧隔振器

隔振台座尺寸及隔振器安装位置见图 6-2-14。

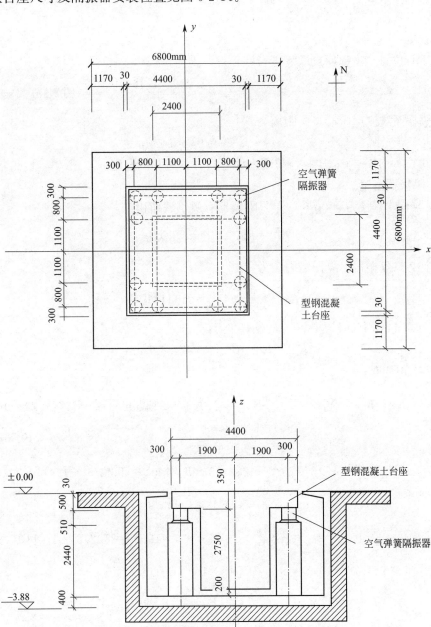

图 6-2-14　隔振系统设计方案

3. 隔振系统固有振动频率计算

（1）隔振系统质量及质心位置

1）质量：

台座：$4.4 \times 4.4 \times 0.5 \times 2.9 + 2.4 \times 2.4 \times 2.75 \times 2.9 + 4.4 \times 4.4 \times 0.03 \times 2 = 75.17\text{t}$

装置：9t

总质量：$75.17 + 9 = 84.17\text{t}$

2）质心位置：坐标原点取隔振台座顶部，则

$$\frac{9 \times 5.2 - 28.07 \times 0.28 - 45.94 \times 1.905 - 1.16 \times 0.015}{84.17} = 0.58\text{m}$$

3）隔振系统刚度中心竖向距离：

$$0.03 + 0.5 + 0.05 = 0.58\text{m}$$

$Z = 0.58 - 0.58 = 0$，质心与总刚度中心重合，为非耦合型。

（2）隔振器刚度

隔振器有效直径为450mm，单只隔振器有效承载面积：

$$\frac{\pi}{4} \times 450^2 = 159043\text{mm}^2$$

试用12只隔振器，隔振器内压为：

$$p = \frac{841700}{159043 \times 12} = 0.441\text{MPa}$$

当 $p = 0.441\text{MPa}$ 时，单只隔振器刚度为：

$$K_{zi} = K_{xi} = K_{yi} = 2822.6\text{N/cm}$$

隔振器总刚度：

$$K_z = K_x = K_y = \sum_{i=1}^{n} K_{zi} = \sum_{i=1}^{n} K_{xi} = \sum_{i=1}^{n} K_{yi} = 2822.6 \times 12 = 33871.2\text{N/cm}$$
$$= 3.387 \times 10^6 \text{kg/s}^2$$

$$K_{\phi z} = \sum_{i=1}^{n} K_{xi} y_i^2 + \sum_{i=1}^{n} K_{yi} x_i^2 = (2822.6 \times 8 \times 190^2 + 2822.6 \times 4 \times 110^2) \times 2$$
$$= 1.904 \times 10^9 \text{N} \cdot \text{cm} = 1.904 \times 10^{11} \text{kg} \cdot \text{cm}^2/\text{s}^2$$

$$K_{\phi x} = \sum_{i=1}^{n} K_{zi} y_i^2 + \sum_{i=1}^{n} K_{yi} z_i^2 = 2822.6 \times 8 \times 190^2 + 2822.6 \times 4 \times 110^2$$
$$= 951.78 \times 10^6 \text{N} \cdot \text{cm} = 9.518 \times 10^{10} \text{kg} \cdot \text{cm}^2/\text{s}^2$$

$$K_{\phi y} = \sum_{i=1}^{n} K_{zi} x_i^2 + \sum_{i=1}^{n} K_{xi} z_i^2 = 9.518 \times 10^{10} \text{kg} \cdot \text{cm}^2/\text{s}^2$$

（3）质量惯性矩：质心位置见图6-2-15。根据计算质量惯性矩的有关公式：

1）J_z 的计算：

$J_{z1} = 800\text{kg} \cdot \text{m}^2 = 8 \times 10^6 \text{kg} \cdot \text{cm}^2$

$J_{z2} = 560\text{kg} \cdot \text{m}^2 = 5.6 \times 10^6 \text{kg} \cdot \text{cm}^2$

$J_{z3} = 8000\text{kg} \cdot \text{m}^2 = 80 \times 10^6 \text{kg} \cdot \text{cm}^2$

$J_{z4} = 500\text{kg} \cdot \text{m}^2 = 5 \times 10^6 \text{kg} \cdot \text{cm}^2$

$J_{z5} = \dfrac{1160 \times (440^2 + 440^2)}{12} = 37.43 \times 10^6 \text{kg} \cdot \text{cm}^2$

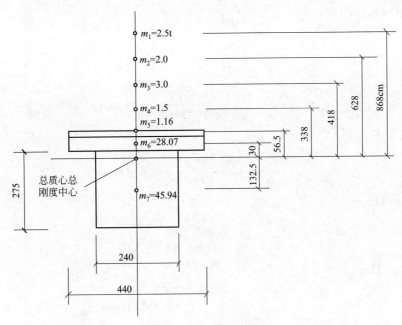

图 6-2-15　质心位置

$$J_{z6} = \frac{28070 \times (440^2 + 440^2)}{12} = 905.73 \times 10^6 \, \mathrm{kg \cdot cm^2}$$

$$J_{z7} = \frac{45940 \times (240^2 + 240^2)}{12} = 441.02 \times 10^6 \, \mathrm{kg \cdot cm^2}$$

$$J_z = \sum_{i=1}^{n} J_{zi} = 1482.78 \times 10^6 \, \mathrm{kg \cdot cm^2}$$

2）J_x 的计算：

$$J_{x1} = 10 \times 10^6 + 2500 \times 868^2 = 1893.56 \times 10^6 \, \mathrm{kg \cdot cm^2}$$

$$J_{x2} = 4 \times 10^6 + 2000 \times 628^2 = 792.77 \times 10^6 \, \mathrm{kg \cdot cm^2}$$

$$J_{x3} = 170 \times 10^6 + 3000 \times 418^2 = 694.17 \times 10^6 \, \mathrm{kg \cdot cm^2}$$

$$J_{x4} = 43 \times 10^6 + 1500 \times 338^2 = 214.37 \times 10^6 \, \mathrm{kg \cdot cm^2}$$

$$J_{x5} = \frac{1160 \times (440^2 + 3^2)}{12} + 1160 \times 56.5^2 = 22.42 \times 10^6 \, \mathrm{kg \cdot cm^2}$$

$$J_{x6} = \frac{28070 \times (440^2 + 50^2)}{12} + 28070 \times 30^2 = 483.97 \times 10^6 \, \mathrm{kg \cdot cm^2}$$

$$J_{x7} = \frac{45940 \times (240^2 + 275^2)}{12} + 45940 \times 132.5^2 = 1316.56 \times 10^6 \, \mathrm{kg \cdot cm^2}$$

$$J_x = \sum_{i=1}^{n} J_{xi} = 5417.82 \times 10^6 \, \mathrm{kg \cdot cm^2}$$

3）J_y 的计算：

$$J_y = 5417.82 \times 10^6 \, \mathrm{kg \cdot cm^2}$$

（4）固有振动频率：

$$\omega_z = \sqrt{\frac{K_z}{m}} = \sqrt{\frac{3.387 \times 10^6}{84170}} = 6.34 \text{rad/s}$$

$$f_z = \frac{\omega_z}{2\pi} = 1.01 \text{Hz}$$

$$\omega_{\phi z} = \sqrt{\frac{K_{\phi z}}{J_z}} = \sqrt{\frac{1.904 \times 10^{11}}{1482.78 \times 10^6}} = 11.33 \text{rad/s}$$

$$f_{\phi z} = 1.80 \text{Hz}$$

$$\omega_x = \sqrt{\frac{K_x}{m}} = \sqrt{\frac{3.387 \times 10^6}{84170}} = 6.34 \text{rad/s}$$

$$f_x = 1.01 \text{Hz}$$

$$\omega_{\phi x} = \sqrt{\frac{K_{\phi x}}{J_x}} = \sqrt{\frac{9.518 \times 10^{10}}{5417.82 \times 10^6}} = 4.19 \text{rad/s}$$

$$f_{\phi x} = 0.67 \text{Hz}$$

$$\omega_y = \sqrt{\frac{K_y}{m}} = \sqrt{\frac{3.387 \times 10^6}{84170}} = 6.34 \text{rad/s}$$

$$f_y = 1.01 \text{Hz}$$

$$\omega_{\phi y} = \sqrt{\frac{K_{\phi y}}{J_y}} = \sqrt{\frac{9.518 \times 10^{10}}{5417.82 \times 10^6}} = 4.19 \text{rad/s}$$

$$f_{\phi y} = 0.67 \text{Hz}$$

（5）阻尼比：z 向为 0.25，其余方向为 0.12。

4. 隔振计算

首先需计算传递率，隔振系统质心处振动位移幅值为：

$$A_x = A_{0x} \eta_x \tag{6-2-7}$$

等式两边各乘 ω_0，则：

$$\omega_0 A_x = \omega_0 A_{0x} \eta_x \tag{6-2-8}$$

$$V_x = V_{0x} \eta_x \tag{6-2-9}$$

式中 V_{0x}——环境振动测试分析频域 x 向对应于某频率的振动速度幅值（mm/s）；

V_x——隔振系统质心处 x 向振动速度幅值（mm/s）。

由此，隔振系统 x、y、z 向的传递率及振动速度幅值计算分别见表 6-2-4～表 6-2-6。

<table>
<tr><td colspan="8" align="center">η_x 及 V_x</td><td align="right">表 6-2-4</td></tr>
<tr><td colspan="2" align="center">干扰频率</td><td rowspan="2">ζ_x</td><td rowspan="2">ω_{nx}</td><td rowspan="2">$\sqrt{1+\left(2\zeta_x \frac{\omega}{\omega_{nx}}\right)^2}$</td><td rowspan="2">$\sqrt{\left(1-\frac{\omega^2}{\omega_{nx}^2}\right)^2 + \left(2\zeta \frac{\omega}{\omega_{nx}}\right)^2}$</td><td>$\eta_x = $
$\dfrac{\sqrt{1+\left(2\zeta_x \frac{\omega}{\omega_{nx}}\right)^2}}{\sqrt{\left(1-\frac{\omega^2}{\omega_{nx}^2}\right)^2 + \left(2\zeta \frac{\omega}{\omega_{nx}}\right)^2}}$</td><td>$V_{0x}$
(mm/s)</td><td>V_x
(mm/s)</td></tr>
<tr><td>f(Hz)</td><td>ω
(rad/s)</td></tr>
<tr><td>1.00</td><td>6.28</td><td>0.12</td><td>6.34</td><td>1.03</td><td>0.24</td><td>4.29</td><td>1.5×10^{-4}</td><td>6.44×10^{-4}</td></tr>
</table>

续表

干扰频率 $f(Hz)$	ω (rad/s)	ζ_x	ω_{nx}	$\sqrt{1+\left(2\zeta_x\dfrac{\omega}{\omega_{nx}}\right)^2}$	$\sqrt{\left(1-\dfrac{\omega^2}{\omega_{nx}^2}\right)^2+\left(2\zeta\dfrac{\omega}{\omega_{nx}}\right)^2}$	$\eta_x=\dfrac{\sqrt{1+\left(2\zeta_x\dfrac{\omega}{\omega_{nx}}\right)^2}}{\sqrt{\left(1-\dfrac{\omega^2}{\omega_{nx}^2}\right)^2+\left(2\zeta\dfrac{\omega}{\omega_{nx}}\right)^2}}$	V_{0x} (mm/s)	V_x (mm/s)
6.75	42.41			1.89	43.77	0.043	1.66×10^{-3}	7.14×10^{-5}
12.50	78.54			3.14	152.49	0.021	1.03×10^{-3}	2.16×10^{-5}
16.50	103.67			4.05	266.41	0.015	2.85×10^{-3}	4.28×10^{-5}
22.50	141.37			5.44	496.23	0.011	4.82×10^{-3}	5.30×10^{-5}
24.75	155.51	0.12	6.34	5.97	600.67	0.010	4.98×10^{-3}	4.98×10^{-5}
33.25	208.92			6.97	1084.91	0.007	2.76×10^{-3}	1.93×10^{-5}
36.25	227.77			8.68	1289.70	0.007	3.95×10^{-3}	2.77×10^{-5}
41.00	257.61			9.80	1650.03	0.006	1.09×10^{-3}	6.54×10^{-5}

η_y 及 V_y　　　　　　　　表 6-2-5

干扰频率 $f(Hz)$	ω (rad/s)	ζ_y	ω_{ny}	$\sqrt{1+\left(2\zeta_y\dfrac{\omega}{\omega_{ny}}\right)^2}$	$\sqrt{\left(1-\dfrac{\omega^2}{\omega_{ny}^2}\right)^2+\left(2\zeta\dfrac{\omega}{\omega_{ny}}\right)^2}$	$\eta_y=\dfrac{\sqrt{1+\left(2\zeta_y\dfrac{\omega}{\omega_{ny}}\right)^2}}{\sqrt{\left(1-\dfrac{\omega^2}{\omega_{ny}^2}\right)^2+\left(2\zeta\dfrac{\omega}{\omega_{ny}}\right)^2}}$	V_{0y} (mm/s)	V_y (mm/s)
1.00	6.28			1.03	0.24	4.29	1.5×10^{-4}	6.44×10^{-4}
3.00	18.85			1.23	7.87	0.156	1.16×10^{-3}	1.81×10^{-4}
7.00	43.98	0.12	6.34	1.94	47.15	0.041	2.95×10^{-3}	1.21×10^{-4}
12.50	78.54			3.14	152.49	0.021	8.22×10^{-3}	1.73×10^{-4}
16.50	103.67			4.05	266.41	0.011	2.57×10^{-3}	3.86×10^{-5}

续表

干扰频率 $f(\text{Hz})$	ω (rad/s)	ζ_y	ω_{ny}	$\sqrt{1+\left(2\zeta_y\frac{\omega}{\omega_{ny}}\right)^2}$	$\sqrt{\left(1-\frac{\omega^2}{\omega_{ny}^2}\right)^2+\left(2\zeta\frac{\omega}{\omega}\right)^2}$	$\eta_y=\dfrac{\sqrt{1+\left(2\zeta_y\frac{\omega}{\omega_{ny}}\right)^2}}{\sqrt{\left(1-\frac{\omega^2}{\omega_{ny}^2}\right)^2+\left(2\zeta\frac{\omega}{\omega_{ny}}\right)^2}}$	V_{0y} (mm/s)	V_y (mm/s)
24.75	155.51			5.97	600.67	0.010	4.63×10^{-3}	4.63×10^{-5}
33.00	207.35			7.91	1068.65	0.007	3.31×10^{-3}	2.32×10^{-5}
36.25	227.77	0.12	6.34	8.68	1289.70	0.007	2.43×10^{-3}	1.70×10^{-5}
39.25	246.62			9.39	1512.17	0.006	1.05×10^{-3}	6.30×10^{-5}

η_z 及 V_z 表 6-2-6

干扰频率 $f(\text{Hz})$	ω (rad/s)	ζ_z	ω_{nz}	$\sqrt{1+\left(2\zeta_z\frac{\omega}{\omega_{nz}}\right)^2}$	$\sqrt{\left(1-\frac{\omega^2}{\omega_{nz}^2}\right)^2+\left(2\zeta\frac{\omega}{\omega}\right)^2}$	$\eta_z=\dfrac{\sqrt{1+\left(2\zeta_z\frac{\omega}{\omega_{nz}}\right)^2}}{\sqrt{\left(1-\frac{\omega^2}{\omega_{nz}^2}\right)^2+\left(2\zeta\frac{\omega}{\omega_{nz}}\right)^2}}$	V_{0z} (mm/s)	V_z (mm/s)
1.00	6.28			1.12	0.50	2.240	2.00×10^{-4}	4.48×10^{-4}
3.50	21.99			2.00	11.18	0.179	1.25×10^{-3}	2.24×10^{-4}
7.25	45.55			3.73	50.74	0.074	2.67×10^{-3}	1.98×10^{-4}
12.50	78.54			6.27	152.58	0.041	6.44×10^{-3}	2.64×10^{-4}
16.75	105.24	0.25	6.34	8.36	274.66	0.030	4.22×10^{-3}	1.27×10^{-4}
24.75	155.50			12.30	600.69	0.020	2.77×10^{-3}	5.54×10^{-5}
36.50	229.34			18.11	1307.65	0.014	2.96×10^{-3}	4.14×10^{-5}
41.75	262.32			20.71	1711.05	0.012	1.03×10^{-3}	1.24×10^{-5}

环境振动测试未测得 $V_{0\phi x}$、$V_{0\phi y}$、$V_{0\phi z}$ 值，因此对 $V_{\phi x}$、$V_{\phi y}$、$V_{\phi z}$ 值不作计算。

经隔振计算可知，无论 x、y、z 向，隔振体系质心处及台座顶面的振动速度值均小于测试装置的允许振动值，隔振设计能满足使用要求。

第三节 精密机床

一、概述

现代化的工厂为了提高生产效率，减少运输等辅助加工时间，设备之间的间距越来越小，如汽车车身生产车间的测量设备三坐标机一般靠近冲压线，在锻造车间附近往往又是精加工车间。精加工设备及精加工机床非常灵敏，对环境振动要求很高，为保证这些机床能正常工作，充分发挥出机床应有的精度，需对机床振动进行控制。

二、振动的传播与衰减规律

要想使精密机床正常工作，必须了解振动的传播和衰减规律。振动在土壤中的衰减有两种原因：一是因为土壤的阻尼作用对振动能量的消耗吸收，高频波因为波长短，在土壤中衰减较快，低频波因为波长长，在土壤中衰减较慢；二是振动能量密度随着距振源中心的几何距离增大而降低能量密度，压缩波沿半球扩散，衰减较快；剪切波沿地表呈环状扩散，衰减较慢。一般情况下，距振源某处地面的振动能量由该处压缩波和剪切波叠加而成，压缩波的振动能量与振源距离成反比，剪切波的振动能量与振动距离 r 的平方根成反比，衰减较慢，合成后介于 $r^{-1}\sim r^{0.5}$ 之间。《动力机器基础设计规范》GB 50040 给出了地面振动衰减公式，α 为能量吸收系数，ξ 为几何衰减系数：

$$A_r = A_0 \left[\frac{r_0}{r}\xi + \sqrt{\frac{r_0}{r}}\,(1-\xi) \right] e^{-a_0 f_0 (r-r_0)} \qquad (6\text{-}3\text{-}1)$$

某工程实例的计算与实测表明，某大型设备冲击波源 12m 处振幅为 $380\mu m$，150m 处为 $47\mu m$，距离 12.5 倍，衰减了约 8 倍。需要指出的是，实践表明防振沟对高频振动较有效，对低频振动，由于低频波长较长，一般在十几米到数十米左右，由于波的衍射作用，即使有效，也只是对隔振沟近处有效，远处甚微。

三、制定隔振方案的策略

首先，应对精密机床工作场地周围的振动环境进行调查和实测，掌握周围的主要振源及其对精密机床工作场地的振动贡献。调查的振源应包括锻锤、压力机、冲床、空压机、风机、水泵、起重机等设备，以及附近公路、厂内卡车行驶路面和铁路，掌握不同振源对精密机床基础地面的振动速度贡献（或加速度）及其频谱特性。必要时要测量精密机床100m 范围内振源设备附近的地面振动速度和频谱，一般以距振源设备中心 10m 处的实心地面为测点，对于大型锻压设备，调查的距离还应适当扩大。

然后，根据精密机床工作场地地面振动情况和设备情况，挑选振动最小的场地作为精密机床的工作场地，确定对精密机床进行被动隔振还是对振源进行主动隔振的原则是：

如果对振源设备进行主动隔振，可以使周围所有精密机床都受益，主动隔振的减振效果一般在 70%～90% 之间；如果对精密机床进行被动隔振，能保护隔振对象不受周围设备干扰，投资相对较小，但只能保护本设备，被动隔振的减振效果一般在 80%～90% 之间。

如果振源少且容易隔振，精密机床多，可以优先考虑对振源设备进行主动隔振，如果能够解决问题，则性价比最高。如果振源设备多，精密机床少，应首选对精密机床进行被动隔振，仍不能满足振动要求时再依次对振动大的振源进行隔振。在振源和精密机床均较多时，哪种设备总重少，应首先进行隔振，不满足要求时再对精度要求高的设备或振动贡献大的设备进行重点隔振，这样投资最少。

事实上，对于现代精密机床或设备，不论是加工中心、精密磨床或精密铣床，还是精密测量设备，如三坐标测量机，由于精度越来越高，对外界的振动干扰相当敏感，即使精密机床附近没有上述的动力设备，由于工厂内附属设备，比如厂房内起重机、叉车工作时也会对以上设备的加工或测量精度产生较大的影响。例如，国内某模具厂的一台三坐标测量机精度为 $1\mu m$，由于采用固定基础，周围动力设备、起重机等工作时测头的抖动即达 $10\mu m$ 以上，无法正常工作，所以现代精密机床一般应采用弹性隔振基础。

对于精密机床而言，如果精密机床基础地面的振动超过其容许值的 5～10 倍以下，采用被动方案一般可以满足精密机床的使用要求；如果超过 10 倍以上，就需要同时对贡献最大的振源设备进行主动隔振。

四、被动隔振方案的设计和计算

1. 隔振方案的构造设计

对于大中型精密机床，在下列情况下需要设置混凝土台座或钢台座作为基础：

（1）机床本身刚度不足，设置台座结构提供额外的刚度；

（2）机床由若干个分离部分组成，设置台座结构将各部分连成整体；

（3）机床的内部扰力产生的振动值超过机床的容许振动标准，设置台座结构增加机床的刚度和配重质量；

（4）机床有慢速往复运动部件，由其引起的机床倾斜过大时，需设置台座结构增加配重质量。

如无上述情形，机床可不设基础，采用直接支承形式。钢台座一般只用于小型精密机床。台座结构的尺寸和质量一般根据经验选取，这样隔振体系的质量和隔振器的总承载力就初步选定了。

2. 确定隔振体系竖向固有频率和主要隔振参数

通过测出的精密机床工作场地地面的振动速度时域数据和频谱，结合经验，就可以确定隔振系统的竖向固有频率。首先根据振动超标情况，加上一定余量，确定欲达到的隔振效果，即振动传递率 η，然后根据式（6-3-2）计算得出隔振体系竖向固有频率：

$$\omega_n = \omega \sqrt{\frac{\eta}{1+\eta}} \tag{6-3-2}$$

根据式（6-3-3）可计算弹簧总刚度 K，

$$K = m\omega_n^2 \tag{6-3-3}$$

然后根据弹簧总刚度 K 和总支承荷载，可以选择适当的弹簧隔振器。

弹簧隔振器选出后，就可将弹簧隔振器的各向刚度代入《工程隔振设计标准》GB 50463 中式(3.2.10-1)～式(3.2.10-9)进一步计算。实践中已有电算程序能实现上述计算，既快捷又方便，所以通常采用电算程序。如果没有电算程序，对于被动隔振，仅计算竖向隔振参数，作为近似值，也基本能满足要求。

利用电算程序并结合工程经验，可以方便快捷地优化隔振体系的主要隔振参数，如隔振器刚度、阻尼、隔振器个数及布置、台座结构质量，各振动模态的固有频率等。在此过程中，隔振体系的阻尼也就随之确定。阻尼器一般布置在隔振体系的四角。调整隔振器的阻尼系数，使隔振体系的阻尼比在 0.1 左右，当机床有加速度较大的回转部件或快速往复运动部件时宜取 0.15～0.25，以提高机床的稳定性。

3. 计算隔振体系在内部和外部扰力作用下的响应

精密机床隔振体系受到地面振动激励后，传至精密机床或精密机床台座结构的振动会得到有效的衰减，衰减后的振动应当满足精密机床基础的容许值。衰减后的振动按照《工程隔振设计标准》GB 50463 中式（5.1.1-1）～式（5.1.2-8）进行计算。实践中一般只计算竖向振动响应就够了。

如果地面环境振动测试信号中的频域中有多个主频，应先以最低主频进行估算，然后对多个主频分别计算隔振后的频域幅值，取其有效值进行核算。

当机床本身有较明显的内部扰力时，还应按照《工程隔振设计标准》GB 50463 式（4.1.1-1）～式（4.1.3-14）计算机床因内部扰力产生的振动响应。机床在外部扰力和内部扰力作用下的合成振动应满足机床的振动容许值。

实践中上述计算一般采用电算程序，既方便又快捷。

事实上，大多数精密机床由于动平衡精度很高，内部扰力产生的振动一般远小于来自地面扰力引起的振动，因此当机床台座为大块式台座时，在下列情况下，可不计算机床内部扰力引起的振动响应：1）内部扰力仅有不平衡质量产生的扰力，且最大转动质量小于机床和台座总质量的 1/100 时；2）当内部最大扰力小于机床和台座总重量的 1/1000 时。

4. 计算精密机床因质量重心变化产生的倾斜度变化

当机床有慢速往复运动部件时，还应按式（6-3-4）验算机床因质量重心变化产生的倾斜度变化：

$$\theta = \frac{m_j g u_v}{\sum K_{gi} x_{gi}^2}$$ （6-3-4）

式中　θ——机床倾斜度（mm/m）；

m_j——机床往复运动部件的质量（kg）；

u_v——移动部分质心相对于初始状态的移动距离（m）；

K_{gi}——各支承点的竖向刚度（N/m）；

x_{gi}——各支承点距刚度中心的坐标（m）。

如果计算出的倾斜度超过机床的容许值，一般可以通过增加隔振器的刚度或增加基础的重量来实现。

5. 台座结构的设计和计算

台座结构的重量和尺寸通过上述计算初步确定后，还要检测机床的内部扰力频率是否与台座结构的第一阶弯曲固有频率发生共振。台座结构的一阶弯曲固有频率，可按下列公式估算：

$$f_{bl} = 3.56 \sqrt{\frac{EI}{ml_1^3}}$$ （6-3-5）

式中　f_{bl}——台座结构的一阶弯曲固有频率（Hz）；

E——台座材料的弹性模量（N/m²）；

I——台座结构的截面惯性矩（m^4）；

l_1——台座结构的长度（m）；

m——台座结构与机床的质量（kg）。

台座结构的一阶弯曲固有频率应当大于或等于机床最高扰力频率的 1.25 倍，不满足时应当加大台座结构的厚度，重新进行上述计算。

五、隔振元件的选取

钢弹簧隔振器是精密机床隔振所用的最广泛的隔振器，其性能稳定，不蠕变，耐高、低温，耐油，不老化，一般与阻尼器并联使用或集成有黏滞阻尼器。钢弹簧隔振器由于线性好，理论计算与实际吻合很好，弹性范围宽，对于精密机床，隔振体系的固有频率一般在 2～8Hz 之间。大型隔振器一般为可预紧式，以方便调平。

只有当精密机床要求始终自动保持水平状态时，才会采用带有伺服系统的空气弹簧隔振器。橡胶隔振器由于易蠕变和老化，一般只用于小型精密机床隔振。

精密机床隔振的隔振器应设有高度调节元件，以便于调平。

六、精密机床隔振设计实例

[**实例 1**] 精密数控铣床隔振

（1）项目简介

某锻造厂于 2002 年引进一台龙门式数控铣床（图 6-3-1），其离主要振源一个 5t 模锻锤的距离仅 140m，从工艺布置角度来说，这已经是厂内可选的最远距离。根据现场振动测试的数据，当锻锤工作时，数控铣床安装场地地面的振动速度高达 1.3～1.5mm/s，频谱分析显示主频为 12Hz，数控铣床的加工精度为 3～5μm，其基础振动容许值为 0.3mm/s，因此地面振动超标 4～5 倍。

机床的主要参数为：

机床外形尺寸为：8000mm×3500mm×4000mm

机床总重：22t

工件重量：10t

主轴电机最大转速：3000r/min

主轴转动部分重量：<1000kg

移动部分质量：m_j＝5000kg

距中心最大行程：l_v＝2.0m

（2）隔振方案及计算

根据经验，对铣床被动隔振远比对锻锤主动隔振造价低，所以应对数控铣床进行被动隔振。

因铣床底座的尺寸较小、刚性较差，且工件重量较大，不宜采用直接弹性支承，应采用将铣床整体安装在一混凝土台座结构上，在台座结构下面设置弹簧（阻尼）隔振器的隔振方式，如图 6-3-1 所示。

经初步设计，台座结构尺寸为：8mm×4mm×1.4mm，台座结构重量为：112t，弹簧隔振器支承总重为：112+22+10=144t，即 m＝144000kg。

以工作场地地面扰力主频 12Hz 计算扰力圆频率为：

图 6-3-1　某龙门式数控铣床

$$\omega = 2\pi f = 2\pi \times 12 = 75.4 \text{rad/s}$$

计算精密铣床工作场地地面激励振幅：

$$u_{0z} = \frac{v_{0z}}{2\pi f} = \frac{1.5}{2\pi \times 12} = 0.0198 \text{mm}$$

按式（6-3-1）得出需要的传递率为：

$$\eta = \frac{[v]}{v} = \frac{0.3}{1.5} = 0.20$$

留取一定安全裕度，取 $\eta = 0.10$，按式（6-3-2）得出需要的体系的竖向固有圆频率：

$$\omega_{nz} = \omega \sqrt{\frac{\eta}{1+\eta}} = 75.4 \times \sqrt{\frac{0.1}{1+0.1}} = 22.6 \text{rad/s}$$

根据式（6-3-3）计算弹簧竖向总刚度 K：

$$K = m\omega_n^2 = 144000 \times 22.6^2 = 7.44 \times 10^7 \text{N/m}$$

根据台座结构的尺寸，选 12 个隔振器，理论上每个隔振器的刚度为 6.20kN/mm，实际选用隔而固弹簧器的竖向刚度为 5.80kN/mm，阻尼比为 0.1。

根据以上参数可以计算出弹性基础的竖向固有圆频率和固有频率：

$$\omega_{nz} = \sqrt{\frac{K}{m}} = \sqrt{\frac{12 \times 5.80 \times 10^6}{144000}} = 22.0 \text{rad/s}$$

$$f = \frac{\omega_{nz}}{2\pi} = \frac{22.0}{2\pi} = 3.50 \text{Hz}$$

实际传递率为：

$$\eta_z = \frac{1}{\sqrt{\left[1-\left(\frac{\omega}{\omega_{nz}}\right)^2\right]^2+\left(2\times\xi_z\frac{\omega}{\omega_{nz}}\right)^2}} = \frac{1}{\sqrt{\left[1-\left(\frac{75.4}{22.0}\right)^2\right]^2+\left(2\times0.1\times\frac{75.4}{22.0}\right)^2}} = 0.093$$

即隔振体系的隔振效率为 $1-0.093=0.907=90.7\%$，满足 5 倍的减振效果需求。

传到台座结构上的振动位移为：

$$A_z = A_{0z}\eta_z = 0.0199\times0.093 = 0.0018\text{mm} = 1.8\mu\text{m}$$

因此，台座结构的振动速度为：

$$v_z = \omega A_z = 75.4\times0.0018 = 0.136\text{mm/s}$$

台座结构的振动速度小于容许值：$v_z < [v] = 0.3\text{mm/s}$。

（3）计算精密机床因质量重心变化产生的倾斜度变化

采用 12 件隔振器，如图 6-3-2 所示的方式布置，刚度中心与质量中心均在几何中心，每对隔振器位置分别为：

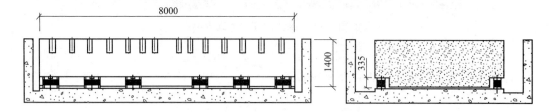

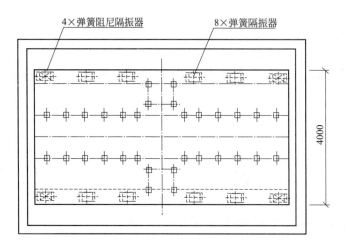

4×弹簧阻尼隔振器　　8×弹簧隔振器

图 6-3-2　某龙门式数控铣床弹性基础

$x_{g1} = -3.5\text{m}, x_{g2} = -2.3\text{m}, x_{g3} = -1.1\text{m}, x_{g4} = 1.1\text{m}, x_{g5} = 2.3\text{m}, x_{g6} = 3.5\text{m}$

由移动部分质量和离中心最大行程得出台座结构的最大倾斜度为：

$$q = \frac{m_j g l_v \times 10^3}{\sum K_{gi} x_{gi}^2} = \frac{5000\times9.81\times2.0\times10^3}{5.8\times10^6\times4\times(3.5^2+2.3^2+1.1^2)} = 0.22\text{mm/m}$$

倾斜度 $q < [q] = 0.5\text{mm/m}$，满足该精密机床的使用要求。

（4）台座结构的一阶弯曲固有频率校核

精密铣床主轴最高转速为 3000 r/min，即内部扰力频率为 50Hz，应检验其是否与台座结构的第一阶弯曲固有频率发生共振。

台板的弹性模量：$E = 3 \times 10^3 \text{N/mm}^2$；

台座结构长度：$l_1 = 8\text{m}$；

基础板的宽度：$b = 4\text{m}$；

基础板的厚度：$h = 1.4\text{m}$；

总支承质量：$m = 144000\text{kg}$；

台座结构的截面惯性矩：$I = \dfrac{1}{12}bh^3 = \dfrac{1}{12} \times 4 \times 1.4^3 = 0.91\text{m}^4$。

台座结构的第一阶弯曲固有频率为：

$$f_{\text{bl}} = 3.56\sqrt{\frac{EI}{ml_1^3}} = 3.56\sqrt{\frac{3 \times 10^{10} \times 0.91}{144000 \times 8^3}} = 68.5\text{Hz}$$

$$\frac{f_{\text{bl}}}{f} = \frac{68.5}{50} = 1.37 > 1.25$$

因此不会发生弯曲共振，可以看作大块式台座（刚性台座），另外由于转子重量小于结构台座和精密机床总重的 1/100，因此可以不计机床内部扰力引起的振动响应。

（5）使用情况

2003 年 4 月底，该龙门式铣床投入使用。安装在弹性基础上的铣床能够正常工作，至今弹簧隔振系统使用状况良好。

[实例 2] 精密测量设备三坐标测量机隔振

（1）项目介绍

某汽车轿车三厂焊装车间于 2006 年安装某三坐标测量机用于测量车身。三坐标测量机重量为 24t，最大工件重量为 3t，铸铁台面尺寸为 7m×5m，如图 6-3-3 所示。

现场的振动环境为：测量间内有行车和叉车行走；距离三坐标测量机 20m 处有主要交通道路，经常有重型卡车高速行驶；距离三坐标测量机 240m 处有一冲压车间，内有 2 台 2000t 压力机，3 台 1600t 压力机，6 台 1000t 压力机等多台振动设备工作。

在以上所述的振动环境下，如果采用传统的刚性三坐标基础，仅测头抖动误差就可达近 $10\mu\text{m}$，三坐标将不能进行正常的测量，必须采用隔振基础，以保证其正常工作，保证测量精度。

（2）隔振方案

对于大型三坐标测量机而言，通常都需要设置混凝土台座结构，用于将测量机的测量臂（或立柱）、导轨、测量平台和工件连成整体，同时还可以提高测量平台的稳定性，提高隔振效率。本项目基础和隔振器布置如图 6-3-4 所示。

混凝土台座结构尺寸：7.2m×5.1m×1.2m，台座结构重量为 105t。

计算过程从略。

选用的隔振器总承载能力 132t，每个弹簧隔振器的竖向刚度为：5.8kN/mm，共选用 12 个弹簧阻尼隔振器，四角上的隔振器集成有阻尼器（图 6-3-4）。隔振基础系统的固有频率为 3.4Hz；系统阻尼比为 10%。

（3）隔振后效果

图 6-3-3　某三坐标测量机

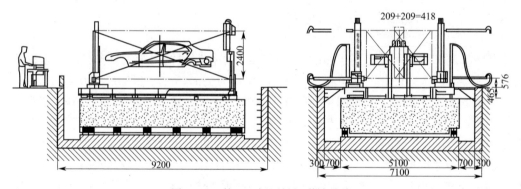

图 6-3-4　某三坐标测量机弹性基础

　　对于大型三坐标测量机，在环境振动频率通常为 10Hz 以上的情况下，安装钢弹簧隔振器后理论隔振效率大于 80%。实际上，绝大多数情况下实测隔振效率大于 90%。

第七章　屏障隔振

第一节　概述

波屏障（WB-wave barriers 或 WIB-wave impedance barriers），是在波传播介质中设置一定尺寸的物体，该物体与波传播介质具有较大差异的阻抗比（波传播介质的质量密度与剪切波速的乘积与波障质量与剪切波速乘积之比），能屏蔽一部分传播的振动波的物体。以设置波屏障来达到隔振减振目标的方法，称为屏障隔振。常见的屏障隔振有沟式屏障（隔振沟）、排桩式屏障和波阻板屏障等。

自从人们安装振动测试设备来监测爆破开采矿石产生的振动影响以来，就认识到由此而产生的振动是通过地面下的介质向外传播的。由此出现了在振动源周边（主动隔振），或在防振目标周边（被动隔振）做隔振沟来屏蔽振动。在很多地基强夯和锤击打桩的施工现场，也经常采取设置隔振空沟来减少施工振动对周边环境的影响。人类利用屏障隔振方法历史无法考证，但对隔振沟等屏障隔振进行研究时间并不长，其中以空沟研究最多，其次为板桩、地下障壁、排桩、波阻板等。研究成果为屏障隔振的设计和应用提供了有价值的科学依据。

Woods 等人由排桩隔振的理论及模型试验研究指出，桩径等于或大于被屏蔽的波长1/6 才有隔振效果。根据这个条件，要屏蔽常见波长的振动波，桩的直径一般需要 4～5m以上才有效。这个条件在实际工程中是无法实现的。杨先健等利用波的衍射干扰现象以减小桩的直径和桩距，取得了良好的隔振效果，一般可减小地面振幅的 60％，甚至能达到80％；所屏蔽的范围一般可达 15～20m，即 1～5 倍波长，如果屏障的宽度加大，屏蔽范围也会随之增大。西安地铁 2 号线从钟楼绕行通过时，为了减少地铁长期运行对钟楼的振动影响，在钟楼台基周围设置了一圈隔离排桩。通过后期的振动监测表明，经排桩隔振后，地表水平向振幅减少 50％～70％，竖向振幅减少 40％～50％。

波阻板是水平设置在地基中的隔振装置，可用于振源下方进行主动隔振，也可用于地基中进行被动隔振。波阻板与其他隔振方式并联后用于被动隔振主要包括两种情形：一种是在受振保护对象（如精密仪器）基础下方一定深度处放置水平有限尺寸波阻板，并配合其他隔振器（如阻尼弹簧）并联隔振；另一种是波阻板置于土面，自身作为基础板或厚地坪工作，同时在波阻板周边布置排桩并联隔振。波阻板屏障被动隔振传递率根据容许振动值与隔振前环境振动测试数据确定。通过传递率可判断单一波阻板能否达到设计要求，是否需要并联隔振。国内多名工程设计人员曾成功地将波阻板与其他隔振方式并联后用于被动隔振。如将砂垫层上钢筋混凝土波阻板与排桩屏障并联隔振的方式分别应用于某大型消声室和某大型超精密实验室的被动隔振，比原弹簧隔振方案节省造价 93％～95％，并缩短了建造周期。将波阻板屏障与阻尼弹簧并联，对不良振动环境中设置高精密设备进行隔振，节省了 64％的投资并缩短了工期，获得了较好的技术经济效益。

第二节 屏障隔振基本概念和原理

一、近场与远场屏蔽效应

入射的波动，受到土介质中的异性介质的反射和折射，其被反射和折射的波动与入射波的相互作用，就形成了波的散射现象。当该异性介质（屏障）的尺度比入射波长大很多时，则在屏障后可形成一个波的强度被减小很多的屏蔽区。反之，屏蔽区就很小或没有屏蔽区。其总波动场可由式（7-2-4）计算。近场屏障的屏蔽原理是，在近场体波产生一定角度的倾斜后，就不在近源表面产生 R 波，但如果这倾斜的体波遇到屏障，就发生反射，如透射屏障的波很小，其中一部分反射波达到表面而形成 R 波，这些 R 波与波源向外环状扩散的波多次反射而部分耗散，故在屏障后形成了屏蔽区。远场屏障的屏蔽原理是以反射自由波长的 R 波而起屏蔽作用。当屏蔽具有一定深度时，主要是将 R 波的波能转化为半空间内部的体波形式，并在半空间表面形成反射而部分耗散。

二、波动能量聚集

屏障后能形成屏蔽区，屏障前即形成波动能量聚集放大区，这在理论计算及现场实测中均可见到，如图 7-2-1 所示，其中非连续屏障比连续刚体或空沟则放大很少或略有减少。

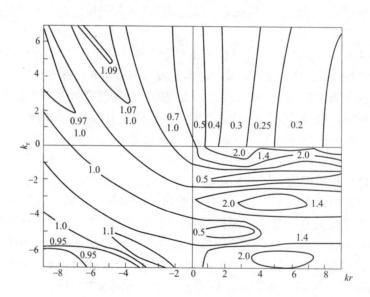

图 7-2-1 在弹性介质内一条裂隙处，SH 波振幅比等值线

土介质中屏障还可能因其固有频率提高而引起附近地基土动应力增加。由本章实例分析，对于远场引起土的动应变在 10^{-6} 左右，可不考虑动应力增加效应。对于近场 V_s 在 150m/s 以上的地基土其动应变在 10^{-5} 以内，可不考虑其影响。

但 $V_s \approx 110$m/s 的淤泥质地基有可能降低其剪切模量 20%，厂房天然地基设计时宜考虑动载增加值（或参照现行规范降低地基强度）。

三、波动聚焦

埋深波源（如地铁等）或刚性屏障底部出现波源频率与地基自由土面频率差异较大时，常在距波源一定水平距离处出现地面波动聚焦。其水平距离为：

$$r_{rp} \geqslant \frac{V_R H}{\sqrt{V_p^2 - V_R^2}} \tag{7-2-1}$$

式中　H——波源深度；

　　　V_p——地基土压缩波波速；

　　　V_R——地基土面波波速。

经计算，对一般地基，$r_{rp} = (0.75 \sim 1.0)H$。实测一般（桩基、地铁）在 $r_{rp} = 0.95H$ 处出现面波聚焦（波动突然增大很多）。

四、地面刚体基础的波动散射与隔振效应

地面上的刚体基础，当其本身无扰动力时，在一定量级的质量比时，刚体基础与屏障一样，具有对地面振波的屏蔽效应。且在地面扰力周期与刚体基础固有周期相等时一般不会出现共振峰。这时一定尺寸基底的刚体基础与一定波长的地面波产生散射，同时即使经散射后的波的能量激发基础振动，也因为在该适合的质量比会产生较大的辐射阻尼而使基础振动很小，因而不会出现一般刚体基础的共振峰。这个结论可用入射 SH 波或 P 波计算得到。

五、屏障隔振的原理

以非连续排桩屏障为分析对象，当排桩的桩距为 $1.5 \sim 2.0$ 倍桩径时，即具整体屏障效应。

1. 单一圆形屏障对 SH 波的散射

设无限均匀弹性介质中，平面简谐 SH 波偏振平面平行圆柱形孔的轴心，SH 波在无应力孔表面不会改变，变成与声学等价情况，用分离变量法求得散射波场（$\gamma_r \gg 1$）：

$$u_s(\gamma, \theta, t) = u_0 \sqrt{\frac{2}{\pi \gamma_r}} \exp \left\{ \begin{array}{l} -i\sin\gamma_0 \exp\left[-i\left(\gamma_0 - \frac{\pi}{4}\right)\right] + \\ 2\sum_{n=1}^{\infty} (-i)^{n+1} \sin\gamma_n \exp\left[-i\left(\gamma_n - \frac{2n+1}{4}\pi\right)\right]\cos n\theta \end{array} \right\}$$

$$= u_0 \sqrt{\frac{2}{\pi \gamma_r}} \exp[i(\omega t - \gamma_r)]\psi(\theta) \tag{7-2-2}$$

$$\gamma = \frac{\omega}{V_S} \tag{7-2-3}$$

式中　γ——波数；

　　　γ_r——散射波在极坐标系中横坐标 r 对应的波数；

　　　ω——振动圆周频率；

　　　θ——入射角；

　　　u_0——入射波位移振幅；

　　　V_S——S 波波速。

可知 $\psi(\theta)$ 决定散射波场特征，$\psi(\theta)$ 与 θ 的关系表明单一圆柱形屏障的散射具有方向

性，且散射强度随波数参量 γ^α 增加而增加。即 γ 一定时，a（圆柱形孔半径）越大，屏障引起的散射越强，则隔振效果越好。

2. 一排圆柱形屏障对 SH 波的散射

设一排刚性圆形桩列置于均匀弹性和各向同性的无限介质中，如图 7-2-2 示，采用一组圆柱坐标系统，以使该多次散射解以准确形式表示。在每一参照系中，散射以 Hankel 函数表示，每一桩的边界条件满足 Graf 加法定理。数学上为边值问题，且须满足 Sommerfeld 辐射条件。沿水平向偏振的平面简谐 SH 波，z 向位移 W 满足 Helmholt 方程：

$$\frac{\partial^2 W}{\partial x^2}+\frac{\partial^2 W}{\partial y^2}+\gamma^2 W=0 \tag{7-2-4}$$

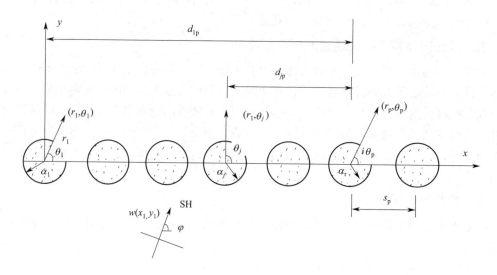

图 7-2-2　SH 波入射到刚性排桩时坐标系统

振幅为 W_0 的 SH 波的 W^i 传向刚性排桩，产生散射波场为 W^s，总波场为：

$$W=W^i+W^s=W^i(x_1,y_1)+\sum_{j=1}^{N_p}W_j^s(r_j,\theta_j) \tag{7-2-5}$$

式中　$W_j^s(r_j,\theta_j)$——由 j 根桩散射的波；

N_p——桩数。

分离变量法求解散射波场：

$$W^s=\sum_{j=1}^{N_p}W_j^s(r_j,\theta_j)=\sum_{n=0}^{\infty}A_n^j H_n^{(2)}(\gamma r_j)\cos n\theta_j+\sum_{n=0}^{\infty}B_n^j H_n^{(2)}(\gamma r_j)\sin n\theta_j \tag{7-2-6}$$

式中　A_n^j、B_n^j——由边界条件确定的复系数；

$H_n^{(2)}(\cdot)$——第二类 n 阶 Hankel 函数。

将 W^i 和 W^s 展开，以 P 桩局部圆柱坐标 (r_p,θ_p) 表示，考虑到介质位移场的边界条件和动平衡，从中可求出两组复系数 A_n^j 和 B_n^j，经过复杂的运算，将求得的复系数 A_n^j 和 B_n^j 代入式（7-2-6），并代入式（7-2-5），即可获得散射波场和总波场。

3. 数值结果

高广运将求解过程中的无穷阶线性方程组，展开阶数 $m=8$，其计算结果保证有效数值不变。设 SH 波垂直入射 $\psi = 90°$，波场取决于归一化频率 η_s，$\eta_s = \dfrac{\gamma a}{\pi} = \dfrac{2a}{L_s}$（$L_s$ 为波长）。考虑到计算精度和计算速度，设 $\dfrac{\rho_s}{\rho_p} = 0.75$，$N_p = 8$，桩半径 $a = 1$ 个长度单位，图 7-2-3 表明振动位移在排桩前后的增大和减小。沿不同方向布点计算，可得出结论：位移值在排桩系统的中心减小最多，证明桩距 $\dfrac{S_p}{a} = 3.0 \sim 4.0$ 时系统具有整体屏障作用，排桩在较大范围（$500a$）内有显著的隔振效果，最佳位置在排列桩后一定距离。

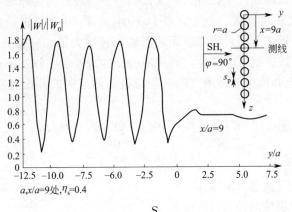

图 7-2-3　入射 SH 波，$\dfrac{S_p}{a} = 3.0$ 时归一化位移

第三节　屏障隔振设计准则

一、沟式和排桩式屏障隔振

沟式和排桩式屏障深度、长度、波长的关系，入射波的波长及入射角与具有整体弹性刚度的屏障的关系，以及排桩屏障的桩径，都是除上述透射理论以外屏障设计必须考虑并妥善处理的问题。这些关系可以归纳为：屏障的"透射效应"——隔振效率；"衍射效应"——隔振范围；"吻合效应"——隔振效果屏障隔振三准则。

1. 屏障的透射效应——隔振效率

满足排桩桩距 $S_p \leqslant 2d$，以及屏障的厚度（或当量厚度）：

$$B \geqslant 0.125\lambda_R \tag{7-3-1}$$

屏障就具有有效的隔振效率。式（7-3-1）是依据波的透射理论及多项室内、现场模型及工程原型实测研究的结果，其最厚的厚度也不宜大于 $0.35\lambda_R$（λ_R 为地面面波波长），根据已有工程实测，一般能隔离 $70\% \sim 75\%$ 的地面振动。

2. 屏障的衍射效应——隔振范围

（1）屏障的深度

近场（主动隔振）：$r \leqslant 2.0\lambda_R$

$$H > (0.8 \sim 1.0)\lambda_R \tag{7-3-2}$$

远场（被动隔振）：$r > 2.0\lambda_R$

$$H \geqslant (0.7 \sim 0.9)\lambda_R \tag{7-3-3}$$

考虑到空沟隔振的安全性和可实施性，空沟深度可放宽至场地瑞利波波长的 1/2。

（2）屏障的长度

近场（主动隔振）：$r \leqslant 2.0\lambda_R$

$$W > (2.50 \sim 3.125)\lambda_R \tag{7-3-4}$$

远场（被动隔振）：$r > 2.0\lambda_R$

$$W \geqslant (6.0 \sim 7.5)\lambda_R \tag{7-3-5}$$

3. 屏障的吻合效应——隔振效果

土内具有一定刚度的屏障，有可能被弹性波激发而产生强烈振动，此时，屏障不仅不隔振，反而形成另一波源而产生振害，本文依据声学原理称为屏障的吻合效应。吻合效应常造成屏障工程失效甚至反效。例如，D. D. Barkan 于 1948 年报道的一组测试资料中，正好是在有效的隔振频率范围，屏障后面的振幅都被放大了。只要屏障的深度 H 接近或大于一个波长，吻合效应就可能产生，而屏障的设计深度也正好就在这个深度，如式（7-3-2）、式（7-3-3）。土介质中屏障的"吻合"与振动体系中的共振有实质性的差别，但却是同样重要。

考虑吻合效应控制屏障的弯曲频率，其临界吻合频率为：

$$f_{cr} = 0.551 \frac{V_p^2}{C_p B} \tag{7-3-6}$$

式中 V_p——土中纵波波速（m/s）；

C_p——屏障的纵波波速（m/s）；

B——屏障的厚度（或当量厚度）（m）。

二、波阻板屏障隔振

在地面下一定深度内，设置与波长一定比值尺度的人造水平夹层，即波阻板亦可隔离一定量的地面振动。

波阻板屏障的基本尺寸要求如下：

1. 采用波阻板主动隔振时

（1）波阻板的尺寸，符合下列要求：

$$0.5\lambda_s \leqslant L \leqslant 1.0\lambda_s \tag{7-3-7}$$

$$0.04\lambda_s \leqslant T \leqslant 0.1\lambda_s \tag{7-3-8}$$

（2）波阻板的埋深，符合下列要求：

$$0.025\lambda_s \leqslant H \leqslant 0.1\lambda_s \tag{7-3-9}$$

$$H < [1.1/(1-\mu_0)]\frac{V_s}{4f_z} \tag{7-3-10}$$

$$H < \frac{V_s}{4f_x} \tag{7-3-11}$$

式中 L——波阻板宽度（m）；

T——波阻板厚度（m）；

H——粗砂砾石回填层或土层厚度（m）；

λ_s——粗砂砾石回填层或土层的剪切波长（m）；

V_s——粗砂砾石回填层或土层的剪切波速（m/s）；

f_z——扰力竖向振动频率（Hz）；

f_x——扰力水平振动频率（Hz）；

μ_0——粗砂砾石回填层或土层泊松比。

2. 采用波阻板被动隔振时，波阻板宽度应符合式（7-3-7）要求，波阻板埋深还应符合式（7-3-9）～式（7-3-11）要求，波阻板的厚度，宜符合下式要求：

$$0.125\lambda_s \leqslant T \leqslant 0.33\lambda_s \tag{7-3-12}$$

只要地面振动频率低于波阻板顶面的截止频率，即小于该频率的任何地面扰频均可被隔离50%以上，即满足式（7-3-10）和式（7-3-11）。波阻板宽度与波长之比越大，隔振效率越高。

第四节　屏障隔振设计方法

一、合理选择隔振屏障的方案

根据地面扰动波长，选择合理的屏障隔振的方案，是屏障设计的关键。如空沟是最有效的地面屏障，任何波均不能通过，但无法做到 $H \approx \lambda_R$ 的深度。而排桩可以做得很深，波阻板是有效而经济的屏障。如果施工场地及条件适合，采用砖壁排孔（井）亦不失为方便经济有效的隔振屏障，经现场实测，隔振效率很高。另外，如在振动环境中设置大型高精度精密设备，可以将不同类型的屏障与阻尼弹簧隔振体系并联而满足其高精度要求（图7-4-1），从而避免了昂贵而复杂的空气弹簧伺服系统隔振体系，达到用最简单的办法处理最复杂的问题，同时也体现了屏障隔振的合理设计效益。

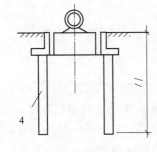

(a) 空沟或排桩主动隔振

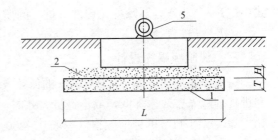

(b) 波阻板主动隔振

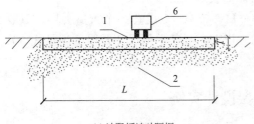

(c) 波阻板被动隔振

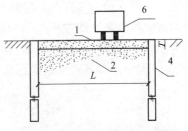

(d) 空沟或排桩与波阻板并联被动隔振

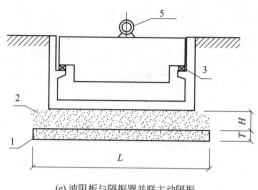

(e) 波阻板与隔振器并联主动隔振

图 7-4-1　屏障隔振方式

1—波阻板；2—砂垫层；3—隔振器；4—空沟或排桩；5—振源；6—隔振对象

二、合理设计屏障的厚度

屏障厚度是控制地面振波透射的重要参量。为满足其厚度设计要求，可将排桩设计成双排或多排。其中多排者不宜将中间排桩设置在屏障总厚度 B 的中和轴附近，应尽可能远离其中和轴，以提高屏障的屏蔽阻抗。

屏障的设计厚度 B，宜采用屏障结构与土相互作用的当量厚度，按下式确定：

$$B = \sqrt[4]{210 \sum I} + d \tag{7-4-1}$$

式中　I——非连续屏障单元构件（桩）的惯性矩（m^4）；

　　　d——桩直径。

三、波阻板隔振设计

一般竖向地面屏障对低于10Hz的低频波，往往由于其波长可能达 $25 \sim 30m$ 而使空沟和排桩屏障隔振效率降低，或不经济，此时，宜采用波阻板屏障。波阻板对低于式（7-3-10）、式（7-3-11）的地面频率（一般 $0 \sim 200Hz$）均可有效隔离 $50\% \sim 60\%$，随着隔板厚度的增加其隔振效率还可提高。波阻板设计应注重严密控制其质量比 b 值，b 值过小，隔振效率可能降低甚至低于50%，同时还可能产生"吻合效应"而失效。b 值提高可有效提高隔振效率，但 b 值过高在某些频段可能产生共振而失效或反效。

所谓波阻板屏障，即在离地面深度 $0.025\lambda_s \leqslant H \leqslant 0.1\lambda_s$ 下设置一个人造夹层，只要该夹层与土介质的阻抗比相差5倍（大或小5倍）以上，且其平面尺寸及厚度满足式（7-3-7）~式（7-3-12），即可屏蔽地面振波。

第五节　屏障隔振设计实例

[实例1] 排孔屏障隔振现场测试

土层：$-0.8 \sim -1.5m$，素填土；$-1.5 \sim -6.5m$，新黄土，承载力特征值 $f_{ak} = 60 \sim 80kPa$；以下黄土质粉质黏土，$f_{ak} = 150 \sim 200kPa$，$V_R = 154m/s$，测试结果如图 7-5-1 所示，图中可见到原始地形干扰。

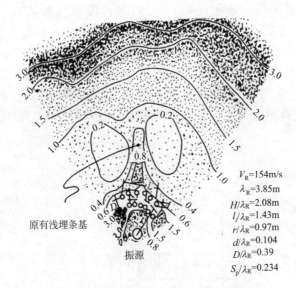

$V_R=154\text{m/s}$
$\lambda_R=3.85\text{m}$
$H/\lambda_R=2.08\text{m}$
$l_i/\lambda_R=1.43\text{m}$
$r/\lambda_R=0.97\text{m}$
$d/\lambda_R=0.104$
$D/\lambda_R=0.39$
$S_p/\lambda_R=0.234$

原有浅埋条基

振源

图 7-5-1 排孔屏障近场主动隔振等振线

[实例 2] 大型高精度半消声室排桩隔振

地面振波通过黄土质粉质黏土（$V_R=154\text{m/s}$）中 $H=10.5\text{m}$ 深的非连续屏障混凝土排桩，在不同波长下被屏蔽的振波为 $\lambda_R=15.4\text{m}$ 时，$T_u=0.524$；$\lambda_R=7.70\text{m}$ 时，$T_u=0.276$；$\lambda_R=5.13\text{m}$ 时，$T_u=0.270$；$\lambda_R=3.85\text{m}$ 时，$T_u=0.250$。其中 T_u 为设屏障后地面振动/设屏障前地面振动。

可见低频波长 $\lambda_R=15.4\text{m}$ 时，排桩隔离了近 50% 地面振动。当 $\lambda_R=3.85\text{m}$ 时，排桩隔离了 75% 地面振动，这是很有效的结果。经与 0.8m×14.2m×16.2m 钢筋混凝土底板并联的散射及辐射阻尼效应后，其入射波明显减小如图 7-5-2 所示。该消声室底板的本底振动与本底噪声均达到国内同类型声学实验室的最高精度。

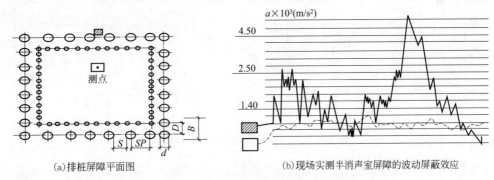

(a) 排桩屏障平面图

测点

(b) 现场实测半消声室屏障的波动屏蔽效应

$a×10^3(\text{m/s}^2)$

图 7-5-2 大型半消声室排桩屏障与 R.C. 底板并联隔振

本工程如采用传统隔振系统，则需 300 余万元隔振费用，同时配套隔振系统的土建工程亦需增加约 50 万元。本设计利用了支承建筑物基桩作隔振屏障，几乎未增加投资，而获得了隔振技术与 350 余万元的经济效益，即节省了 97% 的隔振投资。

[实例 3] 大型高精度测试仪采用单排桩屏障隔振

　　某大型高精度测试仪，基底面积 $50m^2$，其台面容许振幅在 $0\sim50Hz$ 内不大于 $0.64\mu m$，地基土为粉质黏土 $V_s=225m/s$。采用屏障隔振方式如图 7-4-1（a）所示。高精密设备单排屏障隔振等振线如图 7-5-3 所示。单排地面屏障将地面振波减小了 60%，如图 7-5-4 所示，其余 40% 地面振波，经合理设计设置在屏障内的非隔振块体基础与屏障并联。设备安装运行后，经同一振源，及现场各类生产振源中台面实测振幅平均为 $0.48\mu m$，如图 7-5-4 所示，满足了该设备的精度防振要求。本工程比传统方法节省隔振费用 100 余万元。

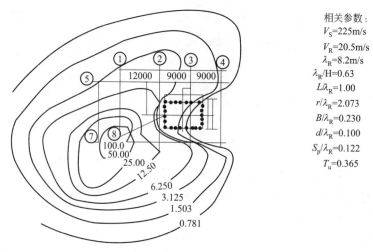

相关参数：
$V_S=225m/s$
$V_R=20.5m/s$
$\lambda_R=8.2m/s$
$\lambda_R/H=0.63$
$L/\lambda_R=1.00$
$r/\lambda_R=2.073$
$B/\lambda_R=0.230$
$d/\lambda_R=0.100$
$S_p/\lambda_R=0.122$
$T_u=0.365$

图 7-5-3　高精密设备单排屏障隔振等振线

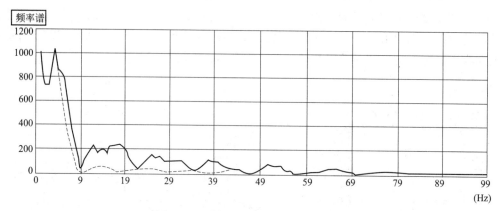

图 7-5-4　单排桩屏障的波动屏蔽效应

　　[实例 4] 一距大型压机 $5.5\lambda_R$ 的高精密设备，处于生产车间各类振源的不利振动环境中，精密设备的基座台面振幅 $0\sim20Hz$ 频率范围竖向线位移 $A_z<1.0\mu m$；$20\sim100Hz$ 频率范围，$A_z<0.127\mu m$。本隔振工程采用波阻板与阻尼弹簧隔振基础并联隔振，屏障隔振方式如图 7-4-1（e）所示，达到了该精密设备的隔振要求。按设备制造商要求，在该设备所处振动环境中，需采用伺服系统的空气弹簧隔振，约需 230 万元投资，且运行及维护费用亦高。本设计施工安装后，其工程决算造价为 18 万元，节省了 92%，且无维护及运行费用，可长期稳定运行。其设计计算及设备安装后现场实测结果如图 7-5-5 所示。场

地土为砾石粗混凝土，$V_R = 196\text{m/s}$。

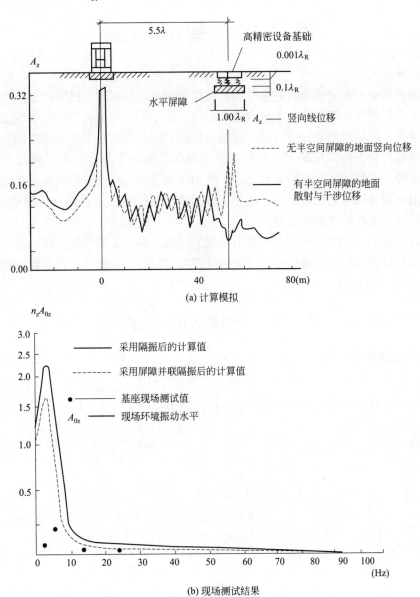

(a) 计算模拟

(b) 现场测试结果

图 7-5-5　波阻板隔板与阻尼弹簧基础并联隔振

第八章　智能隔振

智能隔振需要实时测量隔振对象的状态或振源，采用控制理论进行控制参数的实时调节或确定最优控制力。智能隔振系统应由隔振器、阻尼器、测量装置、采集装置、控制装置、致动装置、外部能源装置等构成。智能隔振包括主动控制和半主动控制两类，主动控制可以为隔振对象提供机械动力，致动装置通常包括电磁作动器、液压或电机伺服作动器、压电陶瓷、磁致伸缩和气动装置等，半主动控制通常是可调节的刚度或阻尼装置，如磁流变液阻尼器和形状记忆合金等，这些装置的被动特性可以通过施加控制信号来调整，而且控制装置只能存储或消耗能量。

通过测量隔振对象的实时状态或输出实现的智能隔振为反馈控制，而通过测量实时振源信号实现的智能隔振为前馈控制，同时测量隔振对象的状态或输出和振源信号实现的智能隔振为前馈-反馈控制。

第一节　隔振系统的动力模型

一、系统的传递函数

考虑具有单个传感器和单个作动器的隔振系统，只需要一个单通道反馈控制器。通常，传感器测量隔振系统的响应，然后通过控制器馈送到作动器，这种反馈控制系统如图8-1-1所示。

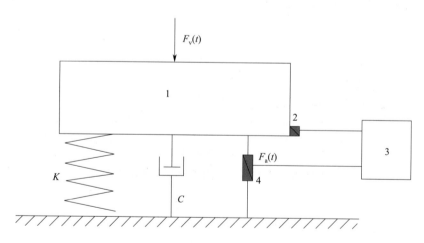

图 8-1-1　动力设备主动控制模型

1—动力设备；2—传感器；3—控制器；4—致动器

图中　$F_a(t)$——由主动控制器驱动下致动器输出的主动控制力；

$F_v(t)$——动力设备产生的振动荷载；

C——隔振体系的阻尼单元；

K——隔振体系的刚度单元。

隔振对象的质量单元为 M，刚度单元为 K，阻尼单元为 C，外激励为 $F_v(t)$，位移响应为 $x(t)$，则其传递函数 $G(s)$ 可以表示为：

$$G(s) = \frac{X(s)}{F_v(s)} = \frac{1}{Ms^2 + Cs + K} \tag{8-1-1}$$

其中 $X(s)$ 和 $F_v(s)$ 分别为 $x(t)$ 和 $F_v(t)$ 的拉普拉斯变换，s 为复变量。定义反馈控制器的传递函数为作动器出力的拉普拉斯变换 $F_a(s)$ 与 $X(s)$ 之比，记为 $H(s)$。则具有反馈控制的隔振系统的传递函数可以表示为：

$$\frac{X(s)}{F_v(s)} = \frac{G(s)}{1 + G(s)H(s)} \tag{8-1-2}$$

假设作动器的出力与隔振对象的加速度、速度和位移成正比，增益常数分别为 g_a、g_v 和 g_d，具有反馈控制的隔振系统的传递函数可以表示为：

$$\frac{X(s)}{F_v(s)} = \frac{1}{(M+g_a)s^2 + (C+g_v)s + (K+g_d)} \tag{8-1-3}$$

由此可见，反馈加速度、速度和位移的作用分别改变了隔振系统的有效质量、有效阻尼和有效刚度。

二、系统的状态方程

隔振对象的运动方程可以表示为状态方程的形式：

$$\begin{Bmatrix} \dot{x}(t) \\ \ddot{x}(t) \end{Bmatrix} = \begin{bmatrix} 0 & 1 \\ -\dfrac{K}{M} & -\dfrac{C}{M} \end{bmatrix} \begin{Bmatrix} x(t) \\ \dot{x}(t) \end{Bmatrix} + \begin{Bmatrix} 0 \\ \dfrac{1}{M} \end{Bmatrix} f_v(t) \tag{8-1-4}$$

$$\dot{\boldsymbol{Z}}(t) = \boldsymbol{A}\boldsymbol{Z}(t) + \boldsymbol{B}\boldsymbol{u}(t) \tag{8-1-5}$$

其中，$\dot{\boldsymbol{Z}}(t) = \begin{Bmatrix} \dot{x}(t) \\ \ddot{x}(t) \end{Bmatrix}$，$\boldsymbol{A} = \begin{bmatrix} 0 & 1 \\ -\dfrac{K}{M} & -\dfrac{C}{M} \end{bmatrix}$，$\boldsymbol{Z}(t) = \begin{Bmatrix} x(t) \\ \dot{x}(t) \end{Bmatrix}$，$\boldsymbol{B} = \begin{Bmatrix} 0 \\ \dfrac{1}{M} \end{Bmatrix}$，$\boldsymbol{u}(t) = f_v(t)$。

类似地，方程可以用于描述隔振系统的输出 $\boldsymbol{y}(t)$：

$$\boldsymbol{y}(t) = \boldsymbol{C}\boldsymbol{Z}(t) + \boldsymbol{D}\boldsymbol{u}(t) \tag{8-1-6}$$

如果隔振系统的输出为隔振对象的速度，则有 $\boldsymbol{C} = \begin{Bmatrix} 0 \\ 1 \end{Bmatrix}$，$\boldsymbol{D} = 0$。

第二节　系统的稳定性

在零输入的情况下，即 $\boldsymbol{u}(t) = 0$，隔振系统的状态方程可以表示为：

$$\dot{\boldsymbol{Z}}(t) = \Phi[\boldsymbol{Z}(t), 0, t], \boldsymbol{Z}(0) = \boldsymbol{Z}_0 \tag{8-2-1}$$

系统的稳定性是根据系统的自由振动响应是否有界定义的。

如果对于任意给定的实数 $\varepsilon > 0$，都存在一个实数 $\delta(\varepsilon, t_0) > 0$，使系统在 $\| \boldsymbol{Z}_0 \| < \delta(\varepsilon, t_0)$ 时，初始条件 $\boldsymbol{Z}(0) = \boldsymbol{Z}_0$ 引起的系统振动 $\boldsymbol{Z}(t)$ 都满足条件：

$$\|\boldsymbol{Z}(t)\| < \varepsilon \, (t > t_0) \qquad (8\text{-}2\text{-}2)$$

于是原点是系统稳定的平衡点，也称为在李雅普诺夫意义下稳定。如果 δ 与 t_0 无关，那么原点是一致稳定的平衡点，称系统在原点一致稳定。

如果系统在原点是稳定的，而且由初始条件 $\boldsymbol{Z}(0)=\boldsymbol{Z}_0$ 引起的系统振动满足条件：

$$\lim_{t \to \infty} \|\boldsymbol{Z}(t)\| = 0 \qquad (8\text{-}2\text{-}3)$$

那么原点是渐近稳定的平衡点，即系统在原点是渐近稳定的。如果 δ 与 t_0 无关，那么原点是一致渐进稳定的平衡点，称系统在原点一致渐进稳定。

线性定常系统渐进稳定的充分必要条件是系统矩阵 $\boldsymbol{A}$ 的全部特征值具有负实部。

第三节　系统的鲁棒性

采用智能隔振时，系统和外激励的不确定性会影响系统的控制性能，系统的不确定性来自于隔振对象的模型误差，外激励的不确定性来自于外激励的未知性和多样性。智能隔振的鲁棒性是指当不确定性在给定范围变化时，控制系统的稳定性、渐进调节和动态特性保持不变的特性。渐近调节特性反映了系统的稳态性能，动态特性是指反馈控制系统具有的激励抑制特性。隔振系统在隔振对象及工作环境存在不确定时，反馈控制系统仍能保持稳定的性能称为稳定鲁棒，在反馈稳定的前提下保持系统的某一指标在一定范围的能力称为性能鲁棒。隔振系统的鲁棒分析主要是分析隔振系统在一组不确定性作用下的鲁棒稳定分析和鲁棒性能分析。

第四节　系统时滞的影响

在隔振系统中，测量装置或致动装置的动态响应、控制装置的运算和信号处理可能引起时滞，时滞在数字控制系统尤为普遍，特别是在使用模拟抗混叠和重构滤波器的情况下。考虑时滞的反馈控制器可以表示为：

$$H(s) = \frac{F_a(s)}{X(s)} = e^{-s\tau}(g_a s^2 + g_v s + g_d s) \qquad (8\text{-}4\text{-}1)$$

其中 τ 为时滞，如果时滞较小，它的频率响应可以表示为：

$$e^{-j\omega\tau} \approx 1 - j\omega\tau \quad \text{for } \omega\tau \ll 1 \qquad (8\text{-}4\text{-}2)$$

其中 j 为虚数单位。具有反馈控制的隔振系统的闭环频率响应由于时滞的影响变得更为复杂，可以表示为：

$$\frac{X(j\omega)}{F_v(j\omega)} = \frac{1}{j\omega C' + K' - \omega^2 M'} \qquad (8\text{-}4\text{-}3)$$

其中 C'、K' 和 M' 分别为等效阻尼、等效刚度和等效质量，表示为：

$$
\begin{aligned}
C' &= C + g_v - \tau g_d + \omega^2 \tau g_a \\
K' &= K + g_d \\
M' &= M + g_a - \tau g_v
\end{aligned}
\qquad (8\text{-}4\text{-}4)
$$

由此可见时滞改变了系统的等效质量和等效阻尼，尤其对等效阻尼的影响最为显著，而且时滞对等效阻尼的影响与频率相关。

第五节 控 制 算 法

一、比例-积分-微分控制

将系统输出与目标输入偏差的比例、积分和微分通过线性组合构成控制量，对隔振对象进行控制，称为比例-积分-微分控制。

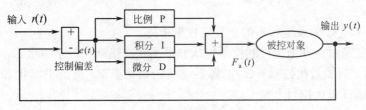

图 8-5-1 比例-积分-微分控制

以图 8-5-1 所示的单自由度系统为例，系统输出位移响应为 $y(t)$，目标输入为 $r(t)$，则偏差为：

$$e(t) = r(t) - y(t) \tag{8-5-1}$$

比例-积分-微分控制器的控制力为：

$$F_a(t) = K_p \left[e(t) + \frac{1}{T_i} \int_0^t e(t) \mathrm{d}t + T_d \frac{\mathrm{d}e(t)}{\mathrm{d}t} \right] \tag{8-5-2}$$

其中 K_p 为比例系数，T_i 为积分时间常数，T_d 为微分时间常数。写成传递函数的形式：

$$\frac{F_a(s)}{E(s)} = K_p \left(1 + \frac{1}{T_i s} + T_d s \right) \tag{8-5-3}$$

比例-积分-微分控制器各校正环节的作用如下：

1. 比例环节：成比例地反映控制系统的偏差 $e(t)$，偏差一旦产生，控制器立即产生控制作用，以减小偏差。

2. 积分环节：主要用于消除静差，提高系统的无差度。积分时间常数 T_i 越大，积分作用越弱，反之则越强。

3. 微分环节：反映偏差的变化趋势（变化速率），并能在偏差变得太大之前，在系统中引入一个有效的早期修正信号，从而加快系统的动作速度，减少调节时间。

二、线性二次型最优控制

对于线性系统，选取系统状态和控制输入的二次型函数的积分作为性能指标函数的最优控制问题，称为线性二次型最优控制（LQR）。

定义线性定常系统的二次型性能泛函为：

$$J = \frac{1}{2} \int_0^{t_f} \left[\boldsymbol{y}^{\mathrm{T}}(t) \boldsymbol{Q} \boldsymbol{y}(t) + \boldsymbol{u}^{\mathrm{T}}(t) \boldsymbol{R} \boldsymbol{u}(t) \right] \mathrm{d}t \tag{8-5-4}$$

式中 $\boldsymbol{Q}$ 和 $\boldsymbol{R}$ 为正定权重矩阵。

假设系统的输出方程只与系统状态有关，则有

$$\boldsymbol{y}(t) = \boldsymbol{C} \boldsymbol{Z}(t) \tag{8-5-5}$$

将输出方程带入性能泛函，有

$$J = \frac{1}{2} \int_0^{t_f} \left[\boldsymbol{Z}^{\mathrm{T}}(t) \boldsymbol{Q}_1 \boldsymbol{Z}(t) + \boldsymbol{u}^{\mathrm{T}}(t) \boldsymbol{R} \boldsymbol{u}(t) \right] \mathrm{d}t \tag{8-5-6}$$

其中 $\boldsymbol{Q}_1 = \boldsymbol{C}^{\mathrm{T}} \boldsymbol{Q} \boldsymbol{C}$ 为系统状态的半正定权重矩阵。

最优控制是通过合理施加控制使系统从非平衡状态逐渐趋近于零状态，即在时间区间 $t \in [t_0, \infty)$ 内，寻找最优控制 $\boldsymbol{u}(t)$，将系统从初始状态 $\boldsymbol{Z}_0$ 趋近于零状态，并使性能泛函取极小值。因此最优控制力为

$$F(t) = \boldsymbol{G} \boldsymbol{Z}(t) \tag{8-5-7}$$

其中，$\boldsymbol{G} = -\boldsymbol{R}^{-1} \boldsymbol{B}^{\mathrm{T}} \boldsymbol{P}$ 为状态反馈增益矩阵，$\boldsymbol{P}$ 为矩阵 Riccati 方程的解。

$$\boldsymbol{Q}_1 = \boldsymbol{P} \boldsymbol{A} + \boldsymbol{A}^{\mathrm{T}} \boldsymbol{P} - \boldsymbol{P} \boldsymbol{B} \boldsymbol{R}^{-1} \boldsymbol{B}^{\mathrm{T}} \boldsymbol{P} \tag{8-5-8}$$

对于图 8-1-1 所示单自由度系统，将最优控制力展开：

$$F(t) = \boldsymbol{G} \boldsymbol{Z}(t) = \begin{bmatrix} g_{\mathrm{d}} & g_{\mathrm{v}} \end{bmatrix} \begin{Bmatrix} x(t) \\ \dot{x}(t) \end{Bmatrix} = g_{\mathrm{d}} x(t) + g_{\mathrm{v}} \dot{x}(t) \tag{8-5-9}$$

则采用线性二次型最优控制的隔振系统传递函数可以表示为：

$$\frac{X(s)}{F_{\mathrm{v}}(s)} = \frac{1}{M s^2 + (C + g_{\mathrm{v}}) s + (K + g_{\mathrm{d}})} \tag{8-5-10}$$

由此可见，反馈速度和位移的作用分别改变了隔振系统的有效阻尼和有效刚度。

第六节 控 制 装 置

磁流变液阻尼器将含有大量可极化颗粒的特殊流体集成到普通流体阻尼器中，通过调整外加磁场的大小，可以显著改变流体的屈服剪力。由于流体的屈服强度取决于外加磁场强度，使磁流变阻尼器成为参数可控的流体阻尼器，并且只需要很小的电流。磁流变液的主要成分有软磁性颗粒、母液以及提高颗粒悬浮稳定性的添加剂。在磁场作用下，磁流变液可以在毫秒级内快速可逆地改变流变特性，但是电磁响应时间和流体阻尼器的中高频特性决定了磁流变液阻尼器不适用于高频振动。

磁流变液阻尼器的阻尼力由磁流变液的流变特性和其在阻尼器中的流动特性决定，本质上为非线性，阻尼力很难实时精确调节，通常作为可调节耗能能力的流体阻尼器使用，此时可按下式近似计算：

$$F_{\mathrm{sa}}(t) = c_{\mathrm{d}} \dot{x}_{\mathrm{d}}(t) + F_{\mathrm{c}}(I) \operatorname{sgn} [\dot{x}_{\mathrm{d}}(t)] + F_{\mathrm{d}} \operatorname{sgn} [\dot{x}_{\mathrm{d}}(t)] \tag{8-6-1}$$

式中　$\dot{x}_d(t)$——磁流变阻尼控制系统活塞杆与缸体之间的相对速度；

　　　c_d——黏滞阻尼系数；

　　$F_c(I)$——可调库仑阻尼力；

　　　I——控制电流；

　　　F_d——活塞杆与动密封之间的摩擦力。

为了实现主动控制力且实时反馈磁流变液阻尼器的阻尼力时，半主动控制的电流可按下式计算：

$$I(t) = I_{max} H\{[F_a(t) - F_{sa}(t)]F_{sa}(t)\} \tag{8-6-2}$$

式中　I_{max}——磁流变阻尼控制系统的最大控制电流；

　　$H\{\cdot\}$——Heaviside 阶跃函数；

　　$F_a(t)$——按照主动控制算法得到的目标控制力。

该半主动控制算法可以实现 passive-on 和 passive-off 的切换控制，当阻尼器的阻尼力 $F_{sa}(t)$ 与目标控制力 $F_a(t)$ 方向相同且 $|F_{sa}(t)| < |F_a(t)|$ 时，施加阻尼器能实现的最大阻尼力，否则，施加最小阻尼力。

为了实现主动控制力且实时反馈磁流变液阻尼器的相对速度 $\dot{x}_d(t)$ 时，半主动控制的电流可按下式计算：

$$I(t) = \begin{cases} 0, & F_a \dot{x}_d \geqslant 0 \\ I_{max}, & F_a \dot{x}_d < 0 \end{cases} \tag{8-6-3}$$

该控制算法表明，当目标控制力与磁流变液阻尼器的相对速度 $\dot{x}_d(t)$ 方向相反时，施加阻尼器能实现的最大阻尼力，否则，施加最小阻尼力。

仅实时反馈磁流变液阻尼器的相对位移 $x_d(t)$ 和相对速度 $\dot{x}_d(t)$ 时，半主动控制的电流可按下式计算：

$$I(t) = \begin{cases} 0, & x_d \dot{x}_d \leqslant 0 \\ I_{max}, & x_d \dot{x}_d > 0 \end{cases} \tag{8-6-4}$$

该控制算法表明隔振对象背离平衡点振动时，施加阻尼器能实现的最大阻尼力，否则，施加最小阻尼力。

磁流变液阻尼器的最大阻尼力和最小阻尼力的切换通过改变电流来实现，电流的突然改变在阻尼器内部线圈中产生感应电动势，影响了线圈中的电流变化，因此，采用磁流变液阻尼器时需要分析线圈中电流的动力特性对其控制效果的影响，可以建立电流源的动力学模型和线圈的电磁感应模型来考虑这一影响。

第七节　智能隔振设计实例

中国科学院北京某所新建科研楼有许多超精密电镜装备，需要开展严格的微振动控制，由于振动控制目标非常严格，部分需要达到 VC-G，为此需要设计大体积混凝土基础，并在基础上设计智能隔振系统。如图 8-7-1～图 8-7-4 所示。

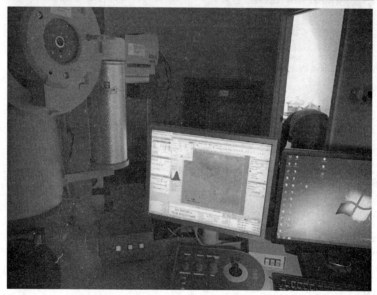

图 8-7-1　超精密电镜装备

　　大体积混凝土基础按弹性地基进行计算，其模态计算结果见图 8-7-5，振动分析结果见图 8-7-6。

　　由 VC 曲线评价结果可见：中低频段 1～10Hz，输入与输出曲线趋势基本一致，块式混凝土基础基本不发挥减振作用；中高频段 20Hz 以上，块式混凝土基础具有一定减振作用，可对环境振动中的中高频成分部分滤除。

　　为解决卓越频段共振、低频段振动抑制以及高频段更加有效的滤除，并考虑振动控制目标拟达到 VC-G 的综合效果，应考虑智能隔振方法。

　　智能隔振装置实物见图 8-7-7，其实际控制效果见图 8-7-8（灰色曲线为基础顶面振动，黑色曲线为智能隔振系统台面振动）。

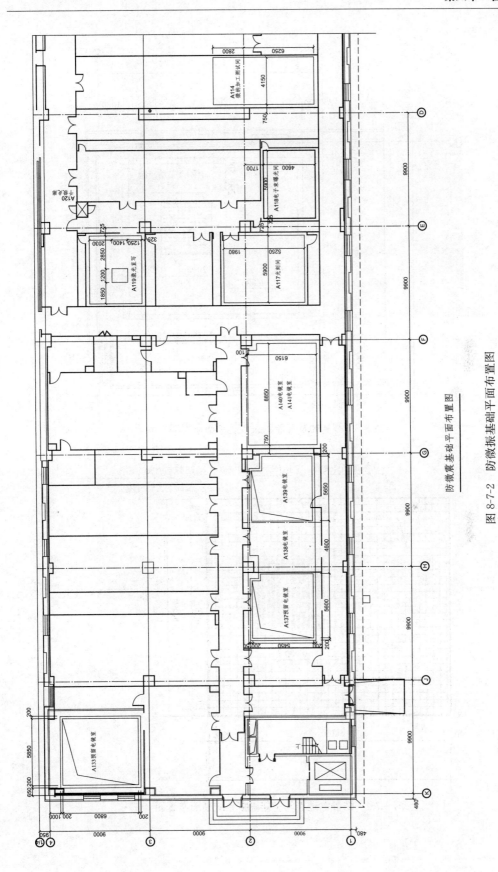

防微震基础平面布置图

图 8-7-2　防微振基础平面布置图

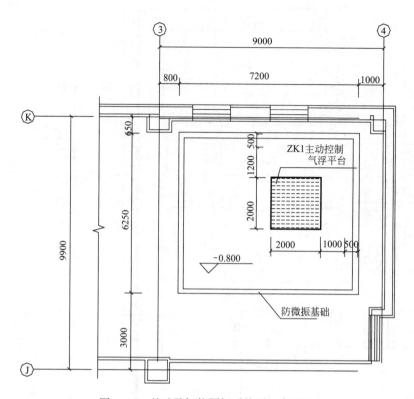

图 8-7-3　基础及智能隔振系统平面布置图

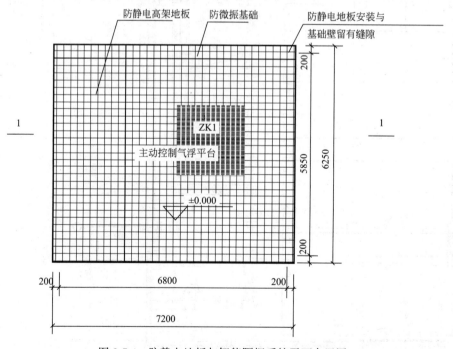

图 8-7-4　防静电地板与智能隔振系统平面布置图

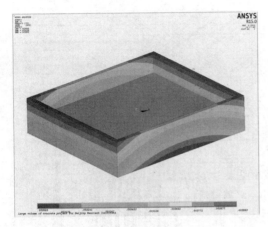

(a) 第 1 阶模态　　　　　　　　　　　　　(b) 第 2 阶模态

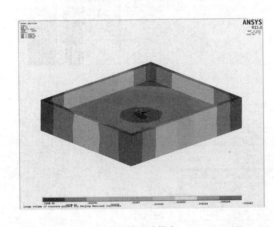

(c) 第 3 阶模态　　　　　　　　　　　　　(d) 第 4 阶模态

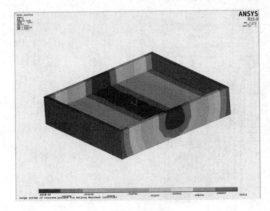
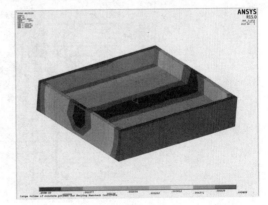

(e) 第 5 阶模态　　　　　　　　　　　　　(f) 第 6 阶模态

图 8-7-5　模态计算云图

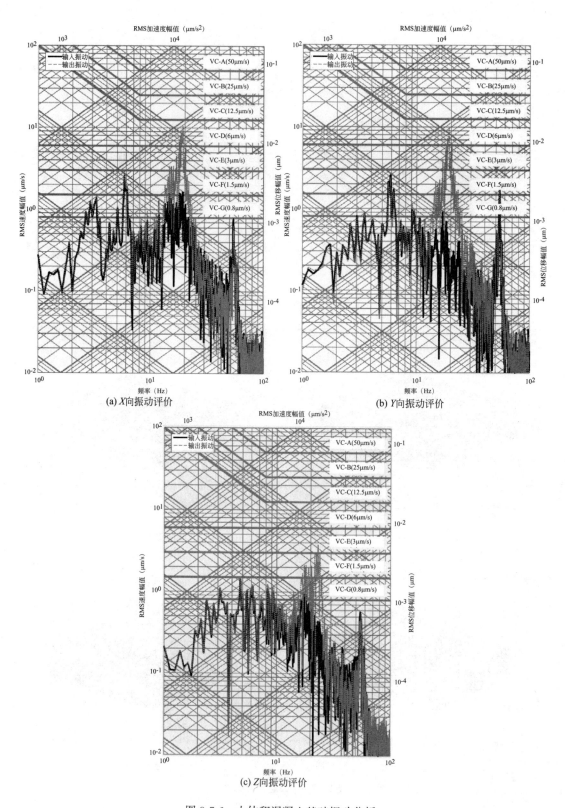

图 8-7-6   大体积混凝土基础振动分析

图 8-7-7　智能隔振系统

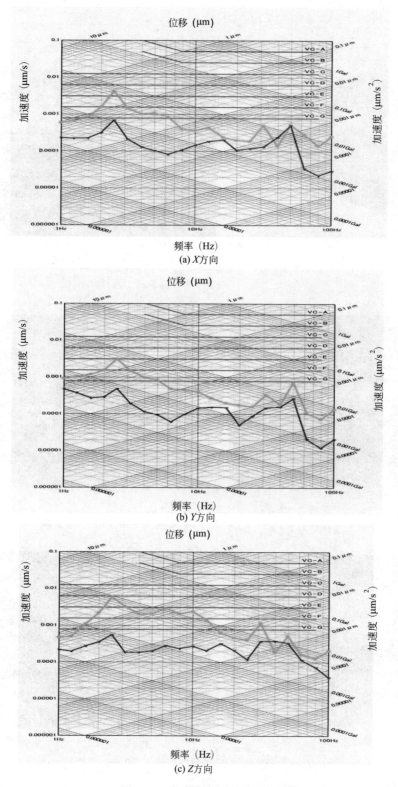

图 8-7-8 智能隔振系统实测性能曲线

第九章　隔振器与阻尼器

第一节　一般规定

一、隔振器与阻尼器的性能要求

1. 隔振器与阻尼器应具有较好的耐久性，性能应稳定；
2. 隔振器应具有适当的承载能力、刚度和阻尼系数；
3. 阻尼材料应当动刚度小、不易老化，黏流体材料的黏度变化应较小；
4. 隔振器和阻尼器及其零部件应当易于更换和维修；
5. 隔振器和阻尼器的金属构件表面应具有适当的耐腐蚀能力；
6. 隔振器和阻尼器应设防护装置，防止异物进入。

二、隔振器与阻尼器的构造要求

隔振器可以同时包含弹性元件和阻尼器，也可以只含有弹性元件。弹性元件可以是钢螺旋弹簧、金属碟簧、橡胶或空气弹簧等。实践中使用最多的是弹簧阻尼隔振器（图 9-1-1），由钢螺旋弹簧、黏滞阻尼器（图 9-1-2）和上下壳体组成。

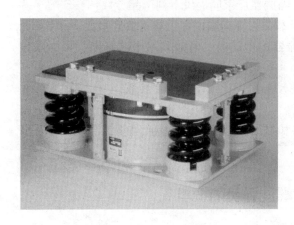

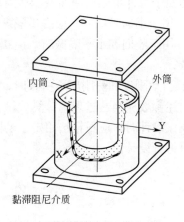

图 9-1-1　弹簧阻尼隔振器　　　　　图 9-1-2　黏滞阻尼器结构示意图

最简单的壳体由上下两块钢板构成，这种隔振器不能锁紧，因此不易检修和更换。

对于中型和大型设备，为了便于对隔振器进行检修和更换，隔振器应为可锁紧式，这时壳体应设计成抗弯能力强的钢结构焊接箱体，并设有锁紧螺栓，以及可以放置千斤顶的顶升空间。

锁紧式隔振器的优点是：

1. 在施工阶段，隔振器可以处于锁紧状态，便于混凝土台座施工；
2. 在设备安装完成之后，将千斤顶放置于隔振器的顶升空间，可用来释放隔振器，让隔振器进入弹性状态，然后对隔振体系进行调平；

3. 在使用阶段可以方便调平，还可以方便地对隔振器进行检修或更换。

为了使隔振器和设备或设备基础之间的连接牢固，上下壳体或上下箱体上需设有连接螺栓的通孔，将隔振器上下壳体或上下箱体与设备或者设备基础可靠连接。当隔振器不承受拉力时，也可采用专用防滑垫板进行固定。

弹性元件与隔振器壳体的连接应当牢固。采用螺旋弹簧时，隔振器壳体上应设承受水平剪力的对中件；采用碟簧时，隔振器壳体上应设导向柱或导向套，并且与碟簧接触的所有表面应具有较高的硬度和表面光洁度，以提高耐磨性；采用橡胶作为弹性元件时，一般将橡胶与壳体硫化为一体。

为便于调节隔振台座或隔振设备的水平度，隔振器应设调高装置。调高装置可以是调平垫板、调高螺栓或调高楔铁。

对于固体物有可能进入弹簧或碟簧内部的环境，隔振器应设防护罩。

用于隔振体系的阻尼器一般采用黏滞阻尼器。对于灰尘易进入阻尼器内部的环境，阻尼器应设防尘防水防油的密封套。对于仅可能有液体从上方进入的环境，可采用防水罩。

柱塞式（小孔节流式）阻尼器由于密封件处于频繁的振动摩擦状态，容易摩擦损坏使阻尼器漏油而失效，仅适用于动载循环次数不多的工作环境，所以在大多数振动控制工程中不推荐使用。

隔振器和阻尼器壳体应采取良好的防腐措施。

三、隔振器与阻尼器的参数

为便于设计单位选用隔振器和阻尼器，隔振器厂家应提供下列产品参数：

1. 用于垂向隔振时，应提供隔振器的承载力、竖向刚度和阻尼系数等参数；

2. 用于竖向和水平隔振时，应提供隔振器的承载力、竖向和水平向刚度、阻尼系数等参数；

3. 当动刚度和静刚度不一致时，应具有动静刚度比或动静刚度参数；

上述参数应当通过理论计算或试验确定。

隔振设计时，应尽量选用定型的隔振器和阻尼器产品，当定型产品不能满足设计要求时，可另行设计。

第二节　圆柱螺旋弹簧隔振器

一、圆柱螺旋弹簧隔振器的形式及应用

1. 圆柱螺旋弹簧隔振器的形式

圆柱螺旋弹簧隔振器的形式有支承式和悬挂式两种，如图 9-2-1、图 9-2-2 所示。支承式隔振器的弹性支承元件采用压缩弹簧，为保证弹簧支承面的固端作用，弹簧的两端都需要磨平并紧，并卡在挡圈中。悬挂式隔振器的弹性支承元件可采用压缩弹簧，如图 9-2-2(a)所示，也可采用拉伸弹簧，如图 9-2-2(b) 所示。采用压缩弹簧时，吊杆需穿过弹簧中心或隔振器中心，支承在弹簧或隔振器顶部，吊杆长度应从弹簧或隔振器顶部算起，弹簧的横向刚度宜大于其轴向刚度，否则弹簧的横向变形可能对吊杆长度产生不利影响。采用拉伸弹簧时，弹簧两端的吊钩可采用两种做法：一种是将弹簧端部弯成圆钩环，以圆钩环压中心形式受力最好；另一种是另作吊钩旋入弹簧端部，称为可调式，如图 9-2-3 所示。下

端可以再加吊杆。线径不大于 12mm 时，一般采用冷卷弹簧；线径大于 12mm 时，一般采用热卷弹簧。

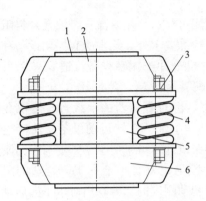

图 9-2-1 支承式圆柱螺旋弹簧隔振器
1—柔性垫板；2—上箱体；3—锁紧装置；
4—弹簧；5—阻尼器；6—下箱体

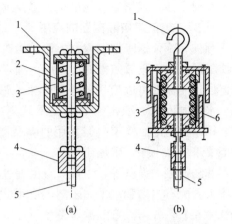

图 9-2-2 悬挂式圆柱螺旋弹簧隔振器
1—吊架或吊钩；2—弹簧；3—材料阻尼；
4—长度调节旋钮；5—吊杆；6—保护索

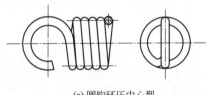

(a) 圆钩环压中心型

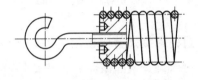

(b) 可调式

图 9-2-3 拉伸弹簧的两种端部做法

圆柱螺旋弹簧自身几乎无阻尼，因此隔振器必须配置相应的材料阻尼或介质阻尼器。按阻尼配置方式，隔振器可分为内置材料阻尼或阻尼器、外置阻尼器两种形式。前者具有结构紧凑、使用方便的优点，是目前隔振器市场的主流产品。内置材料阻尼是在弹簧外包阻尼材料，一般为高分子材料，如隔而固（青岛）振动控制有限公司的 KS 系列小型弹簧隔振器、上海青浦淀山湖减振器厂的 ZT 系列阻尼弹簧隔振器和浙江湖州弹力减振器厂的 TJ5 型阻尼弹簧隔振器等为此类产品。其特点是：结构简单，性价比高，应用较广。但多数只有竖向阻尼，其阻尼系数较低。阻尼材料存在耐老化问题，对温度变化也比较敏感，其性能稳定性难与弹簧使用寿命相匹配。一般用于对隔振器阻尼性能要求较低的场合，主要应用于小型回转设备，如风机、水泵和空调主机等。内置阻尼器是在隔振器内部安装黏滞阻尼器。黏滞阻尼隔振器的优点是：阻尼系数高，无磨损，无老化，可以根据需要选择阻尼介质和配置阻尼参数，适用范围广。缺点是：阻尼器结构比较复杂，需要理论计算初步确定阻尼参数，然后在阻尼器试验台上实测确认阻尼参数。普通阻尼介质的黏度随温度变化较大，只能适用于对隔振器性能要求较低或温度变化小的环境，在冲击力较大或温度变化较大的场合，应采用特殊配方的阻尼介质，价格较高。配置黏滞阻尼器的隔振器，在需要隔振器承载力大、体积小、固有频率较低、阻尼较大的场合，具有较大优势。

在对工业设备进行隔振时，单独的黏滞阻尼器通常与纯弹簧隔振器或弹簧阻尼隔振器一起使用，主要用于需要增大阻尼或需要合理配置阻尼参数的场合。黏滞阻尼器单独使用时，顶板必须与设备或惯性基础块固定，底板必须与底部基础固定。为了使系统具有最好的动态稳定性，阻尼器应该尽量布置在远离设备中心的位置。

2. 圆柱螺旋弹簧隔振器的应用

圆柱螺旋弹簧隔振器取材方便、构造简单、性能可靠、使用寿命长，配上材料阻尼或介质阻尼器后，隔振效果好，适应范围很广，除有特殊要求外，几乎所有振动设备和精密仪器设备隔振都可以应用。一般说来，锻锤、压力机等冲击振动设备，适宜采用承载力高、水平刚度大、稳定性好的支承式隔振器，并配置阻尼器，阻尼比 0.1～0.3，也可以利用摩擦阻尼。轨道隔振采用的隔振器与此类似，但对隔振器的承载力、体积和刚度性能要求更高一些，阻尼比可小一些，一般取 0.03～0.05。旋转运动设备、曲柄连杆式机器和随机振动设备等，需按 6 自由度进行主动隔振设计，可采用水平刚度与竖向刚度相差不大、配有竖向和水平向阻尼的支承式隔振器，阻尼比不宜小于 0.05，合适的阻尼比是 0.1 左右，并需注意隔振设备场所温度对阻尼比和动刚度的影响，当对水平向启动、停机振幅增大要求不高时，如普通风机、水泵隔振，亦可采用仅配置竖向阻尼的隔振器。精密仪器设备的被动隔振，应采用水平刚度与竖向刚度相差较小、配有竖向和水平向阻尼比为 0.1～0.2 的支承式隔振器。设备悬挂式隔振时，可采用悬挂式隔振器。管道隔振采用悬挂式隔振器，也叫隔振吊钩，其阻尼比宜不小于 0.05。悬挂式隔振器需采取安全保护措施。

二、圆柱螺旋弹簧隔振器的设计方法

1. 圆柱螺旋弹簧隔振器的选材要求

（1）弹簧选材要求

隔振器采用的圆柱螺旋弹簧，其常用材料为金属材料，包括弹簧钢、弹簧用不锈钢、弹簧用弹性合金以及弹簧用特殊合金等。圆柱螺旋弹簧一般由钢棒料热卷或冷卷而成，具有承载力高、线性好、力学性能稳定、寿命长、静力动力特性一致、结构简单等优点。圆柱螺旋弹簧选材的原则是：材料需具有较高的屈服强度、屈强比，良好的塑性和韧性，同时还需具有优良的表面状态和疲劳性能，根据此原则和目前弹簧钢市场供货和价格情况，按 3 种使用条件作了规定：

1）用于冲击式机器隔振时，对耐疲劳性能要求较高，一般选择铬钒弹簧钢，铬钒弹簧钢具有良好的工艺性能、好的淬透性和回火稳定性，较高的静强度和疲劳强度，良好的塑性和韧性。也可选用硅锰弹簧钢，硅锰钢的弹性极限、屈强比、淬透性和抗回火稳定性均较高，过热敏感性小，但脱碳倾向较大，尤其硅与碳含量较高时，碳易于石墨化，使钢变脆。

2）用于一般主动隔振和被动隔振，当直径小于 8mm 时，可以优先采用 B 级、C 级、D 级碳素弹簧钢丝，当要求应力较高时，也可采用硅锰弹簧钢丝。当直径在 8～12mm 之间时，硅锰弹簧钢丝和铬钒弹簧钢丝可以充分供应，性价比比碳素弹簧钢丝高，可以优先采用。当直径大于 12mm 时，一般是热轧弹簧钢、硅锰弹簧钢性价比高，供货有保障，铬钒弹簧钢也可以。

3）有防腐要求时，应根据腐蚀性介质的化学性质选择弹簧材料或者对弹簧表面进行相应的防腐处理。一般情况下，可以采用不锈钢弹簧钢丝或热轧圆钢。但腐蚀性弱、使用寿命也允许时，也可以采用普通弹簧钢丝或热轧圆钢，然后根据腐蚀性介质特性在成品弹簧表面浸涂防腐保护层。腐蚀性介质被隔振器外壳抵挡，不可能侵蚀到弹簧时可按无腐蚀性选择线材。做表面防腐处理时，其处理的介质、方法应符合相应的环境保护法规，但应尽量避免采用可能导致氢脆的表面处理方法。

随着科技的发展，高强度合金钢会不断出现，同时弹簧后期加工方法的不断改进和优化，特别是热处理工艺、弹簧表面质量的不断提高，弹簧产品使用的安全性、经济性也会不断提升，设计时应根据弹簧产品的使用环境、荷载工况、市场变化，灵活掌握，条件允许时，可以采用其他品种的弹簧钢，包括符合国内弹簧钢标准和中国承认的国外弹簧钢质量标准的进口产品。

（2）材料阻尼和介质阻尼器的选材要求

选用材料阻尼时，一般应选用动刚度小、不易老化的阻尼材料，也需考虑温度、湿度对阻尼的影响，以满足阻尼性能尽可能与圆柱螺旋弹簧的性能和使用寿命相匹配，避免因阻尼材料降低圆柱螺旋弹簧隔振器的性能优势。

选用阻尼介质时，应根据环境条件、使用工况选择合适类型的阻尼介质。尽量选择那些运动黏度随温度变化小、使用寿命长、不易老化、同时兼顾阻尼器的构造复杂程度和对动刚度的影响。硅油和特殊配方的阻尼油或黏稠体，运动黏度随温度变化较小，但价格高；温度变化很小或对阻尼大小变化要求较低时，为降低造价，也可以采用温度变化20℃范围内运动黏度相差不大的液压油和黏稠体。

（3）支承板、外壳和柔性垫片的选材要求

弹簧两端的支承板为隔振器底座和顶板，底座、顶板和外壳一般可采用优质结构钢板焊接或冲压而成，也可以采用灰铸铁、可锻铸铁、球墨铸铁铸造而成。承载力大的隔振器，对强度和韧性要求较高，一般采用优质结构钢板焊接，批量较大时，也可采用铸钢。隔振器底面和顶面的柔性垫片一般采用摩擦系数大、耐老化的防滑垫板，也可采用普通橡胶或质量可靠的再生橡胶。这些材料的承载力和耐老化性能都需要与弹簧和隔振器的使用寿命期相匹配。

2. 圆柱螺旋弹簧的设计和计算

（1）设计采用的标准和基本参数选择

隔振器设计时，圆柱螺旋弹簧的设计和计算应按国家标准《圆柱螺旋弹簧设计计算》GB/T 23935进行。由于隔振器对圆柱螺旋弹簧的承载力、刚度、体积大小和横向稳定性有一定要求，为了保证设计参数选择合理，满足使用要求，圆柱螺旋弹簧的主要参数可以按以下要求选取：

1）弹簧的线径应尽量采用常用的第一系列 5、6、8、10、12、16、20、25、30、35、40、45（mm）等，选择线径时，可参考《圆柱螺旋弹簧尺寸系列》GB/T 1358。大型设备基础隔振、建筑整体隔振以及轨道交通隔振所用隔振器弹簧线径一般在 35mm 以上。

2）圆柱螺旋弹簧的旋绕比为中径/线径之值，其值对固有频率和经济性影响最大。在满足最大工作负荷下的固有频率和横向刚度要求前提下，选用较小的旋绕比更经济合理。压缩弹簧的旋绕比，受横向刚度和高径比控制，不能太小，存在一个合适范围，通常可按以下要求选择：当隔振系统固有频率低至 2～3Hz 时，旋绕比可在 4.5～10 之间选择；当隔振系统固有频率大于 3Hz 时，旋绕比可以更小些；冷卷弹簧直径小，旋绕比要大一些；

热卷弹簧直径大，旋绕比可以小一些，但一般不宜小于 3。旋绕比过小会使弹簧内、外侧应力相差很多，造成应力不均匀，且加工困难，易损伤弹簧外皮。当要求对应最低固有频率小于 2Hz 时，旋绕比还可以更大些。但旋绕比过大会使弹簧很柔，工作荷载作用下变形量很大，精度和加工要求应更严一些，对隔振体系的质量中心和刚度中心处于同一铅垂线上也要求控制得更准确一些。当采用大旋绕比圆柱螺旋弹簧的隔振器时，可降低隔振系统的固有频率，当配上竖向和水平向阻尼比均较大、性能稳定可靠、使用寿命长的阻尼器或阻尼装置时，隔振效果是除空气弹簧外，其他隔振器难以达到的，因此，经济性还是相当好的。

拉伸弹簧的旋绕比，在加工工艺允许的条件下，可以尽量选择小值。

3）圆柱螺旋压缩弹簧的高径比是其自由高度/中径之值，它是保障压缩弹簧的侧向稳定性、控制横向刚度的主要因素。一般要求竖向和水平向均隔振时，圆柱螺旋压缩弹簧的横向刚度与轴向刚度应比较接近，不能相差太大。除内圈弹簧外，高径比适宜在 1.6～2.3 之间选择，现有的隔振器弹簧大多数都采用 2.0 左右。圆柱螺旋弹簧横向刚度，起控制作用的主要是高径比，横向刚度随高径比的增加而明显减小，弹簧压缩量的变化影响并不大。当高径比为 1.7 左右时，弹簧的横向刚度与轴向刚度基本相等，且随压缩量的增加略有增大，但增幅不大；当高径比为 2.0 时，弹簧的横向刚度约为轴向刚度的 70%～75% 左右；高径比在 2.0～2.1 时，弹簧的横向刚度几乎不随压缩量大小而变化；当高径比在 2.0～2.2 之间时，横向刚度小于竖向刚度较多，随高径比的增加在 0.75～0.5 之间呈递减性变化，同时横向刚度随压缩量的增大而略有减小，但减幅也不大，此范围的横向刚度对弹簧的横向稳定性影响虽然较大，但仍可采用。作外圈弹簧时高径比宜取小一些，以保证隔振器的水平刚度不致低于竖向刚度太多。弹簧横向刚度小于竖向刚度的一半，即对应高径比约 2.2～2.3 时弹簧的横向稳定性太差，不适宜用于隔振器。内圈弹簧的高径比可根据与外圈弹簧的刚度匹配确定，但不得在承载力作用下失稳。仅用于竖向隔振时，高径比可以小于 1.6。但高径比太小会造成耗材多，经济上不合理。

圆柱螺旋拉伸弹簧不考虑水平刚度，没有高径比限制，但过柔时需控制颤振。

4）圆柱螺旋弹簧的节距为弹簧圈与圈之间的平均距离。拉伸弹簧原始状态下是并紧的，节距为弹簧线径。压缩弹簧的节距，设计时可按下式计算：

$$l = \frac{\pi d [\tau] C^2}{Gk} + d + \delta \tag{9-2-1}$$

式中 δ——最大变形量时，弹簧圈与圈之间仍需保持的净间隙，一般可取 $(0.1～0.15)d$，但不宜小于 1mm。

其余符号含义同《工程隔振设计标准》GB 50463。

按式(9-2-1)计算确定的节距，对弹簧的水平刚度和稳定性有利，但到不了试验荷载就已压并了。为保证质量，每批弹簧宜按国家标准 GB 1239.1 或 GB 1239.2 或 GB 1239.4 的要求，另做数个加大节距的相同弹簧进行荷载试验，而弹簧的轴向刚度试验仍应按设计节距的产品进行。

圆柱螺旋弹簧的有效圈数 n 即为工作圈数，一般可参考 GB/T 1358，其值应在满足旋绕比、压缩弹簧高径比和横向刚度与轴向刚度之比以及端部支承圈数的前提下，按轴向刚度要求计算确定，一般在 4.5～7 圈之间选择，用于内圈弹簧时，可以大于 7 圈。为了避免由于负荷偏心引起过大的附加力，同时为了保证稳定的刚度，一般不应小于3圈，最少不小于2圈。

拉伸弹簧的有效圈数一般也不应小于3圈，最少不小于2圈。

端部支承圈数n_0为两端总的计算圈数，压缩弹簧为1.5～2.5圈，一般可取2.0圈。拉伸弹簧的端部支承圈数：圆钩环压中心形式时，取1.5圈，圆钩环形式时取1.0圈；可调式时，为两端旋入总长度对应的圈数。

总圈数为有效圈数n与端部支承圈数n_0之和。

有效圈数和总圈数一般取1/2圈的整倍数，必要时也可取1/4圈的整倍数。

压缩弹簧的自由高度为无荷载时的高度，按下式计算：

$$H_0 = nt + (n_0 - 0.5)d \qquad (9\text{-}2\text{-}2)$$

拉伸弹簧的自由长度为两端钩环的内侧长度。

弹簧的节距除以一圈的线材长度为弹簧的螺旋角，螺旋角应该均匀。

隔振器设计时，弹簧的以上参数应通盘考虑，优化设计。通用隔振器设计时，应以目标固有频率为依据，按不同线径和旋绕比进行优化设计；专用隔振器设计时，应以目标承载力和固有频率为依据，进行几种线径、旋绕比、弹簧配置的多次试算，通过优化确定合适的参数，仅根据承载力和竖向刚度，即计算出弹簧线径、圈数，对于隔振器弹簧的设计是难以做到的。

（2）弹簧线材的容许应力

弹簧线材的容许剪应力和剪切模量应按相关材料标准采用。容许剪应力宜符合下列规定：

1）当冷卷弹簧、热卷弹簧荷载循环次数$N < 1 \times 10^4$次时，可按静负荷取值容许剪应力。

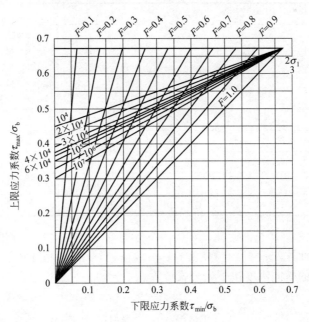

图 9-2-4　疲劳寿命验算图

2）当冷卷弹簧、热卷弹簧荷载循环次数 $N \geqslant 10^4$ 次～10^6 次时，可按有限疲劳寿命选取容许剪应力。

3）当冷卷弹簧负荷循环次数 $N \geqslant 10^7$ 次、热卷弹簧负荷循环次数 $N \geqslant 2 \times 10^6$ 次时，按无限疲劳寿命选取容许剪应力。

4）当冷卷弹簧负荷循环次数介于 10^6 和 10^7 次之间时、热卷弹簧负荷循环次数介于 10^5 和 2×10^6 次之间时，可根据使用情况，参照有限或无限疲劳寿命设计。

在进行疲劳强度验算时，可按图 9-2-4 取值。

常用弹簧线材的容许剪应力和剪切模量见表 9-2-1 和表 9-2-2。

压缩弹簧常用弹簧线材的容许剪应力和剪切模量（10^6N/m^2）　　表 9-2-1

材料		弹簧钢丝			热轧弹簧钢	
		碳素弹簧钢丝 B级、C级、D级	硅锰弹簧钢丝 铬钒弹簧钢丝	弹簧不锈钢丝	55Si2Mn 55Si2MnB 60Si2Mn 60Si2MnA 50CrVA	55Cr MnA 60Cr MnA
静荷载许用切应力		$0.44\sigma_b$	见注 2	$0.4\sigma_b$	650	625
容许剪应力 $[\tau]$	有限疲劳寿命	$(0.38\sim0.45)\sigma_b$	见注 2	$(0.34\sim0.38)\sigma_b$	590	570
	无限疲劳寿命	$(0.30\sim0.38)\sigma_b$	见注 2	$(0.28\sim0.34)\sigma_b$	445	430
剪切模量 G		79000	79000	71000	78000	7800
材料标准		GB 4357	GB 5218	YB(T)11	GB1222	

注：1. σ_b 取值见相关材料标准，宜取下限值，弹簧冷卷后不再作淬火处理；

2. 合金弹簧钢丝冷卷后需经淬火回火处理，容许剪应力按相同材料的热轧弹簧钢取值。

拉伸弹簧常用弹簧线材的容许剪应力和剪切模量（10^6N/m^2）　　表 9-2-2

材料		弹簧钢丝			热轧弹簧钢	
		碳素弹簧钢丝 B级、C级、D级	硅锰弹簧钢丝 铬钒弹簧钢丝	弹簧不锈钢	55Si2Mn 55Si2MnB 60Si2Mn 60Si2MnA 50CrVA	55Cr MnA 60Cr MnA
静荷载容许剪应力		$0.35\sigma_b$	见注	$0.32\sigma_b$	435	420
容许剪应力 $[\tau]$	有限疲劳寿命	$(0.30\sim0.36)\sigma_b$	见注	$(0.27\sim0.30)\sigma_b$	420	405
	无限疲劳寿命	$(0.24\sim0.30)\sigma_b$	见注	$(0.22\sim0.27)\sigma_b$	310	360
剪切模量 G		79000	79000	71000	78000	78000
材料标准		GB 4357	GB 5218	YB(T)11	GB 1222	

注：同表 9-2-1。

（3）横向刚度计算

圆柱螺旋弹簧的横向刚度按下列公式计算：

$$K_{xj} = \frac{1 - \xi_p}{0.384 - 0.295\left(\dfrac{H_p}{D_1}\right)^2} K_{zj} \tag{9-2-3}$$

$$\xi_p = 0.77 \frac{\Delta_1}{H_p}\left[\sqrt{1+4.29\left(\frac{D_1}{H_p}\right)^2}-1\right]^{-1} \tag{9-2-4}$$

$$\Delta_1 = \frac{P_g}{K_{zj}} \tag{9-2-5}$$

$$H_p = H_0 - \Delta_1 - d \tag{9-2-6}$$

式中 K_{xj}——圆柱螺旋弹簧的横向刚度（N/m）；

K_{zj}——圆柱螺旋弹簧的轴向刚度（N/m）；

P_g——圆柱螺旋弹簧的工作荷载（N）；

ξ_p——圆柱螺旋弹簧的工作荷载与临界荷载之比；

H_p——圆柱螺旋弹簧在工作荷载作用下的有效高度（m）；

H_0——圆柱螺旋弹簧的自由高度（m）；

Δ_1——圆柱螺旋弹簧在工作荷载作用下的变形量（m）；

d——圆柱螺旋弹簧的线径（m）。

隔振器所用的圆柱螺旋压缩弹簧，横向刚度主要与弹簧的高径比有关，弹簧所承受的工作荷载大小，即重力作用产生的压缩量变化，对弹簧横向刚度的影响并不大。因此，可以取弹簧工作荷载范围的中值计算横向刚度，其值与按实际工作荷载计算的误差一般均在±5%以内，是工程设计可以允许的。而且圆柱螺旋弹簧的横向刚度计算公式本身带来的误差就比竖向刚度计算公式的误差大，制造也会带来误差。因此，过小的计算误差实际意义并不大，隔振器出厂时，完全可以按此计算结果作为隔振器的水平刚度。若需要更准确的水平刚度，应通过试验确定。

（4）一阶颤振固有频率的计算及意义

圆柱螺旋弹簧存在颤振频率，当有较高的激励频率时，有可能与弹簧的颤振固有频率发生共振，计算圆柱螺旋弹簧的一阶颤振固有频率，并满足其值不小于激励频率的2倍要求。一阶颤振固有频率可按下列公式计算：

1）压缩弹簧：

$$f = 356 \times \frac{d_1}{n_1 D_1^2} \tag{9-2-7}$$

2）拉伸弹簧：

$$f = 178 \times \frac{d_1}{n_1 D_2^2} \tag{9-2-8}$$

式中 d_1——圆柱螺旋弹簧的线径（m）；

D_1——圆柱螺旋弹簧的中径（m）。

3. 材料阻尼或介质阻尼器的配置要求和性能参数确定

（1）圆柱螺旋弹簧隔振器配置材料阻尼时，一般通过试验确定其阻尼比和增加的动刚度。

（2）黏流体阻尼器阻尼系数和动刚度的确定

黏滞阻尼器的阻尼系数通过计算求出后，再按检测结果做适当调整确定。黏流体阻尼器在产生与振动速度成正比的阻尼力时，还会产生一定的动刚度。当为片型且介质的黏度很大时，对动刚度的影响较小。当为活塞式阻尼器时，一般会产生较大的动刚度。

黏滞阻尼器的阻尼系数一般与环境温度有关，因此，隔振器的阻尼性能应为某一温度范围内的阻尼系数，也可以给出某一温度下的阻尼系数和阻尼系数随温度变化的曲线。阻尼器设计时，运动片与固定片、运动片与容器壁或活塞与阻尼缸之间的间隙不可过小，不然会使阻尼器装配调试困难，隔振器或阻尼器安装要求也很高，而且地震时极易损坏。

（3）隔振器配空气阻尼器时阻尼系数和动刚度的确定

圆柱螺旋弹簧隔振器配空气阻尼器的竖向阻尼系数和加配水平阻尼装置时的水平向阻尼系数，以及增加的动刚度，都可以通过半经验半理论的方法计算确定。这种半经验半理论方法是在试验基础上，经过理论分析得出的公式加图表计算法，求得阻尼系数和动刚度，目前尚未解析化。空气阻尼的特点是：阻尼系数和动刚度不受温度、湿度影响，阻尼系数随弹簧压缩量增大而同步增加，与空气弹簧类同，支承式隔振器参数适宜以阻尼比提出，且主要是竖向阻尼，水平向阻尼可以忽略不计。空气阻尼器对隔振器竖向动刚度和水平向动、静刚度增加均较大，不应忽略，但可提高隔振器水平稳定性。圆柱螺旋弹簧隔振器配空气阻尼器时，预紧螺栓必须设在隔振器内部，且应留够弹簧的变形空间，做好密封。需要水平阻尼时需加配水平阻尼装置，水平阻尼装置对隔振器的竖向动刚度有一定提高，对水平向动、静刚度提高较大。与竖向一样，二者均可以根据需要通过设计计算确定。水平向阻尼性能也可以采用阻尼比，其值可与竖向阻尼比相当。

4. 圆柱螺旋弹簧隔振器性能参数的确定

（1）弹簧组匹配要求

圆柱螺旋弹簧隔振器弹簧规格通常按内、外簧匹配成弹簧组进行设计，这样可以充分利用隔振器的内部空间，便于用相同的弹簧和弹簧组组成更多种性能相同、承载力覆盖范围大的隔振器系列产品，对弹簧的批量生产和质量保证有利。内、外弹簧匹配时，必须遵循内、外簧应力同步增长、同时达到容许剪应力要求的原则，弹簧组的承载力才能取内、外簧承载力之和。当先设计外簧后设计内簧时，可按下式计算内簧要求的圈数：

$$n_2 = \frac{d_1 c_1^2 [\tau_1]}{d_2 c_2^2 [\tau_2]} \times \frac{G_2 k_2}{G_1 k_1} \times n_1 \tag{9-2-9}$$

当内、外簧材料和旋绕比相同时式（9-2-9）简化为：

$$n_2 = \frac{d_1}{d_2} \times n_1 \tag{9-2-10}$$

此时，外簧与内簧承载力之比为二者线材的横截面面积之比。

为了保证弹簧的正常工作不碰撞，内、外弹簧之间的间隙不宜小于外圈弹簧内径的5%。弹簧压缩变形过程中，中径会略有增大，弹簧两端也会略产生旋转，因此，内簧与外簧的旋向宜相反。

（2）隔振器承载力的确定和工作荷载范围

圆柱螺旋弹簧隔振器的承载力为单个弹簧承载力之和。验算承载力时，除冲击隔振外，一般设备的主动隔振和被动隔振均可采用静荷载计算。但隔振器及其弹簧所承受的实际荷载与隔振台座及其设备总重力荷载标准值计算所得的平均值之间，会存在一定的差距，这就必然会使一部分隔振器的弹簧超载。为避免这种情况发生，隔振器还要提出工作荷载范围，其上限值可比承载力小10%左右，下限则需超过预压或预拉荷载的20%以上。

（3）隔振器竖向刚度的确定

圆柱螺旋弹簧隔振器的弹簧均以轴向垂直于地面，承受重力荷载，因此，隔振器的竖向静刚度为弹簧轴向刚度之和，竖向动刚度为弹簧轴向刚度之和加材料阻尼或介质阻尼器产生的动刚度。当材料阻尼或介质阻尼器产生的动刚度不大于弹簧刚度的容许误差时可忽略不计。

（4）隔振器水平向刚度的确定

圆柱螺旋弹簧隔振器的水平向动刚度为弹簧横向刚度之和加材料阻尼或介质阻尼器产生的动刚度。当材料阻尼或介质阻尼器产生的动刚度不大于弹簧刚度的容许误差时，可以忽略不计。有的阻尼器，如水平阻尼装置，还会产生一定的水平向静刚度，对提高隔振器的水平稳定性有好处，设计隔振器时，可以利用。

5. 圆柱螺旋弹簧和隔振器的构造要求

圆柱螺旋弹簧隔振器的构造包括：圆柱螺旋弹簧的构造要求，支承式隔振器的构造要求和悬挂式隔振器的构造要求。这些构造要求中也必然涉及制造和检测，限于篇幅只提出几个要点。要保证隔振器的质量，下面的要求都应该尽量满足。

（1）圆柱螺旋弹簧的构造要求：

除压缩弹簧要满足前文提到的节距、弹簧组内外弹簧的匹配和端部磨平并紧做法等要求外，圆柱螺旋弹簧还要满足以下构造要求：

1）成品压缩弹簧在试验负荷下压缩或压并 3 次后产生的永久变形不得大于其自由高度的 3‰。这是保证弹簧承载力和轴向刚度的一项措施。经过此强压以后，弹簧的刚度线性化更好，不合格的可以剔除。热卷弹簧如难做到，在对应承载力荷载作用下的高度得到保证时，可以放宽到 5‰。

2）内外圈弹簧匹配时，应选高度相等的组合，这样才能保证内、外弹簧同时到达承载力应力点。为了保证弹簧的稳定，内圈弹簧不可先于外圈弹簧压并。

3）弹簧的外径或内径、轴向刚度、压缩弹簧的自由高度和垂直度、精度都应尽量要求为 1 级，否则难以保证弹簧在隔振器中和安装到隔振体系中受力均匀。这种受力不均匀如果太大，就可能导致个别或少数弹簧超过承载力而出现早压并或损坏，引起弹簧连锁反应，造成隔振器超行程失效甚至弹簧破坏，使隔振失效。

4）成品弹簧不允许有脱碳、硬度过高或过低和表面缺陷。这些都是严重的质量缺陷，它们会使弹簧的承载力和质量得不到保证。

5）成品弹簧需要作防锈处理。用于室内常温非潮湿环境，无特殊要求时，可除锈后浸防锈漆；用于高温潮湿环境时，可除锈后，去脂、酸洗、磷化再浸耐高温潮湿的防锈漆。

6）除规范和上述要求外，弹簧制造、检验和质量控制，还要符合国家标准《冷卷圆柱螺旋弹簧技术条件》GB 1239 和《热卷螺柱螺旋弹簧》GB/T 23934 中相应弹簧的规定。

（2）支承式隔振器的构造要求：

1）为了保证各个弹簧的受力均匀、同时达到容许剪应力，满足隔振器的承载力为各个弹簧承载力之和的要求，隔振器的弹簧应为同一规格的弹簧或内外弹簧组，不可夹杂其他规格的弹簧。隔振器组装前，弹簧自由高度尽可能进行分组，同一隔振器的弹簧选等高的，这样可以保证隔振器中的弹簧基本受力均匀。

2）底座和上盖的支承面和弹簧端部的支承面应加工成平整的平面，并去尽毛刺，不可有明显的凹坑、孔洞，还需要设挡圈或挡块卡住弹簧，使弹簧准确定位不错动。挡圈或挡块的高度可取与弹簧的线径相同，采用焊接连接时，焊缝要牢固可靠，并防止焊接变形。这些措施是用以保证弹簧稳定、受力可靠的。

3）隔振器组装时，需要将弹簧和底座、上盖或外壳用螺栓连成整体并施加一定的预应力，将隔振器组合成为一个稳固的整体。预应力一般小于工作荷载，可取承载力的35％～50％；也有的隔振器采用预应力大于工作荷载，此时螺栓的位置要在隔振器安装到隔振体系中后便于放松。

4）隔振器组装时可调节施加预应力的螺栓，使隔振器的顶面与底面平行，满足其平行度不宜大于 3mm/m 要求。

5）安装在隔振器内部的材料阻尼或介质阻尼器是难以维修的，因此，材料阻尼的选材和介质阻尼器的选材和构造，都要能够适应安装和长期使用要求，与弹簧的间隙应留够，与上盖下载的连接必须牢固不坏，需要防尘时，须加防尘罩。

6）隔振器的顶面和底面都需设置柔性垫片，使隔振器与隔振台座和支承结构接触面更贴实，传力更可靠，也增大了接触面的摩擦力，还可以使隔离固体传声更有效。用于高烈度地震区时，顶面和底座可以加螺栓固定，也可以将垫片做成自粘结的或在顶盖上和底座上加抗剪切销子。

7）隔振器的金属部件都需要进行去锈防锈处理，有防腐蚀要求时，需根据腐蚀性介质选择防腐涂料。

（3）悬挂式隔振器（也称隔振吊钩）的一般构造要求：

1）需加调节螺栓调节吊杆长度，保证各隔振器安装后受力均匀。

2）采用拉伸弹簧时应设过载保护装置，避免因弹簧断裂造成设备损坏或安全事故。

3）防锈防腐要求同支承式隔振器。

三、圆柱螺旋弹簧隔振器的使用要求

为达到预期的隔振效果，选择和使用圆柱螺旋弹簧隔振器时，需要注意下面这些使用要求：

1. 隔振设计时，要根据设备不同的隔振要求和场地环境对隔振器的相应要求选择隔振器，认真阅读和审查产品样本或使用说明书中隔振器的性能和使用要求是否能完全满足，特别要注意隔振器的水平性能参数和温度变幅对隔振器的阻尼比或阻尼系统影响程度。一般来说，未标明方向的性能参数均为竖向的，凡水平向的性能参数都标明了水平向，这是选用时必须注意的。除了只有竖向动载荷的设备外，其他振动设备和精密仪器设备隔振，均须有水平向刚度、阻尼性能参数的隔振器，方可采用。

2. 要尽量采用正规隔振器厂家生产的定型产品。产品要经过质量检测，并有产品合格证，未经质检和质量不合格产品不得采用。重大设备采用的隔振器和新设计的隔振器，需要经过试验和产品检测合格、满足设计要求后方可使用。如果对隔振器有特殊要求，如防腐蚀、高低温、阻尼性能要求较高时的场地温度变化范围等，需在订货时写明，并与供货商订出可行的检测验收方法。

3. 圆柱螺旋弹簧隔振器不可与其他类型隔振器混用，同一台设备应尽量使用含有相同弹簧或弹簧组的隔振器，必要时可以采用含有不同弹簧或弹簧组的隔振器，但是弹簧或

弹簧组的种类应尽可能少，以便于以后的维修和配件供给。

4. 确定支承隔振器的型号和数量时，应考虑到隔振器所承受静载荷的偏差、动载荷的偏差、设备质心的偏离及基础的标高和水平度的偏差等因素产生的隔振器和弹簧受力的不确定性和不均匀，隔振器的承载能力一定要留有足够的余地，用于重要设备或不便更换隔振器的场合时，还需要留余地更大一些。

5. 圆柱螺旋弹簧的变形量较大，隔振器变形量差异对弹簧应力影响较大，因此要求隔振台座与支承结构之间的隔振器安置处平整、平行且高度应一致，支承隔振器的支承结构表面应在隔振器安装前找平，隔振台座下如有不平整，可磨平或垫平，隔振器安装前检查一次，满足要求后再安装隔振器，安装完后再检查一次。通常若同一台设备下各个隔振器的弹簧的工作高度之间的差别超过 3～6mm（根据弹簧刚度确定），则需要对隔振器的工作高度进行调整。悬挂隔振时，隔振台座或被隔振管道安装后，应用隔振器（隔振吊钩）自身配置的调节螺栓调平，以保证隔振器受力均匀。使用期间需要维修和更换的隔振器，隔振设计时应考虑操作方便。

6. 搬运和安装过程中，应避免碰撞。

7. 圆柱螺旋弹簧隔振器的刚度低，隔振之后在动荷载的作用下设备和附加质量块（或附加钢框架）会有动态位移，它们与外部之间不允许有刚性物体限制其在各个方向上的移动，原有的刚性连接需要改为柔性连接。否则刚性连接处易发生疲劳断裂，还会降低隔振效果。

8. 激励频率较高或采用拉伸弹簧时，应对弹簧的一阶颤振固有频率进行验算，保证弹簧一阶颤振固有频率应大于激励频率的 2 倍。

9. 在高地震烈度设防地区，用于重要设备隔振时，需要计算并保证在地震作用下被隔振设备的安全。

10. 在用千斤顶顶升隔振台座（即附加混凝土质量块）之后安装隔振器时，顶升应做到平稳、同步，同时一定要放置好安全支撑，严防错位和倾覆，避免发生危险。

为了便于隔振器的正确选型和使用，隔振器厂家应尽可能详细地提供隔振器的尺寸和参数，包括隔振器的型号、外形尺寸图、承载能力、竖向和水平刚度、竖向和水平阻尼系数、隔振器的附件及安装使用说明等。隔振器的刚度和阻尼系数应该是经过试验和检测确认过的参数。对于没有动荷载或动荷载很小的情况，用户可以根据隔振器厂家提供的隔振器尺寸、参数和使用说明自行确定隔振器的型号、数量和布置方式。因为隔振项目具有较大的风险，对于中型和大型设备及动荷载大的设备，应由隔振器厂家的专业技术人员进行计算和隔振器选型，同时提供基础布置方案图。

第三节　碟形弹簧与迭板弹簧

一、碟形弹簧

1. 碟形弹簧隔振器的形式与应用

碟形弹簧是由钢板冲压成型的碟状垫圈式弹簧，适用于冲击设备及扰力较大的竖向隔振，碟形弹簧可分为无支承面式和有支承面式，如图 9-3-1 所示。

无支承面式碟形弹簧，其内缘上边和外缘下边未经加工，因此承受载荷部分没有支承

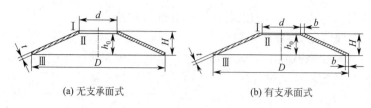

(a) 无支承面式　　　　　　　　(b) 有支承面式

图 9-3-1　普通碟形弹簧

D—碟片外径（m）；d—碟片内径（m）；t—碟片厚度（m）；

H—碟片高度（m）；h_0—加载前碟片内锥高度（m）；b—支承面宽度（m）

面；有支承面式碟形弹簧，其内外缘经过加工而有支承面，在支承面上承受荷载。

由于单片碟形弹簧的变形和承载能力往往不能满足使用要求，因此一般成组使用。采用各种不同的组合方式，可以得到各种弹簧特性，大大扩大了碟形弹簧的使用范围。其组合方式有叠合式、对合式和复合式。

叠合式碟形弹簧组相当于组成该弹簧组的所有碟形弹簧的并联，弹簧组的刚度等于各单个碟形弹簧的刚度之和；对合式碟形弹簧组相当于组成该弹簧组的所有碟形弹簧的串联，弹簧组刚度的倒数（柔度）等于各单个碟形弹簧的刚度倒数（柔度）之和；复合式碟形弹簧组则是上述两种方式的组合。由于簧片间存在摩擦，弹簧组中各碟形弹簧受力不尽相同，因此弹簧组的实际刚度应作修正。

2. 碟形弹簧隔振器的设计方法

设计碟形弹簧时，主要的已知条件应有：荷载的大小和性质、弹簧特性曲线的形式、空间结构尺寸的限制条件（D、d、H）。

设计要求：碟形弹簧的主要尺寸参数（D、d、H、h_0），确定组合形式和碟片数量，作出特性曲线及画出零件工作图。碟形弹簧的材料可采用弹簧钢 $60Si_2MnA$ 或 $50CrVA$。

设计步骤如下：

（1）按照特性曲线的形式要求，选定比值 h_0/t。特性曲线要求近于直线，取 $h_0/t \approx 0.5$。

（2）根据空间结构限制，选定 D 或 d，确定比值 C（$= D/d$），一般取 $C = 2$。

（3）选择材料和确定许用应力。碟形弹簧的材料可采用弹簧钢 $60Si_2MnA$ 或 $50CrVA$。对应的许用应力为：$[\sigma_I] = 2 \times 10^9 N/m^2$（承受静荷载或循环次数小于 10^4 的动荷载，碟形弹簧变形量不大于 $0.75h_0$ 时，图 9-3-1 中 I 点的许用应力）；$[\sigma_{II}] = [\sigma_{III}] = 9 \times 10^8 N/m^2$（当承受动荷载，碟形弹簧预压缩量为 $(0.2 \sim 0.25)h_0$ 时，图 9-3-1 中 II 点和 III 点疲劳强度容许应力）。$[\sigma_I]$、$[\sigma_{II}]$ 和 $[\sigma_{III}]$ 按式(9-3-1)～式(9-3-3) 计算。

$$\sigma_I = a_I \frac{h_0 t}{D_2} \tag{9-3-1}$$

$$\sigma_{II} = a_{II} \frac{h_0 t}{D_2} \tag{9-3-2}$$

$$\sigma_{III} = a_{III} \frac{h_0 t}{D_2} \tag{9-3-3}$$

式中　σ_I、σ_{II}、σ_{III}——无支承面碟形弹簧 I、II、III 点的应力（N/m^2）；

　　　a_I、a_{II}、a_{III}——计算系数，可按表 9-3-1 采用。

计算系数 α_I、α_{II}、α_{III} 值（$\times 10^{12}$）　　　　　表 9-3-1

Δ_2/h_0			0.25			0.50			0.75		
h_0/δ			0.40	0.75	1.30	0.40	0.75	1.30	0.40	0.75	1.30
D_d/d_d	1.6	α_I	0.65	0.79	1.00	1.25	1.49	1.86	1.81	2.11	2.57
		α_{II}	0.33	0.19	0.02	0.71	0.47	0.10	1.13	0.84	0.37
		α_{III}	0.42	0.52	0.68	0.81	0.98	1.26	1.17	1.38	1.73
	1.8	α_I	0.61	0.74	0.94	1.18	1.40	1.75	1.71	1.98	2.42
		α_{II}	0.32	0.19	0.00	0.68	0.46	0.11	1.08	0.80	0.37
		α_{III}	0.36	0.44	0.58	0.69	0.83	1.07	0.99	1.17	1.46
D_d/d_d	2.0	α_I	0.60	0.72	0.92	1.16	1.37	1.71	1.68	1.94	2.36
		α_{II}	0.32	0.19	0.00	0.67	0.46	0.13	1.07	0.80	0.39
		α_{III}	0.32	0.40	0.52	0.61	0.74	0.96	0.88	1.05	1.31
	2.2	α_I	0.60	0.72	0.92	1.16	1.37	1.70	1.68	1.95	2.37
		α_{II}	0.32	0.20	0.00	0.68	0.47	0.14	1.08	0.82	0.41
		α_{III}	0.29	0.36	0.48	0.56	0.68	0.88	0.81	0.96	1.20
	2.4	α_I	0.61	0.73	0.93	1.18	1.39	1.72	1.71	1.97	2.38
		α_{II}	0.33	0.21	0.01	0.70	0.49	0.16	1.11	0.84	0.43
		α_{III}	0.27	0.34	0.45	0.52	0.64	0.83	0.75	0.90	1.13

注：1. Δ_2 为单个碟片的变形量（m）；

　　2. d_d 为碟片内径（m）。

（4）确定单片碟形弹簧的承载力 F 和竖向刚度 K_z。无支承面碟形弹簧按式（9-3-4）、式（9-3-5）计算，有支承面碟形弹簧的竖向刚度 K_z 按式（9-3-5）的计算结果提高 10%。

$$F_{dz} = \beta_1 \frac{h_0 \delta^3}{D_d^2} \tag{9-3-4}$$

$$K_{dz} = \gamma_1 \frac{\delta^3}{D_d^2} \tag{9-3-5}$$

式中　F_{dz}——单片碟形弹簧的承载力（N）；

　　　K_{dz}——单片碟形弹簧的垂向刚度（N/m）；

　β_1、γ_1——计算系数，可按照表 9-3-2 和表 9-3-3 采用。

计算系数 β_1 值（$\times 10^{12}$）　　　　　表 9-3-2

Δ_2/h_0		0.25			0.50			0.75		
h_0/δ		0.40	0.75	1.30	0.40	0.75	1.30	0.40	0.75	1.30
D_d/d_d	1.6	0.44	0.55	0.85	0.85	0.97	1.31	1.24	1.31	1.53
	1.8	0.40	0.49	0.75	0.76	0.87	1.17	1.10	1.17	1.36
	2.0	0.37	0.46	0.70	0.70	0.80	1.09	1.02	1.08	1.26
	2.2	0.35	0.43	0.67	0.67	0.77	1.04	0.97	1.03	1.20
	2.4	0.34	0.43	0.65	0.65	0.74	1.00	0.94	1.00	1.16

261

Δ_2/h_0		\multicolumn{3}{c}{0.25}	\multicolumn{3}{c}{0.50}	\multicolumn{3}{c}{0.75}
h_0/δ		0.40	0.75	1.30	0.40	0.75	1.30	0.40	0.75	1.30
D_d/d_d	1.6	1.70	1.92	2.54	1.58	1.50	1.27	1.50	1.24	0.50
	1.8	1.51	1.71	2.26	1.40	1.33	1.13	1.34	1.10	0.45
	2.0	1.40	1.59	2.10	1.30	1.24	1.00	1.24	1.03	0.42
	2.2	1.34	1.51	2.00	1.24	1.18	1.00	1.19	0.98	0.40
	2.4	1.30	1.47	1.94	1.20	1.14	0.97	1.15	0.95	0.38

计算系数 γ_1 值（$\times 10^{12}$）　　　　　　　　　　　　表 9-3-3

3. 碟形弹簧隔振器的使用要求

碟形弹簧一般以组合的形式使用。使用时要求注意：

（1）应设置导向件。为防止承受荷载时碟片产生横向滑移，组合碟形弹簧应有导向轴（导杆）或导向套筒（导套），一般导向套筒的效果较好。

（2）组合碟形弹簧的片数不宜过多。承受荷载时碟片沿导向件表面滑动，将一部分载荷传递到导向件上，使得各个碟片承受的载荷将由动端的碟片开始向内依次递减。各碟片的应力大小也将不同，动端的碟片应力最大，寿命最短。

（3）为防止碟片被压平，对合的碟片间应放置垫环。

二、迭板弹簧隔振器

1. 迭板弹簧隔振器的形式和应用

迭板弹簧隔振器由多弹簧钢板片和簧箍组装而成，可用于锻锤等承受冲击荷载的设备的竖向隔振。迭板弹簧的结构可分为弓形和椭圆形（图 9-3-2），板簧材料可采用 $60Si_2Mn$ 或 $50CrVA$。

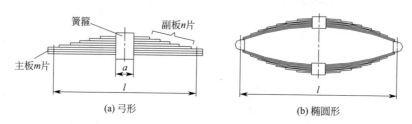

图 9-3-2　迭板弹簧隔振器
m—主板片数；n—副板片数；a—簧箍宽度；l—板簧长度

2. 迭板弹簧隔振器的设计方法

迭板弹簧除应满足刚度要求外，还应有足够的疲劳寿命和阻尼系数。因此迭板弹簧的设计就是围绕这三个方面的要求进行的。

（1）根据迭板弹簧的刚度确定弹簧参数（l、a、b、t、m、n）

1）弓形迭板弹簧（图 9-3-2a）的刚度，可按下式计算：

$$K = \frac{Ebt^3(3m+2n)}{6\left(\dfrac{l}{2}-\dfrac{a}{6}\right)^3}$$

（9-3-6）

式中　K——迭板弹簧的刚度（N/m）；

E——材料的弹性模量（N/m^2）；

b——板簧的宽度（m）；

t——每片板簧的厚度（m）；

l——板簧的弦长（m）；

a——簧箍的宽度（m）；

m——主板片数；

n——副板片数。

2）椭圆形迭板弹簧（图9-3-2b）的刚度，可取相同尺寸弓形迭板弹簧刚度的一半。

（2）确定弹簧的疲劳安全系数。根据迭板弹簧隔振器所承受的最大荷载 P_{max} 和最小荷载 P_{min}，按式（9-3-7）和式（9-3-8）计算簧片的最大和最小应力，并进行疲劳验算。迭板弹簧隔振器所承受的最大荷载 P_{max} 和最小荷载 P_{min} 根据隔振系统的动力学参数计算确定。

$$\sigma_{max}=\frac{3P_{max}l}{2(m+n)bt^2} \tag{9-3-7}$$

$$\sigma_{min}=\frac{3P_{min}l}{2(m+n)bt^2} \tag{9-3-8}$$

式中　σ_{max}——迭板弹簧验算的最大应力（N/m^2）；

σ_{min}——迭板弹簧验算的最小应力（N/m^2）；

P_{max}——迭板弹簧所承受的最大荷载（N）；

P_{min}——迭板弹簧所承受的最小荷载（N）。

（3）阻尼系数验算。为保证锻锤在两次打击的间隔期间停止振动，应验算弹簧的当量阻尼系数。

1）确定弹簧加载和卸载特性曲线（图9-3-3）。

迭板弹簧的荷载按式（9-3-9）和式（9-3-10）计算。

加荷载时摩擦力阻碍变形，弹簧刚度可按下式计算：

$$K_1=(1+\varphi)K \tag{9-3-9}$$

$$\varphi=2(m+n-1)\mu t/l \tag{9-3-10}$$

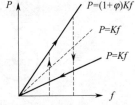

图 9-3-3　P-f 关系曲线

φ—迭板弹簧的当量摩擦系数；

P—迭板弹簧振动时所承受的压力；

f—迭板弹簧的压缩量；

K—迭板弹簧的刚度

式中　K_1——加荷载时迭板弹簧的刚度（N/m）；

K——迭板弹簧的刚度（N/m）；

φ——当量摩擦系数；

μ——板间摩擦系数，无油污时可取 0.5～0.8。

卸荷载时摩擦阻力阻碍变形恢复，弹簧刚度可按下式计算：

$$K_2=(1-\varphi)K \tag{9-3-11}$$

式中　K_2——卸荷载时迭板弹簧的刚度（N/m^2）。

2）隔振器应确保在两次打击的间隔时间内停止振动，当量黏性阻尼系数 C_φ 可按下式计算：

$$C_\varphi=\frac{4\varphi P}{\pi\omega u} \tag{9-3-12}$$

式中　C_φ——迭板弹簧的当量黏性阻尼系数（N·s/m）；

φ——迭板弹簧的当量摩擦系数；

P——迭板弹簧振动时所承受的压力（N）；

ω——振动圆频率（rad/s）；

u——振动线位移幅值（m）。

3. 迭板弹簧隔振器的使用要求

使用时，应确保簧箍端面水平，并有装置限制簧箍水平窜动和转动，对于弓形弹簧，与弹簧端部接触的支承件应耐磨。

第四节　橡胶隔振器

一、橡胶隔振器的形式及应用

1. 橡胶隔振器的形式及分类

橡胶隔振器按受力方式可分为压缩型、剪切型和压缩剪切型：

（1）压缩型橡胶隔振器如图 9-4-1 所示。此类隔振器一般能承载大荷载，多用于荷载大或安装部位空间尺寸小的场所。压缩型橡胶隔振器在结构形状上还可做成多种样式，以适应各工况要求，如圆形、方形及其他形状，外凸或内凹，中间还可有开孔或夹层等。

（2）剪切型橡胶隔振器如图 9-4-2 所示，这类隔振器多用于主作用方向刚度要求低的场合，或用于轻负荷低转速的机械隔振上，其隔振效果好，但稳定性稍差。结构形状也可多样化。

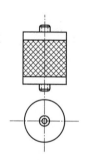

图 9-4-1　压缩型橡胶隔振器

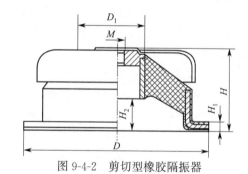

图 9-4-2　剪切型橡胶隔振器

（3）压剪型橡胶隔振器如图 9-4-3 所示，此类隔振器从截断面上看，是一种斜向放置的压缩橡胶隔振器。其结构形状多变，内外形各不同。受力角度主要是压与剪。常用于隔振与稳定都要求高的场合，有时工作场合需要三向等刚度隔振器，则大多通过组合结构形状来解决。

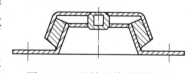

图 9-4-3　压剪型橡胶隔振器

2. 橡胶隔振器的应用与特点

橡胶隔振器是以金属件为骨架，橡胶为弹性元件，用硫化粘结在一起的隔振元件。故有时也称其为金属橡胶隔振器，是目前应用最多的一类隔振器，主要用于通用机械设备（通风机、压缩机、水泵、空调机组等）和各种发动机隔振；汽车、火车、城市轨道交通、飞机、船舶等交通设备更是离不开橡胶隔振器；有些冲压和锻压设备也采用橡胶隔振器隔离振动。

橡胶隔振器主要特点是：

（1）可自由地选取形状和尺寸，制造比较方便，硬度变化调整容易，可根据需要任意选择三个相互垂直方向上的刚度，改变橡胶形状及内、外部构造，可以适应大幅度改变刚度和强度需要。

（2）橡胶材料具有适量的阻尼，可以吸收振动能量，对高频振动能量的吸收尤为见效，通常在30Hz以上已相当明显，安装有橡胶隔振器的振动机械在通过共振区时，甚至在接近共振区时也能安全地使用，不会产生过大的振动，不需另外配置阻尼器。

（3）橡胶隔振器能使高频的结构噪声显著降低（通常能使100～3200Hz频段中的结构噪声降低达20dB左右），这对控制噪声极为有利。

（4）抗冲击性能也较佳。

（5）橡胶隔振器的缺点是受日照、温度、臭氧等环境因素影响，易产生性能变化与老化，在长时间静载作用下，有蠕变现象，对工作环境条件适应性也较差，因此要定期检查，以便及时更换，一般橡胶隔振器可使用3～5年。

二、橡胶隔振器的设计

1. 主要参数的确定

（1）静态弹性模量 E_s 和动态弹性模量 E_d

橡胶是一种非线性的弹性材料，几乎是不可压缩的。只有在变形较小时，才可近似地作为线性体。橡胶的弹性模量与硬度密切相关，与隔振器的形状有关，设计时必须考虑这些因素。橡胶在长期荷载作用下的静态弹性模量 E_s 如图9-4-4所示。

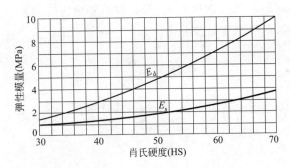

图 9-4-4　橡胶硬度与动、静弹性模量之间的关系

（2）外形尺寸的确定

隔振器的有效高度与变形量关系为：

$$\Delta \leqslant \lambda H_{yso} \tag{9-4-1}$$

或
$$H_{yso} \geqslant 6.7\Delta \tag{9-4-2}$$

式中　H_{yso}——隔振器的有效高度；

λ——橡胶压缩的容许应变，取0.15。

（3）硬度的确定

橡胶的硬度是决定橡胶性能的主要参数，从综合角度考虑，在隔振中使用的橡胶，采用肖氏硬度40～70HS为宜。

2. 压缩型橡胶隔振器的设计步骤

（1）确定隔振器荷载动、静刚度

根据被隔振对象总静荷载和所用的隔振器数量，求出每个隔振器承载的静荷载 P_{ys}（N）。

根据隔振体系要求的竖向固有圆频率 ω_{nz}（ω_{nz} 由隔振效率确定），求出隔振器应具有的竖向动刚度：

$$K_{ys} = M\omega_{nz}^2 \tag{9-4-3}$$

$$M = \frac{P_{ys}}{g} \tag{9-4-4}$$

式中　M——参与振动的质量（kg）；

　　　K_{ys}——单个隔振器竖向动刚度（N/m）；

　　　P_{ys}——单个隔振器的静荷载（N）；

　　　g——重力加速度。

根据图 9-4-4 和橡胶硬度，可确定橡胶材料的静态弹性模量 E_s 和动态弹性模量 E_d。采用同质橡胶材料隔振器的静刚度 K_{yst} 与动刚度 K_{ys}，一般情况下，有如下关系：

$$\frac{E_d}{E_s} = \frac{K_{ys}}{K_{yst}} = n_d \tag{9-4-5}$$

式中　n_d——隔振器的动态与静态刚度之比，俗称橡胶隔振器的动系数，此值与橡胶的工艺配方、硬度和温度有关，需要通过试验测定，橡胶隔振器的动系数越低越好，好的可以达到 1.4，但是橡胶隔振器的动系数一般取 2.5。

压缩型橡胶隔振器的静刚度可按下式计算：

$$K_{yst} = \frac{K_{ys}}{n_d} \tag{9-4-6}$$

（2）压缩型橡胶隔振器的截面面积，可按下式计算：

$$S_{ys} = \frac{P_{ys}}{[\sigma]} \tag{9-4-7}$$

式中　S_{ys}——橡胶隔振器的截面面积（m^2）；

　　　$[\sigma]$——橡胶隔振器的容许应力（N/m^2）。

（3）橡胶隔振器的有效高度，可按下式计算：

$$H_{yso} = \frac{E_d S_{ys}}{K_{ys}} \tag{9-4-8}$$

式中　K_{ys}——隔振器的动刚度（N/m）；

　　　E_d——橡胶的动态弹性模量（N/m^2），可由图 9-4-4 查得。

（4）隔振器的横向尺寸，不宜小于橡胶隔振器的有效高度，且不宜大于橡胶隔振器有效高度的 1.5 倍。

（5）隔振器的总高，可按下式计算：

$$H_{ys}=H_{yso}+\frac{B}{8} \qquad (9\text{-}4\text{-}9)$$

三、橡胶隔振器的使用要求

1. 荷载及变形要求

隔振器的设计及选用必须满足橡胶隔振器的容许应力与容许应变，其值可见《工程隔振设计标准》GB 50463 中表 9-4-2。

2. 适应环境条件的要求

用来制造橡胶隔振器的材料有很多种类，如：合成橡胶、天然橡胶及这两种的混合橡胶。不同种类的橡胶适应不同的环境条件，如耐油、耐酸、耐碱、耐高温、耐大气老化等。目前橡胶隔振器常用的橡胶是丁腈橡胶、氯丁胶、丁基胶和天然橡胶。丁腈橡胶耐油性强，氯丁胶耐气候性强，丁基胶耐酸碱性强，根据不同的环境条件和使用场所选择适用的橡胶材料加工或选用隔振器。

四、压缩型橡胶隔振器的设计实例

一台螺杆压缩机与基础总重 30000N，根据隔振效率要求隔振系统固有频率小于等于 9Hz，设计压缩型橡胶隔振器。

1. 确定隔振器的动刚度，假定隔振系统用 6 个隔振器，则每个隔振器的承载力：

$$P_{ys}=\frac{30000}{6}=5000\text{N}$$

按要求隔振系统的固有频率定为 8Hz，则每个隔振器的竖向动刚度由式（9-4-3）计算得到：

$$K_{ys}=\frac{P_{ys}}{g}\times(2\pi\times8)^2=1287.7\text{N/mm}$$

2. 根据式（9-4-5）可以计算得到隔振器的竖向静刚度为

$$K_{yst}=\frac{K_{ys}}{2.5}=\frac{1287.7}{2.5}=515.1\text{N/mm}$$

3. 隔振器的静变形

$$\Delta=\frac{P_{ys}}{K_{yst}}=\frac{5000}{515.1}=97\text{mm}$$

隔振块有效高度由式（9-4-1）计算得到 $H_{yso}\geqslant6.7\Delta\geqslant65\text{mm}$，取 $H_{yso}=80\text{mm}$。

4. 确定隔振器的面积，取橡胶硬度为 50 度，由图 9-4-4 可查出 $E_d=4.9\text{N/mm}^2$。由式（9-4-7）可得隔振器支撑面积

$$S_{ys}=\frac{80\times1287.7}{4.9}=21000\text{mm}^2$$

对于方形隔振器可取宽度 $B\times B=150\times150=22500\text{mm}^2$。

5. 确定隔振器的总高度，由式（9-4-8）可得隔振器的总高度。

$$H_{ys}=H_{yso}+\frac{B}{8}=100\text{mm}$$

第五节　调谐质量减振器

一、调谐质量减振器的特点

调谐质量减振器（Tuned Mass Damper，TMD）是通过在原系统上附加由质量和弹性元件及阻尼组成的子系统，从而减小原系统振动幅值的装置。调谐质量减振器既可以是有阻尼的，也可以为无阻尼的；既可以利用质量块平移运动的惯性力减振，也可以利用质量块旋转运动的惯性力矩减振。本指南只涉及质量块平移运动的有阻尼调谐质量减振器。

调谐质量减振器可用于设备和结构在特定频率范围的振动控制，其应用领域包括大跨度（悬挑）结构：如桥梁、大跨度建筑结构、体育场等，以及高耸结构：如电视塔、观光塔、超高层建筑物等。以上结构物的特点是细长（大跨）或细高，其固有频率低、内部阻尼小、舒适度不满足要求。

调谐质量减振器可在设计时就考虑，也可在设计后添加。

二、调谐质量减振器的工作原理

大跨度桥梁和高层建筑等结构的风涡激振动，以及大跨度结构和人行桥在步行激励下的振动，基本上是以基频振动为主，因而在研究减振原理时，可以把原来的系统简化为一个单自由度振动系统。上述系统自身的阻尼比 ζ 通常很小，所以当外激振频率 f 与结构系统的固有频率 $\bar{f}$ 接近时，会产生强烈的共振，结构振动的幅值可能达到静变形的 50 倍以上。

采用调谐质量减振器进行减振，是在原系统（主系统）上耦合一个单自由度的弹簧质量振动系统（附加系统），则原单自由度振动系统变为一个两自由度振动系统，如图 9-5-1 所示。

为简化推导过程，设主系统的阻尼为零，则主系统受简谐激励时，两自由度系统的运动微分方程为：

$$\begin{bmatrix} M_H & 0 \\ 0 & m_D \end{bmatrix} \begin{Bmatrix} \ddot{x}_H \\ \ddot{x}_D \end{Bmatrix} + \begin{bmatrix} c_D & -c_D \\ -c_D & c_D \end{bmatrix} \begin{Bmatrix} \dot{x}_H \\ \dot{x}_D \end{Bmatrix} + \begin{bmatrix} k_H + k_D & -k_D \\ -k_D & k_D \end{bmatrix} \begin{Bmatrix} x_H \\ x_D \end{Bmatrix} = \begin{Bmatrix} F \\ 0 \end{Bmatrix} \sin \Omega t \tag{9-5-1}$$

引入符号：

$$X_0 = \frac{F}{k_H} \tag{9-5-2}$$

$$\omega_H = \sqrt{\frac{k_H}{M_H}} \tag{9-5-3}$$

$$\omega_D = \sqrt{\frac{k_D}{m_D}} \tag{9-5-4}$$

$$\zeta = \frac{c_D}{2m\omega_D} \tag{9-5-5}$$

$$\mu = \frac{m_D}{M_H} \tag{9-5-6}$$

$$\eta = \frac{\Omega}{\omega_H} = \frac{f}{\bar{f}} \tag{9-5-7}$$

$$\delta = \frac{\omega_D}{\omega_H} \qquad (9\text{-}5\text{-}8)$$

则主系统振动响应幅值的无量纲形式为：

$$\frac{X_H^2}{X_0^2} = \frac{(\delta^2 - \eta^2)^2 + 4\zeta^2\eta^2}{[(1-\eta^2)(\delta^2-\eta^2) - \mu\delta^2\eta^2]^2 + 4\zeta^2\eta^2[1-(1+\mu)\eta^2]} \qquad (9\text{-}5\text{-}9)$$

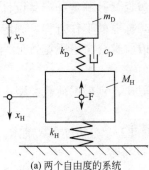

(a) 两个自由度的系统

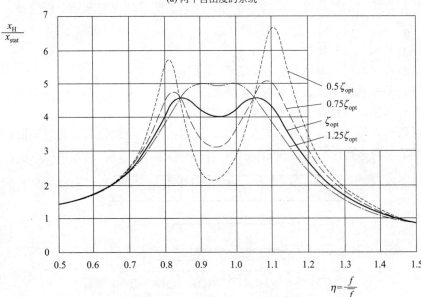

(b) 两个自由度系统中的主系统动态响应

图 9-5-1　原结构和 TMD 所组成的两自由度振动系统

　　如果使附加振动系统的固有频率处于原系统（下称主系统）的固有频率附近，则原来固有频率处的共振峰消失，新系统由单峰共振区变为双峰共振区，且一个上移，一个下移。理论上，如果激振频率仅在原共振峰附近激励，即使 TMD 没有附加阻尼，主系统的振动也很小，附加质量的振动却很大，相位恰与激振力相位相反，与激振力抵消，也就是通过对原系统频率的调谐保护了原系统，因此该质量称为调谐质量。

　　没有阻尼的 TMD 在实践上很少使用，因为一旦参数不准或激振力频率发生改变，偏离原来的共振峰，则主系统的振幅迅速增大，形成新的共振峰，所以无阻尼 TMD 的减振频率范围很窄。实践中失败的 TMD 系统要么因为频率调谐不准，要么因为阻尼不足或老化过快而失效。

如果附加系统有适当的阻尼，则振动传递曲线变得平滑，曲线谷上移，峰下降，也就是在主系统原有频率附近要损失一些减振效果。但当调谐频率和激励力频率出现偏离时，仍有较好的宽频减振效果。

三、调谐质量减振器的方案设计

1. 主要参数的确定

调谐质量减振器的设计一般包括参数确定和产品设计两部分内容。主要参数包括：调谐质量、调谐频率、阻尼比以及减振器的工作行程，确定参数时应考虑以下因素：

（1）减振器的调谐质量的选取应综合考虑减振效果、结构强度、可用空间和经济性等因素。

（2）减振器的调谐频率和阻尼比，宜根据荷载类型、评价指标、鲁棒性以及最大工作行程等因素进行优化。

（3）减振器的工作行程应根据动力学分析结果来确定，对高耸结构还应考虑地震工况。

2. 调谐质量减振器的参数设计步骤

首先应根据项目的结构属性、边界条件、荷载工况等建立有限元分析模型。具体分析步骤如下（图 9-5-2）：

（1）建立有限元分析模型；

（2）进行模态分析，确定目标控制振型及频率；

（3）进行非振动控制状态下结构响应分析；

（4）进行调谐质量减振器初步参数设计；

（5）进行振动控制状态下结构响应分析，根据结构响应优化调谐质量减振器参数，确定最终参数后，再进行结构减振分析。

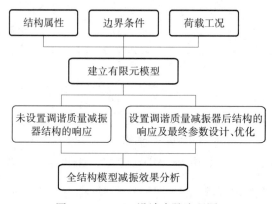

图 9-5-2　TMD 设计步骤流程图

3. 调谐质量减振器的参数优化

在设计调谐质量减振器时，首先需根据减振要求确定 TMD 的调谐质量，调谐质量越大，减振效果越好，但往往受成本和可用空间等因素限制。调谐质量确定后，即可求出 TMD 系统的最优参数。

当主结构在简谐激励力作用下，评价指标为主结构的振动位移时，且附加的调谐质量 m_D 与主结构等效质量 m_H 的比值 $\mu = m_D/m_H$ 时，并假设主系统阻尼可忽略不计（$c_1 = 0$），调谐质量减振器的最优参数为：

最优调谐频率：

$$f_{TMD} = \bar{f}/(1+\mu) \qquad (9-5-10)$$

最优阻尼比：

$$\zeta_{opt} = \sqrt{\frac{3\mu}{8(1+\mu)}} \qquad (9-5-11)$$

此时主系统的等效阻尼为：

$$\zeta_{eff} = 0.5/\sqrt{1+(2/\mu)} \qquad (9-5-12)$$

式中 f_{TMD}——最优调谐频率（Hz）；

$\bar{f}$——主结构所控制振型的频率（Hz）；

ζ_{opt}——最优阻尼比；

μ——调谐质量减振器的质量比；

m_D——调谐质量（kg）；

m_H——主结构所控制振型的等效质量（kg）。

如果调谐质量减振器 TMD 的实际阻尼比 ζ 不等于最优阻尼比 ζ_{opt}，则主系统的双峰振幅不一致，此时必然有一个峰值很高。当调谐质量阻尼减振器 TMD 的实际阻尼比 ζ 等于最优阻尼比 ζ_{opt} 时，主系统的双峰振幅一致，系统传递函数得最小值。

主结构在简谐激励力作用下，评价指标为主结构的振动加速度时，调谐质量减振器的最优调谐频率和阻尼比可按下列公式计算：

$$f_{TMD} = \bar{f}/\sqrt{1+\mu} \qquad (9-5-13)$$

$$\zeta_{opt} = \sqrt{\frac{3\mu}{8(1+\mu/2)}} \qquad (9-5-14)$$

式中符号意义同式(9-5-10)、式(9-5-11)。

4. 主结构等效质量的计算

在调谐质量减振器参数设计时，通常将主结构所需控制的模态振动简化为一个质量点的振动，简化系统与原振动模态动力等效时简化系统的质量即为原结构模态的等效质量（图 9-5-3）。下面以高耸结构为例来说明主结构等效质量的计算方法。

$$m_H = \int_0^h \rho(x) \cdot \eta^2(x) dx \qquad (9-5-15)$$

式中 h——结构高度（m）；

$\rho(x)$——结构沿高度的质量分布（kg/m）；

$\eta(x)$——所控制振型的振型向量，需按调谐质量减振器安装点的振幅为 1 进行标准化。

理论上已经证明，对于等截面悬臂梁，各阶模态的等效质量均为总质量的 1/4。对等截面简支梁，第一阶弯曲模态的等效质量为总质量的 1/2。需要说明的是，某些有限元软件所输出的模态质量并不是此处所定义的等效质量，但在某些情况下可作为等效质量的近似。

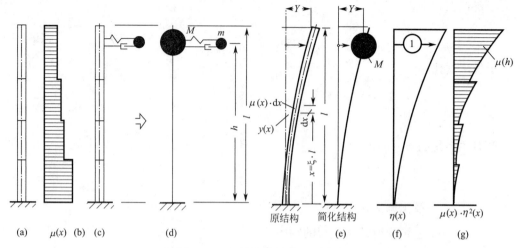

图 9-5-3　主结构等效质量的计算

四、调谐质量减振器的形式及应用

调谐质量减振器按其工作方向，可分为竖向、水平向调谐质量减振器。

1. 竖向 TMD

竖向 TMD 通常为弹簧质量振子式（图 9-5-4），也可采用悬臂梁式（图 9-5-5）。竖向 TMD 多用于控制由外部激励如人群激励或者机械设备等引起的结构竖向振动，比如大跨度、大悬挑建筑结构或人行桥；也可用于控制大跨度桥梁的涡激振动。

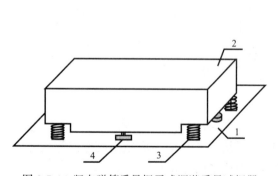

图 9-5-4　竖向弹簧质量振子式调谐质量减振器
1—主结构；2—质量块；3—弹簧；4—阻尼器

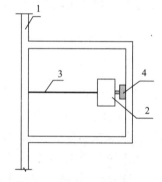

图 9-5-5　竖向悬臂梁式调谐质量减振器
1—主结构；2—质量块；3—悬臂杆；4—阻尼器

2. 水平向 TMD

水平向工作的调谐质量减振器，可采用摆式（图 9-5-6）和弹簧质量振子式（图 9-5-7）。摆式 TMD 主要由吊索、质量块和阻尼器组成，同时应根据项目实际情况设置水平限位装置或者锁定装置，质量块可通过吊索直接悬挂于主结构上，也可设置 TMD 支撑框架，把吊索和质量块安装于框架内，支撑框架再与主结构固定。水平向弹簧质量振子式调谐质量减振器应设置质量块支撑装置，支撑装置可采用滚珠、导轨或磁悬浮机构。此类 TMD 多用于控制由风荷载作用引起的结构水平振动，比如高层建筑、烟囱、风电塔、观光塔和其他高耸构筑物，也可用于控制人行激励引起的步行桥水平晃动。

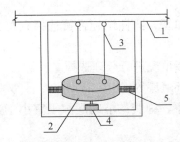

图 9-5-6　水平摆式调谐质量减振器

1—主结构；2—质量块；3—吊索；

4—阻尼器；5—调频弹簧

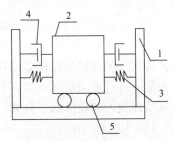

图 9-5-7　水平向弹簧质量振子式调谐质量减振器

1—主结构；2—质量块；3—弹簧；

4—阻尼器；5—支撑导向装置

五、调谐质量减振器的产品设计

1. TMD 产品设计的一般规定

（1）减振器的调谐质量、工作频率、阻尼比和工作行程应满足规定的要求。

（2）减振器的几何尺寸应满足主结构空间要求，并结合现场安装条件进行设计，表观宜与主结构整体风格协调。

（3）减振器主要构件的设计寿命应满足使用要求。

（4）质量块和框架等主要构件宜采用碳素结构钢，其性能应符合现行国家标准《碳素结构钢》GB/T 700 的规定，并进行除锈防腐处理。

（5）弹簧材料的选材，宜符合圆柱螺旋弹簧标准的规定；当防腐要求较高时，宜选择不锈钢弹簧钢丝或进行表面防腐处理。

（6）阻尼器的类型及材料，宜根据工作条件选定。

（7）减振器运动质量块与周围结构间应预留安全距离，宜设置限位装置，有特殊要求时，需设置缓冲装置、锁定装置。

（8）导向元件可根据实际需要，选择导轨、弹性杆等装置，各装置选材需符合相关国家标准。

2. 竖向 TMD 设计

（1）一般要求

1）竖向 TMD 弹性元件一般根据使用工况，可采用压缩式圆柱螺旋弹簧，也可采用拉伸式圆柱螺旋弹簧。

2）TMD 可采用常压式黏滞阻尼器、电涡流阻尼器，阻尼器宜对称布置。

3）质量块宜采用碳素结构钢板拼装而成。

4）质量块拼装需采用螺杆连接，连接螺母需采取防松措施。

5）竖向 TMD 产品的固有频率计算公式：

$$f_{TMD} = \frac{1}{2\pi}\sqrt{\frac{k_{TMD}}{m_{TMD}}} \tag{9-5-16}$$

式中　f_{TMD}——竖向 TMD 的固有频率（Hz）；

　　　m_{TMD}——竖向 TMD 的惯性质量（kg）；

　　　k_{TMD}——竖向 TMD 的弹簧总刚度（N/m）。

（2）弹性元件

调谐质量减振器的弹性元件一般采用圆柱螺旋弹簧，圆柱螺旋弹簧选择宜符合下列规定：

1）弹簧的线径及材质需根据使用情况及市场供货情况进行合理选择。

2）弹簧应进行表面防腐处理，如静电喷塑、喷环氧漆等。

3）压缩弹簧的两端应磨平并紧，最大位移作用下，弹簧的节间间隙不宜小于弹簧线径的 10% 和最大变形量的 2%。

4）弹簧两端的支承板应设定位挡圈或挡块，其高度不宜小于弹簧的线径。

5）成品圆柱螺旋弹簧在试验负荷下压缩或压并 3 次后产生的永久变形，不得大于其自由高度的 3‰。

6）圆柱螺旋弹簧设计时，其材料的力学性能，应符合现行国家标准的有关规定。

（3）阻尼元件

TMD 常用的阻尼器有常压式黏滞阻尼器、电涡流阻尼器和小孔节流阻尼器三种，宜优先选用灵敏度高、启动阻力小、维护工作量少、寿命长的常压式黏滞阻尼器、电涡流阻尼器。

阻尼器宜设计阻尼调节装置，以适应现场精准调节需求。

阻尼器的设计行程应不小于质量块的最大振幅。

1）常压式黏滞阻尼器

黏滞阻尼器的设计，应符合下列要求：

①阻尼缸与 TMD 底座和框架可靠连接，活塞一般与质量块可靠连接；

②阻尼器宜设置防尘密封套，且密封套的变形范围需满足质量块的最大振幅。

2）电涡流阻尼

①磁体应选用永磁体，当使用环境高于 80℃时，应采用耐高温的永磁体；

②永磁体和导体板均应对称布置；

③永磁铁表面需作防腐处理。

3）小孔节流阻尼器

①阻尼器两端应分别与 TMD 质量块和固定端可靠连接；

②阻尼器启动阻力应合理设计，保证减振效果。

3. 水平向 TMD 设计

（1）吊索摆式 TMD

1）水平吊索摆式 TMD 的固有频率按下列公式计算：

$$f_{\text{TMD}} = \frac{1}{2\pi}\sqrt{\frac{g}{l}} \tag{9-5-17}$$

$$f_{\text{TMD}} = \frac{1}{2\pi}\sqrt{\frac{g}{l} + \frac{k_{\text{TMD}}}{m_{\text{TMD}}}} \tag{9-5-18}$$

式中　f_{TMD}——水平吊索摆式 TMD 的固有频率（Hz）；

g——水平吊索摆式 TMD 所处地区的重力加速度，一般取 $g = 9.8\text{m/s}^2$；

l——吊索的有效工作长度（m）；

m_{TMD}——TMD 的惯性质量（kg）；

k_{TMD}——TMD 沿摆动方向的弹簧总刚度（N/m）。

2）吊索一般采用强度高、韧性好的钢丝绳，吊索的有效长度可根据工程需要进行调节。

3）吊索承载力的安全系数一般不宜小于 3。

4）当减振器需控制水平两个方向时，吊索两端宜采用球面轴承。

5）当减振器控制单方向时，两端转动结构可采用单轴转动结构。

6）为了质量块的稳定性，吊索吊点数量一般不宜小于 3 点，每个吊点应均匀承载，每根吊索有效工作长度和吊点高度应保持一致。

（2）弹性元件＋轨道式 TMD

1）导轨式 TMD 的导轨宜选用摩擦系数小、精度高、耐磨的直线导轨，且导轨材质对温度变化的影响小。

2）导轨式减振器阻尼计算时，需考虑导轨摩擦力的影响。

3）导轨静摩擦力需小于 TMD 减振器所需的最小启动力。

4）导轨安装前，需检查导轨安装基面粗糙度、平面度、直线度，安装时，控制导轨的安装精度和导轨间的平行度。

5）导轨表面需进行防腐处理。

6）弹性元件一般选用圆柱螺旋弹簧，设计要求需满足垂向 TMD 弹性元件的规定。

六、调谐质量减振器的设计实例

[实例 1] 在登机桥的应用

某机场登机桥为钢桁架结构，总长为 52.812m，由 12 节段组成，各节段长 4.412m＋11×4.4m，两边分别挑出 3.841m、5.328m，桥面宽约 4m，桥高 2.98m。桁架弦杆和直腹杆均为焊接箱形截面，桁架斜腹杆使用的是 H 型钢梁，支撑采用圆钢管，楼板为厚度为 120mm 的压型钢板组合楼板。

有限元计算结果表明该桥的一阶竖向频率 2.1Hz（图 9-5-8）。该频率与行人登机时步行的频率非常接近，容易产生人与桥的共振现象，有必要对登机桥采取减振措施以保证行人登机时的舒适度。

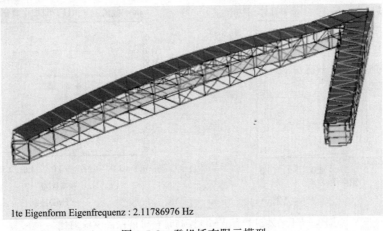

1te Eigenform Eigenfrequenz : 2.11786976 Hz

图 9-5-8 登机桥有限元模型

1. TMD 参数设计

该登机桥一阶振型等效质量约为 152t，设计时对比了步行激励下不同 TMD 质量比对应的减振效果，见表 9-5-1。计算时假设单人重量 65kg，步行频率与登机桥的一阶自振频率相同，行人从登机桥一端步行至另一端。

安装 TMD 前后的主要计算结果　　　　　　　　　　　　　　　　表 9-5-1

质量比 μ	TMD 质量（t）	弹簧刚度（N/mm）	阻尼系数（N·s/mm）	加速度峰值（mm/s²）	减振效果（%）
0	0	0	0	−38.48	0
0.005	0.76	134	0.87	−22.21	42
0.01	1.52	245	2.42	−22.01	43
0.015	2.29	393	4.40	−17.08	56
0.02	3.05	519	6.69	−15.29	60
0.03	4.57	764	12.00	−13.98	64

综合考虑安装空间、减振效果等因素，最终选择质量比为 0.02 所对应的 TMD 参数。

2. TMD 调试测试

TMD 安装完成后，对两人跨中同步跳跃减振效果进行了现场测试。

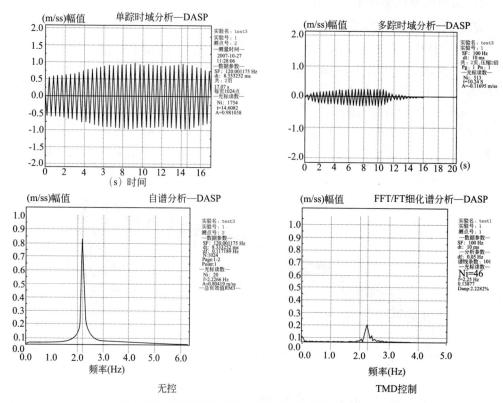

图 9-5-9　无控和有 TMD 控制时登机桥振动响应对比

工况 2 TMD 减振效果　　　　　　　　　　　　　　表 9-5-2

无 TMD 时测得的 加速度平均值(Gal)	加装 TMD 之后的 加速度平均值(Gal)	衰减率(%)
97	24	75.3

由测试结果（图 9-5-9、表 9-5-2）可以看出，在加装 4 个共 3t TMD 的情况下，桥的振动衰减均在 60% 以上，达到了预期的效果。

[实例 2] 在钢烟囱的应用

某石油催化裂化装置钢烟囱总高度 120m，工作状态下，结构总质量约 1113.85t（含钢梯），烟囱所在地常年风压较大，基本风压为 0.75kN/m² ，地面粗糙度 A 类。利用有限元模型计算得到一阶模态等效质量 m_1 =69000kg，1 阶固有频率约为 0.75Hz，2 阶固有频率约为 2.2Hz。其有限元模型及一阶振型如图 9-5-10 所示。

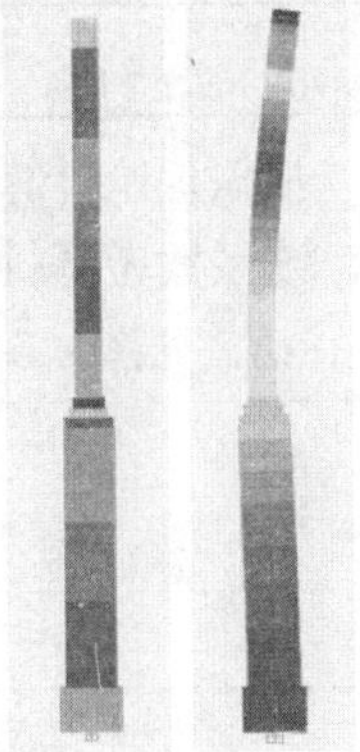

图 9-5-10　有限元模型及一阶振型

1. TMD 参数设计

根据现行国家标准《建筑结构荷载规范》GB 50009 第 8.5.3 条，临界风速 $V_{cr}=\dfrac{D}{T_i St}=\dfrac{4.6}{1.33\times0.2}=17.29\text{m/s}$ ，结构顶部风速 $V_H=\sqrt{\dfrac{2000\mu_H\omega_0}{\rho}}=\sqrt{\dfrac{2000\times2.322\times0.75}{1.25}}=52.79\text{m/s}$ ，雷诺数 $Re=69000vD=5.5\times10^6>3.5\times10^6$ 且 $1.2V_H>V_{cr}$ ，根据荷载规范可知，烟囱可能发生跨临界的强风共振，应考虑横风向风振的影响。

同时，根据欧洲规范 EN 1991-1-4 的计算方法，如果风致振动下 $V_{crit,i}>1.25V_m$ 时，将不发生横风向风致共振。计算发现，临界风速 $V_{crit,i}$ 通过公式 $V_{crit,i}=\dfrac{b\cdot n_{i,y}}{S_t}$ 计算为 19m/s， V_m 为结构顶部风速为 38.8m/s，经计算 $V_{crit,i}<1.25V_m=48.5\text{m/s}$ ，所以会发生强风共振，应考虑横风向风振的影响。

根据欧洲规范附录 E 公式(E.7) 的规定，烟囱顶部横风向风振最大位移可采用下列公式计算：

$$\frac{yF_{max}}{b}=\frac{1}{St^2 Sc}KK_w c_{lat} \tag{9-5-19}$$

其中 b 为烟囱宽度（圆柱形截面外径）， K_w 是根据 E.1.5.2.4 节计算的有效长度系数， K 是根据 E.1.5.2.5 计算的振型参数（=0.13）， c_{lat} 是根据表 E.3 计算的激振力参数（为 0.22）， St 为斯特罗哈尔数（对圆柱形截面及所有雷诺数该值均为 0.18）， Sc 为斯柯顿数。经计算横向最大风振位移为 ±350mm。此位移振动幅度较大，长期风振作用下，烟囱持续的剧烈振动影响生产的正常运行，还将使设备应力过大，形成疲劳裂纹，影响烟囱的使用寿命，所以需要对其振动进行控制，调谐质量减振器就是一种比较好的控制。

有限元分析过程中，首先采用谐波激励模拟横向风荷载（漩涡脱落），使塔顶最大振幅达到理论公式计算的最大位移 350mm；然后进行 TMD 参数设计。根据烟囱固有特性和调谐质量减振器设计方法优化 TMD 参数，最终 TMD 设计参数如表 9-5-3 所示。

TMD 参数	表 9-5-3
TMD 有效质量 m_T	3500kg
TMD 质量与一阶振型等效质量之比	0.051
调谐频率	0.714Hz
TMD 阻尼比	12%
TMD 行程	100mm

2. 理论计算减振效果

根据理论计算结果,烟囱的实际位移可通过将响应函数的数值乘以一个放大系数得到,该系数考虑了之前得到的横向临界风速荷载作用下的最大位移,最大值 y_{Fmax} = 350mm,见图 9-5-11。

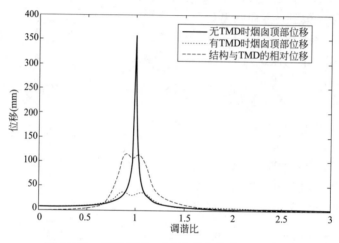

图 9-5-11 有无 TMD 时烟囱的位移及 TMD 行程

由图 9-5-11 可以看出,有 TMD 时横向风荷载作用下烟囱的最大位移大幅减小至 ±18mm,TMD 的最大行程为 ±66mm。

3. TMD 调试测试

TMD 安装完成后,对其减振效果进行了现场测试,如图 9-5-12 所示。由测点振动加速度频谱可知:

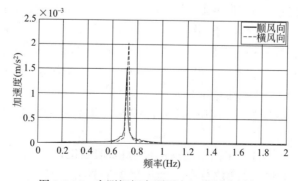

图 9-5-12 实测钢烟囱顺风向、横风向频率

（1）顺风向，烟囱一阶固有频率为 0.72Hz，阻尼比为 0.39％；

（2）横风向，烟囱一阶固有频率为 0.73Hz，阻尼比为 0.37％。

TMD 释放后，采集烟囱振动加速度响应，对比分析 TMD 锁死与释放时，烟囱振动加速度响应及阻尼特性。

TMD 释放后，烟囱顺风向结构阻尼比提高至 3.66％（图 9-5-13）。

TMD 释放后，烟囱横风向结构阻尼比提高至 3.51％（图 9-5-14）。

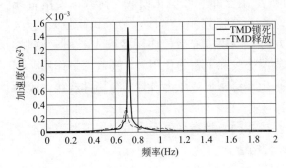

图 9-5-13　实测钢烟囱顺风向减振效果

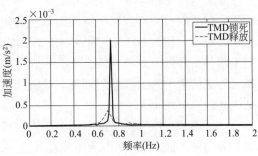

图 9-5-14　实测钢烟囱横风向减振效果

第六节　空气弹簧减振器

一、空气弹簧隔振装置的类型及应用

1. 空气弹簧的特点

空气弹簧是内部充气的一种柔性密闭容器，它是利用密闭于其中的空气可压缩性实现弹性作用的一种非金属弹簧。空气弹簧的特点如下：

（1）空气弹簧是一种变刚度的隔振元件，它随着承载不同而改变其刚度，即当承载大时，其内压也增大，随即也增大了刚度，因而在荷载变化时，隔振体系的固有振动频率变化较少。

（2）空气弹簧具有非线性特性，因此可以将特性曲线设计成理想形状，如 S 形，即在曲线中间区段具有很低的刚度并且近似认为是线性的，可以使隔振体系获得很低的固有振动频率。

（3）空气弹簧具有较宽的承载范围，当其内压改变时，可以得到不同的承载力。例如，一只有效直径 $\phi250$mm 的空气弹簧，当内压为 0.2～0.5MPa（常用的内压）时，承载能力可达 9.8～25.4kN。

（4）空气弹簧内装有阻尼器，具有可调节竖向阻尼值的功能，可根据需要调节竖向阻尼值。

（5）空气弹簧有优良的隔声性能。

（6）当空气弹簧隔振器与高度控制阀组成隔振装置时，能自动调节被隔振体的高度使被隔振体保持良好的水平度。即当被隔振体的质量及质心位置发生变化时，被隔振体将产生倾斜。此时高度控制阀会自动调节空气弹簧隔振器内的气压，从而改变各隔振器的刚度，将被隔振体水平度恢复到原来的状态。即带有高度控制阀的空气弹簧隔振装置，可以实现隔振体系刚度中心对质量和质心位置变化的自动跟踪，使质心与刚度中心在其垂直投影面上自动重合，使被隔振体保持原有的水平度。由于这种独特的性能，使空气弹簧在隔振领域得到广泛应用。

2. 空气弹簧隔振器类型

空气弹簧隔振器由橡胶帘线胶囊、附加气室及阻尼器组成，其类型可按胶囊形式不同加以区分。

胶囊是由帘线层2、内外橡胶层3、4和成型钢丝圈1经硫化而成。荷载主要由帘线承受，帘线的材质对空气弹簧的耐压性和耐久性起决定作用。帘线一般采用高强人造丝、尼隆等材质，层数为1～4层，与胶囊经线方向呈一角度布置。内层橡胶主要用于密封，应采用气密性能及耐油性能良好的橡胶，而外层橡胶除了密封作用外，还起保护作用，例如要考虑抗辐射及臭氧的侵蚀等。胶囊端部采用螺钉密封或压力自封与金属件连接。胶囊结构如图9-6-1所示。

（1）囊式：空气弹簧隔振器上下连接口直径相同，胶囊呈鼓形，可根据需要设计成单曲、双曲或多曲。图9-6-2为单曲囊式空气弹簧构造。

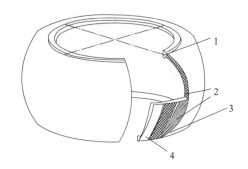

图 9-6-1　胶囊结构

1—钢丝圈；2—帘线；3—外层橡胶；4—内层橡胶

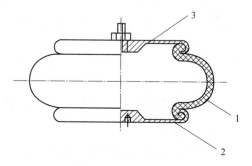

图 9-6-2　单曲囊式空气弹簧

1—胶囊；2—上连接口；3—下连接口

囊式空气弹簧制作容易，但其刚度较大，为了获得较低的刚度，设计成双曲或三曲形式，但多曲形式的横向定性较差，使用也往往受到限制。

（2）约束膜式空气弹簧隔振器：胶囊内侧或外侧有约束裙（内筒或外筒）者，为约束膜式，约束裙有直筒或斜筒之分。图9-6-3为约束膜式空气弹簧构造。

这种空气弹簧由于斜筒的作用，降低了竖向刚度，因而可使隔振体系获得较低的竖向固有振动频率。

（3）自由膜式空气弹簧隔振器：胶囊无内外约束裙，胶囊的变形是无约束的。这种空气弹簧在竖向及横向都具有较低的刚度，因而具有良好的隔振性能，图9-6-4为自由膜式空气弹簧的一种构造。

此外，还有滑膜式及囊膜组合式空气弹簧隔振器等。

上述各种类型，囊式空气弹簧隔振器常于工业振源隔振，约束膜式及自由膜式隔振器常用于精密仪器及设备隔振。

3. 空气弹簧的使用类型

空气弹簧按使用用途不同，可采用不同类型的隔振器、隔振装置或气浮式隔振系统。

（1）工业振源隔振：多采用囊式空气弹簧隔振器（图9-6-5），单曲或多曲，可用人力

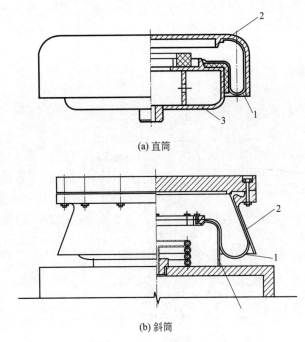

(a) 直筒

图 9-6-3 约束膜式空气弹簧
1—胶囊；2—外筒；3—内筒

充气筒充气。这类隔振器刚度较大（与膜式比较），对于中频或高频机械，具有良好的隔振效果。

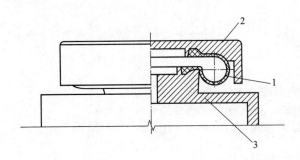

图 9-6-4 自由膜式空气弹簧
1—胶囊；2—上盖；3—内筒

图 9-6-5 振源隔振用空气弹簧隔振器

（2）精密仪器与动力设备隔振

1）空气弹簧隔振装置的组成

空气弹簧隔振器；

竖向、横向阻尼器；

高度控制阀；

控制柜；

管道及接头。

另有气源提供压缩空气，其组成为：

空压机；

贮气罐；

冷冻除水机；

除尘器（多级过滤）；

除油器。

隔振装置的典型气路连接见图 9-6-6。

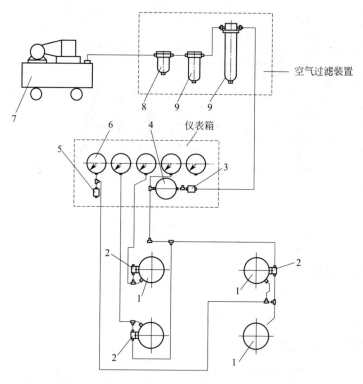

图 9-6-6　隔振装置典型气路连接

1—空气弹簧隔振器；2—高度控制阀；3—进气阀；4—调压稳压阀；5—排气阀；

6—压力表；7—空压机；8—油水过滤器；9—空气过滤器

隔振装置用的空气弹簧隔振器及高度控制阀见图 9-6-7。

空气弹簧隔振装置可以用于动力机器的主动隔振。我国自主研发的精密仪器及设备隔振用的空气弹簧隔振装置 JYKT 系列及 ZYM 系列，前者为约束膜式系列，后者为自由膜式系列。这两个系列隔振装置的特点是：

①刚度低，隔振体系固有振动频率可达 0.7Hz；

②具有可调节的阻尼机构，阻尼比可达 0.35 以上；

③装置自动运行，调平速度不大于 5s，调平精度达 0.1mm/m；

④带有快速充气机构，对于大型台座，能在短时间内完成对多个空气弹簧隔振器的充气；

图 9-6-7　空气弹簧隔振器及高度控制阀

⑤可配置完善的气源系统，配套的三除（水、油、尘）装置能提供高级别空气洁净度的洁净压缩空气。

2）气浮式隔振系统：

气浮式隔振系统配合标准尺寸的台座（也可按用户要求制作非标准尺寸的台座），由制造商批量生产，商品化供应。其基本配置为：

①空气弹簧隔振装置；

②控制系统；

③ 台座。

气浮式隔振系统适用于动力机器的主动隔振以及精密仪器设备的被动隔振。

二、空气弹簧隔振器的设计

1. 空气弹簧是一种构造复杂、制作程序较多的隔振器，这种隔振器及隔振装置的设计应包括如下主要内容：

（1）空气弹簧隔振器

1）橡胶帘线胶囊设计：含刚度计算、强度计算，结构构造设计；

2）附加气室设计：附加气室为钢质压力容器，按压力容器有关规范设计；

3）连接件结构设计：连接件如上、下盖等，其强度、气密性能及结构需进行设计。

（2）空气弹簧隔振装置

1）高度控制阀：高度控制阀按结构分有机械式或电磁式，按功能分为有延时与非延时两种。不论哪种类型，其结构都比较复杂。精密仪器及设备隔振用的高度阀，一般为非延时机械式高度阀，应根据需要的灵敏度、耐压要求、位移幅度等要求进行设计；

2）控制柜：包括气路设计与计算，调压、稳压阀、压力继电器等的选择及机械结构设计。

空气弹簧隔振器及隔振装置不仅设计内容较多，其制造过程也较复杂，以橡胶帘线胶囊制造为例，其制造过程如图 9-6-8 所示。

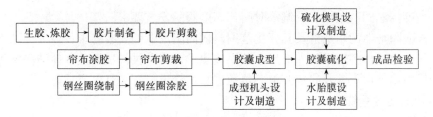

图 9-6-8　胶囊制造流程

因此，空气弹簧隔振器及隔振装置应尽量选用市场上供应的产品，自行设计及制造不仅成本高，能否达到预计性能还需进行试验，并进而改进设计，不易获得良好的性价比。

2. 空气弹簧隔振器的试验

空气弹簧隔振器经过设计，并制作出样品后，应进行各项试验。这些试验项目包括隔振器动刚度试验、竖向阻尼性能试验、胶囊强度试验、隔振器泄漏试验。

（1）隔振器动刚度及竖向阻尼性能试验

隔振器竖向及横向动刚度试验及竖向阻尼性能试验需采用荷载试验台进行。

在荷载台上分级加置质量，采用敲击法或用激振器激励，得出系统的竖向及横向固有振动频率，由此推算动刚度。采用激振找出共振点，由此得出竖向阻尼比。

（2）胶囊强度试验

将胶囊上下口密封后，注入高压水，当达到一定水压时，胶囊破损，胶囊破损时的水压力与胶囊最大工作压力的比值，称为胶囊安全系数，一般不应不低于 4。

3. 隔振器泄漏试验

隔振器充气至最大工作压力后，保压 24h，读取 24h 后的压力值，24h 内的压力降即为泄漏性值，一般不应大于 0.02MPa。

三、空气弹簧的选用

当选用市场供应的产品时，应由制造商提供如下有关资料。

1. 空气弹簧隔振器

（1）外形尺寸，质量及安装要求；

（2）有效直径，这是计算空气弹簧承载能力所必需的参数；

（3）容许使用压力范围及最大工作压力等参数；

（4）承载力及其范围；

（5）工作高度；

（6）竖向及横向容许最大位移；

（7）满足 24h 气压下降量不大于 0.02MPa 要求的气密性参数；

（8）不同工作气压时竖向和横向的动刚度、动刚度曲线及相关试验报告；

（9）三项刚度中心的位置；

（10）竖向振动时阻尼特性变化范围及相关试验报告；

（11）使用环境条件，如使用温度、湿度，以及对油、酸、碱、盐雾等有害环境影响的容许范围等。

2. 空气弹簧隔振装置

（1）第 1 款所列各项资料；

（2）高度控制阀的灵敏度及调平时间，高度阀的安装要求；

（3）横向阻尼器的阻尼值及其变化范围，横向阻尼器的安装要求；

（4）气源组成，各项设备外形尺寸及安装要求，气源供气压力及气体洁净度等级；

（5）仪表箱外形尺寸及安装要求，包括进出口管道位置、供电要求等。

3. 气浮式隔振系统

（1）第 2 款所列各项资料；

（2）台座承载能力及被隔振设备的质量、质心位置及安装要求；

（3）隔振性能。

第七节　钢丝绳隔振器

一、钢丝绳隔振器的形式及应用

钢丝绳隔振器是由钢丝绳穿绕在上下夹板之间组成，利用钢丝绳弯曲以及股与股、丝与丝之间的摩擦、滑移实现耗能的隔振装置。钢丝绳隔振器的结构形式根据钢丝绳的穿绕方式、装夹方式和外形的不同而不同。目前已有多种形式，但是技术相对成熟、产品规格丰富的钢丝绳隔振器结构形式主要有螺旋形、拱形和灯笼形（图 9-7-1）。同时，即使对于同一种结构形式，外形也会稍有差异。例如，对于灯笼形钢丝绳隔振器，根据夹板形状和穿绕方式的不同，也可分为方灯笼形和圆灯笼形。

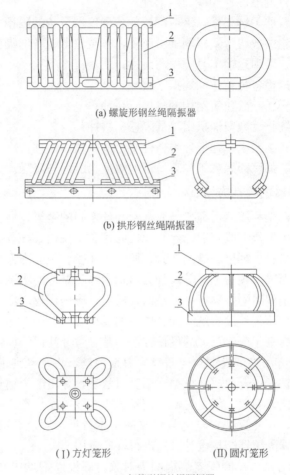

(a) 螺旋形钢丝绳隔振器

(b) 拱形钢丝绳隔振器

（Ⅰ）方灯笼形   （Ⅱ）圆灯笼形

(c) 灯笼形钢丝绳隔振器

图 9-7-1　钢丝绳隔振器的基本结构形式

1—上夹板；2—钢丝绳；3—下夹板

1. 钢丝绳隔振器由于其独特的结构形式，使其具有了卓越的性能：

（1）结构紧凑，方便安装；

（2）寿命长，不老化，可与被隔结构同寿命；

（3）具有优良的隔振和抗冲击性能；

（4）利用钢丝之间的摩擦和变形产生的非线性阻尼，可以大幅度吸收振动能量；

（5）渐软的刚度特性，被隔设备正常工作时隔振器的变形小，遇突发冲击时可以产生大变形，保证被隔设备的正常工作；

（6）可在拉、压、剪、悬挂等多种受力状态下使用，具有三维隔振作用；

（7）兼顾了弹性支承元件隔振、缓冲、降低高频结构噪声的三大功能；

（8）其特有的绳结构，抑制了金属隔振器通常很难避免的高频波动效应；

（9）承载范围大，可以通过改变钢丝绳型号改变单个隔振器的承载能力。

2. 钢丝绳隔振器被广泛应用到了机械、航空航天、军事、建筑、环境等方面的隔振、降噪中，其应用范围主要包括：

（1）工业生产设备的隔振、环境噪声治理；

（2）航空航天飞行器关键部件，潜艇配置的各种仪器设备的隔振、降噪；

（3）军用、民用轮式或履带式车辆乘员座椅，车载仪器设备的隔振、缓冲；

（4）导弹发射架、导弹运输工具隔振与缓冲；

（5）铁路、公路运输各种箱体的隔振、缓冲；

（6）钢制框架结构、一般建筑结构的隔振、缓冲；

（7）船舶推进系统、大型柴油机组等的隔振、缓冲；

（8）大型发动机转子系统、弹道导弹惯性平台的隔振、缓冲；

（9）高温、低温、强腐蚀恶劣工作环境下的隔振、缓冲与降噪。

二、钢丝绳隔振器的设计方法

由于钢丝绳隔振器是利用钢丝绳股与股、丝与丝之间的摩擦、滑移实现隔振功能，同时在大变形运动过程中钢丝绳股与股、丝与丝之间还会出现松弛、脱离现象，因此其特性非常复杂。钢丝绳的材料、规格、捻制方式、股数、绳径、预应力大小，以及隔振器的穿绕方式、圈数、装夹形式、预变形量等，都会对钢丝绳隔振器的刚度、阻尼等力学性能产生影响。所以，虽然钢丝绳隔振器产品已经比较成熟，应用比较广泛，但是与其他隔振器相比，钢丝绳隔振器目前仍然没有统一的、成熟的设计方法。

目前的设计方法有基于简化近似的设计方法和基于微分几何的设计方法。

1. 简化近似设计方法将多股钢丝绳假设为单根钢丝，将钢丝绳隔振器简化为由多个一定角度圆弧的单根钢丝组合而成，根据圆弧受力状态，导出整个钢丝绳隔振器的力学模型。该设计方法虽然比较简单，但是忽略了钢丝绳股与股、丝与丝之间的摩擦、滑移、松弛、脱离等本质现象，不能反映钢丝绳隔振器的根本特征，因此与实际情况存在较大误差，不适合作为钢丝绳隔振器结构设计方法进行推广应用。

2. 微分几何设计方法以单圈钢丝绳绳圈为对象，假设以钢丝中心线任意一点主法向量与副法向量所在平面截断钢丝，钢丝截面为圆。基于空间坐标转换理论，导出钢丝绳中每根丝的中心线曲线，并构建单圈钢丝绳绳圈的三维空间数学模型。然后通过数值仿真分析方法建立起钢丝绳隔振器的刚度和阻尼与绳圈直径、绳圈个数、绳圈倾斜角度、钢丝绳直径、股数、捻角、钢丝半径等结构参数之间的关系，从而进行隔振器的结构设计。

与简化近似设计方法相比，微分几何设计方法能够考虑钢丝绳股与股、丝与丝之间的摩擦、滑移、松弛、脱离等本质现象，基本能够反映钢丝绳隔振器的根本特征。但是该设计方法非常复杂，必须借助计算机仿真软件进行建模，并且针对不同结构形式的钢丝绳隔振器需要建立不同的模型，通用性较差，同样不适合作为钢丝绳隔振器结构设计方法进行推广应用。

因此，目前通常做法是通过试制-测试-改进的方法对钢丝绳隔振器进行逐步完善，直至达到满足隔振设计要求的性能参数为止。钢丝绳隔振器产品出厂前都要依据现行国家标准《振动与冲击隔离器静、动态性能测试方法》GB/T 15168 的要求，对性能参数进行试验测评标定，将性能参数甚至是测试曲线与产品一起提供给用户，作为用户选型的依据。

三、钢丝绳隔振器的使用要求

钢丝绳隔振器的使用环境通常比较恶劣，选材时会要求使用不锈钢钢丝绳和不锈钢夹板。但是不同的使用环境会对钢丝绳隔振器的选材提出新的不同要求，为了确保钢丝绳隔振器的力学性能和耐久性满足需要，应根据使用环境来选材。

进行隔振设计时，钢丝绳隔振器宜选用定型产品，当定型产品不能满足设计要求时，可另行试制，其性能参数确定应按现行国家标准《振动与冲击隔离器静、动态性能测试方法》GB/T 15168 的有关规定。

钢丝绳隔振器选用时，应具备本章第一节所述的性能参数。因为钢丝绳隔振器的质量一般较大，即使对于同一种钢丝绳隔振器的结构形式，或者即使钢丝绳隔振器的力学性能相近，其尺寸、质量也可能相差非常大。为了满足安装要求，有必要提供钢丝绳隔振器的尺寸、质量参数。

当受到冲击时，钢丝绳隔振器的动变形比较大。因此，钢丝绳隔振器用于冲击环境或振动中伴随有冲击的环境进行隔振设计时，为了满足使用环境的要求，还要提供钢丝绳隔振器的最大动变形参数，并且使冲击变形值不大于最大动变形设计值。

为了方便隔振系统的设计计算和隔振器的布置安装，在同一隔振系统中，水平向、竖向选用的钢丝绳隔振器规格型号宜分别相同。与其他隔振器相比，由于钢丝绳隔振器可以拉、压、剪多向受力，达到三维隔振的效果，因此其安装方式非常多，除了本指南第三章第三节所述的基本安装方式外，也可采用斜置式和侧挂式（图 9-7-2）。

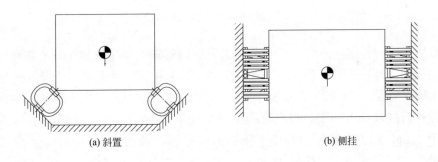

(a) 斜置　　　　　　　　　　　　　　(b) 侧挂

图 9-7-2　钢丝绳隔振器的安装方式

钢丝绳隔振器的竖向额定荷载设计值与数量应根据隔振对象的质量确定，隔振器规格型号宜根据隔振器的竖向额定荷载选择确定。同时，为提高隔振效果，尽量选择较小的刚度。由于满足承载隔振对象质量要求的隔振器额定荷载与数量的组合方式会有多种，可选择的钢丝绳隔振器型号规格也会有多种，因此选型时还要考虑安装空间、造价等因素的影响，进行优化设计。

隔振体系的质量中心和刚度中心应尽量一致。但是与其他隔振器相比，由于钢丝绳隔振器可以承受一定的拉力，因此对隔振体系质量中心和刚度中心的一致性要求相对宽松，偏心量不超过隔振器支承最大跨距的 10% 即可，即其质量中心与沿 x、y、z 轴向的刚度中心之间的偏心量，分别不超过布置在垂直于 x、y、z 轴向的各个平面内的任意两个钢丝绳隔振器最大间距的 10%。

四、钢丝绳隔振器计算实例

某陆用车载雷达机柜，其外形尺寸为 1300mm（长）×600mm（宽）×900mm（高），总重 250kg，其中 6 个模块位于机柜中，上层两个各重 5kg，中层两个各重 15kg，下层两个各重 40kg，机柜后的线缆及附件重 30kg，机柜重 100kg，结构组成见图 9-7-3。设定机柜坐标原点在机柜前面下部中点，则可估算出机柜的重心位置为：

$$x_{gc} = \sum \frac{m_i x_i}{m} = 0$$

$$y_{gc} = \sum \frac{m_i y_i}{m} = 336mm$$

$$z_{gc} = \sum \frac{m_i z_i}{m} = 204mm$$

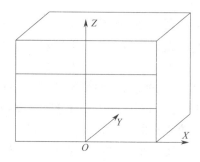

图 9-7-3　机柜外形

对该机柜进行性能考核时，需要分别考虑路面运输振动环境和战场冲击环境。设定模拟路面振动环境输入为峰值 20mm、频率 20Hz 的简谐振动位移，模拟战场冲击环境输入为加速度峰值 1000m/s²、脉宽 10ms 的三角波。隔振设计时以路面运输振动环境为主，并进行战场冲击环境的校核。隔振系统的安装空间不大于 100mm，容许附加质量不大于 10kg。路面运输振动环境下机柜运动的容许最大位移为 10mm，战场冲击环境下机柜运动的容许最大位移为 30mm，容许最大加速度为 100m/s²。隔振系统的设计步骤如下：

1. 隔振器选型与布置

由于该机柜不仅遭受振动环境，还要考虑冲击环境，因此适合选用钢丝绳隔振器进行隔振。由于雷达机柜的高宽比＞1，为确保其稳定性，采用底部 4 个隔振器、侧部 2 个隔振器的安装方式，具体安装位置如图 9-7-4 所示。

则底部 4 个支承点每个隔振器承受垂直静荷载为：

$$P = \frac{250 \times 9.8}{4} = 612.5N$$

底部和侧部隔振器都选择某品牌钢丝绳隔振器的成熟产品，根据隔振器承受的垂直静荷载，选择其中某型号的螺旋形钢丝绳隔振器，其基本性能参数如表 9-7-1 所示。

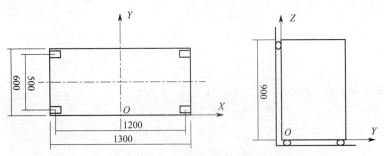

图 9-7-4　钢丝绳隔振器的安装位置

某型号钢丝绳隔振器基本性能参数　　　　　　　　　　　表 9-7-1

参数 方向	额定静荷载 （N）	静刚度 （kN/m）	动刚度 （kN/m）	阻尼比	最大动变形 （mm）	尺寸 （mm）	重量 （kg）
高度方向	700	120	60	0.15	50	80	
长度方向	440	40	40	0.15	50	160	1
宽度方向	600	70	30	0.15	70	100	

可以看出，隔振器的尺寸及质量均满足安装要求。

2. 隔振体系参数计算

（1）假设隔振体系为单自由度系统，隔振体系的总刚度为：

$$K_x = \sum K_{xi} = 240\text{kN/m}$$

$$K_y = \sum K_{yi} = 520\text{kN/m}$$

$$K_z = \sum K_{zi} = 620\text{kN/m}$$

（2）隔振体系的固有圆频率为：

$$\omega_{nx} = \sqrt{\frac{K_x}{m}} = 30.98\text{rad/s}$$

$$\omega_{ny} = \sqrt{\frac{K_y}{m}} = 45.61\text{rad/s}$$

$$\omega_{nz} = \sqrt{\frac{K_z}{m}} = 49.80\text{rad/s}$$

（3）以模拟路面振动环境的简谐振动作为输入，计算传递率为：

$$\eta_x = \frac{\sqrt{1 + \left(2\zeta_x \frac{\omega}{\omega_{nx}}\right)^2}}{\sqrt{\left[1 - \left(\frac{\omega}{\omega_{nx}}\right)^2\right]^2 + \left(2\zeta_x \frac{\omega}{\omega_{nx}}\right)^2}} = 0.10$$

$$\eta_y = \frac{\sqrt{1 + \left(2\zeta_y \frac{\omega}{\omega_{ny}}\right)^2}}{\sqrt{\left[1 - \left(\frac{\omega}{\omega_{ny}}\right)^2\right]^2 + \left(2\zeta_x \frac{\omega}{\omega_{ny}}\right)^2}} = 0.20$$

$$\eta_z = \frac{\sqrt{1 + \left(2\zeta_z \frac{\omega}{\omega_{nz}}\right)^2}}{\sqrt{\left[1 - \left(\frac{\omega}{\omega_{nz}}\right)^2\right]^2 + \left(2\zeta_x \frac{\omega}{\omega_{nz}}\right)^2}} = 0.23$$

（4）隔振体系的振动响应位移峰值为：

$$u_x = u_o \eta_x = 0.2\text{mm}$$
$$u_y = u_o \eta_y = 4.0\text{mm}$$
$$u_z = u_o \eta_z = 4.6\text{mm}$$

3. 隔振体系参数校核

（1）刚心质心一致性校核。计算隔振体系的刚度中心位置为：

$$x_{kc} = \sum \frac{K_i x_i}{K_x} = 0$$

$$y_{kc} = \sum \frac{K_i y_i}{K_y} = 426\text{mm}$$

$$z_{kc} = \sum \frac{K_i z_i}{K_z} = 192\text{mm}$$

计算隔振体系的刚心质心偏心量与隔振器支撑最大跨距之比为：

$$\beta_x = \frac{|x_{kc} - x_{gc}|}{L_{xmax}} = 0$$

$$\beta_y = \frac{|y_{kc} - y_{gc}|}{L_{ymax}} = 9.1\%$$

$$\beta_z = \frac{|z_{kc} - z_{gc}|}{L_{zmax}} = 0.9\%$$

刚心质心偏心量均小于隔振器支承最大跨距的10%，符合设计规范的要求。

（2）固有圆频率校核。隔振体系三个方向固有圆频率最大值为49.80rad/s，小于干扰圆频率的0.4倍即50.27rad/s，并且：

$$\omega_{nx} = 30.98\text{rad/s} \leqslant \omega\sqrt{\frac{\eta_x}{1+\eta_x}} = 38.17\text{rad/s}$$

$$\omega_{ny} = 45.61\text{rad/s} \leqslant \omega\sqrt{\frac{\eta_y}{1+\eta_y}} = 50.79\text{rad/s}$$

$$\omega_{nz} = 49.80\text{rad/s} \leqslant \omega\sqrt{\frac{\eta_z}{1+\eta_z}} = 54.47\text{rad/s}$$

符合设计规范要求。

（3）隔振体系的传递率校核。隔振体系的三个方向传递率分别为0.10、0.20、0.23，均小于规范要求的 $[u]/u = 0.5$。

（4）机柜容许响应校核。运输振动环境下机柜运动的最大位移为4.6mm，小于容许最大位移10mm。通过计算得到战场冲击环境下隔振体系的三个方向位移最大响应分别为20.86mm、20.86mm、18.93mm，均小于容许最大位移30mm；加速度响应分别为20.02m/s²、20.02m/s²、22.71m/s²，均小于容许最大加速度100m/s²。因此隔振设计满足机柜的使用要求。

第八节　黏滞阻尼器

一、黏滞阻尼器的形式及应用

为避免稳态振动通过共振频率的过激振动，以及减小冲击振动，一般在隔振体系中均设置阻尼装置。体系中的阻尼效应，就是在该体系中某给定频率下的振动能量，可改变成另一频率下的能量。这种改变的过程都是对应于该频率下体系振型的有效阻尼过程。这种频率改变的能量，通常是比体系频率高的易于耗散的频率的非线性能量。为便于体系的线性分析，假定将阻尼能量在体系同一频率下进行能量转换。如将机械能转换为热能耗散，或在弹性体中以波动的能量辐射耗散。

从物理意义上考虑，任何一种材料都存在材料阻尼；任何弹性物体在波动作用下都存在辐射阻尼；所有有接触物体的相对运动，都存在相对运动阻尼。其中相对运动阻尼有黏性阻尼、摩擦阻尼、电涡流阻尼。

本标准的阻尼器为相对运动的黏性阻尼。

1. 黏滞阻尼器的基本形式

根据黏滞性阻尼剂的特点，阻尼器活动部分宜用片状，阻尼片一般竖向放置，也可以水平（仍保持侧向）放置。从刚度和强度的角度考虑，竖向放置的阻尼片容易保持较高的刚度与强度，以避免在工作过程中弯曲甚至折断。

目前常用的黏滞阻尼器形式有以下几种：

（1）单片型阻尼器；

（2）多片型阻尼器；

（3）多动片型阻尼器；

（4）锥片型阻尼器；

（5）活塞柱型阻尼器。

2. 黏滞阻尼材料

黏滞阻尼器曾以"油阻尼器"命名该类型阻尼器。目前一般用于阻尼器的阻尼材料，均具有较高黏度，为黏流体，即使运动黏度很小的油脂类液体，亦具有一定黏度，故称"黏滞阻尼器"。

（1）黏流体材料类型

依据黏流体材料的运动黏度（m^2/s），黏滞阻尼材料大致可分为如下三种类型：

1）高黏性黏流体，其受温度影响较大。如温度稍高，阻尼降低甚多。国内已研制有提高其温度稳定性的添加剂，因而扩大了其温度使用范围。

2）长链基高分子聚合物。其黏性稍低于第1种，其温度稳定性较好，可用于50℃工作环境，但其价格稍高。

3）低黏性黏滞阻尼材料。可采用商品甲苯硅油，其温度稳定性好。或蓖麻油、机油，但温度稳定性差。

（2）黏滞阻尼材料要求

1）要求黏流体材料在其使用温度下（使用温度为工作环境温度，即阻尼器运动时所产生的能量转换温度），应具有较好的黏性，即其动力黏度相对高，以提高隔振体系阻尼。但同时要求其剪切模量低，以尽可能减少阻尼器对隔振体系的刚度影响。

2）一般生产环境，黏流体材料在阻尼器内，由于生产设备振动所产生的温度，大约在50℃以下，故对黏流体材料的温度要求范围为0～50℃。某些使用温度较低的工作环境可适当放宽。

3）为保证阻尼器在隔振体系工作中的可靠性与稳定性，要求黏流体材料具有良好的耐久性和稳定性。

（3）黏流体材料的物理力学性能

1）黏流体材料特性

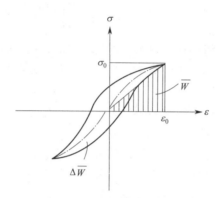

图 9-8-1　黏流体材料特征

如图 9-8-1 所示，黏度较高的黏流体既有弹性性质，也有黏流体性质，在外力作用下其应变将滞后于应力一个相位角 φ，其能量的损耗通常以损耗系数 η 来表示：

$$\eta = \frac{\Delta \overline{W}}{2\pi \overline{\overline{W}}} \qquad (9\text{-}8\text{-}1)$$

式中　$\Delta \overline{W}$——每个应力应变周期所损耗的能量；

　　　$\overline{\overline{W}}$——每个应力应变周期所贮存的最大弹性能。

设黏流体材料的剪应变 $\gamma(t)$ 和剪应力 $\tau(t)$ 分别为：

$$\begin{cases} \gamma(t) = \gamma_0 \mathrm{e}^{\mathrm{i}\omega t} \\ \tau(t) = \tau_0 \mathrm{e}^{\mathrm{i}(\omega t + \varphi)} \end{cases} \qquad (9\text{-}8\text{-}2)$$

式中　ω——振动圆频率（rad/s）；

　　　t——时间（s）；

　　　i——$\sqrt{-1}$；

　　　γ_0——黏流体材料最大剪应变；

　　　τ_0——黏流体材料最大剪应力（N/mm²）；

　　　φ——相位角。

其复剪切模量为：

$$G^*(\omega) = \frac{\tau_0}{r_0} \mathrm{e}^{\mathrm{i}\varphi} \qquad (9\text{-}8\text{-}3)$$

由于黏流体材料的复剪切模量G^*与其贮存的剪切模量和损耗剪切模量之间存在下述关系：

$$G^*=G'+iG''=G'(l+i\eta) \tag{9-8-4}$$

由式（9-8-3）和式（9-8-4），得到G'与G''后可得：

$$\eta(\omega)=\frac{G''}{G'} \tag{9-8-5}$$

$$\begin{cases} G'=\dfrac{\tau'}{r_0} \\ G''=\dfrac{\tau''}{r_0} \end{cases} \tag{9-8-6}$$

式中　τ'——对应于黏流体材料最大剪应变γ_0的剪应力；

τ''——对应于黏流体材料零应变时的剪应力。

由正应力与应变的关系可得损耗系数η与黏流体弹性模量的关系为：

$$\eta(\omega)=\frac{E''}{E'}=\tan\varphi \tag{9-8-7}$$

$$\begin{cases} E'=|E^*|\cos\varphi \\ E''=|E^*|\sin\varphi \end{cases} \tag{9-8-8}$$

$$|E^*|=\sqrt{E'^2+E''^2} \tag{9-8-9}$$

$$E(\omega)^*=\frac{\sigma_0}{\varepsilon_0}e^{-i\varphi} \tag{9-8-10}$$

式中　ε_0——黏流体材料最大应变；

σ_0——黏流体材料最大正应力。

于是，黏流体材料复弹性模量为：

$$E^*=E'+iE''=E'(l+i\eta) \tag{9-8-11}$$

2）黏滞阻尼器的等效刚度和等效阻尼

设黏滞阻尼器的运动部分质量为m，且在其运动部分中心位置作用了简谐力$F_0\sin\omega t$，则黏滞阻尼器的运动方程为：

$$m\ddot{u}+F_v+ku=F_0\sin\omega t \tag{9-8-12}$$

式中　u——黏流体材料的变形（m）；

k——贮存剪切模量在阻尼器中的贮存刚度（kN/m），即黏滞阻尼器的等效刚度。

其中F_v是阻尼器的阻尼力，是与体系振动速度成正比的黏性阻力，为：

$$F_v=C\dot{u} \tag{9-8-13}$$

式中　C——黏性阻尼系数（N·s/m），即黏滞阻尼器等效阻尼系数。

当体系的振动为简谐振动时：

$$u=A\sin(\omega t+\varphi) \tag{9-8-14}$$

$$\dot{u}=\omega A\cos(\omega t+\varphi) \tag{9-8-15}$$

体系每振动一周，由于阻尼而消耗的能量为：

$$\Delta\overline{W}=\oint F_v du=\oint C\dot{u}du=\oint C\dot{u}^2 dt=C\omega^2 A^2\int_0^{\frac{2\pi}{\omega}}\cos^2(\omega t+\varphi)dt=\pi C\omega A^2 \tag{9-8-16}$$

体系每振动一周所做的功：

$$\overline{W} = \frac{1}{2}kA^2 \tag{9-8-17}$$

$$\frac{\Delta\overline{W}}{\overline{W}} = 2\pi\frac{C\omega}{k} \tag{9-8-18}$$

由式（9-8-1）及式（9-8-18）可得阻尼器振动体系的能量损耗系数为：

$$\eta = \frac{\Delta\overline{W}}{2\pi\overline{W}} = \frac{C\omega}{k} \tag{9-8-19}$$

可见对黏流体材料，由阻尼而损耗的能量，与其体系振动频率成正比，与振动系统刚度 k 成反比。

（4）黏滞阻尼器中，黏流体工作温度和频率的物理力学性能效应。

1）某长链高分子聚合物黏流体测定的物理力学指标见图 9-8-2～图 9-8-4。

由图 9-8-2 可见该黏流体材料阻尼性能较好，损耗系数 η 在高频时（如 62.5Hz）可达 3.0，中频时（31.2Hz）可达 2.9。其中 η 由式（9-8-18）可知与黏性阻尼系数 C 相关，即表示了其阻尼性能。同时体现了阻尼随温度与扰频变化而变化。温度 10～45℃范围内，η 随温度升高而提高。当温度大于 55°时，在 7.8～500Hz 的频域内 η 均呈下降趋势。

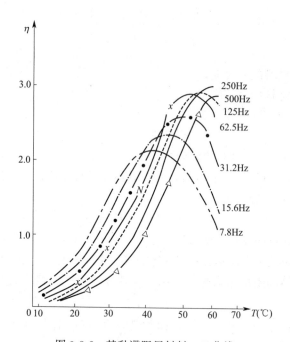

图 9-8-2 某黏滞阻尼材料 η-T 曲线

图 9-8-3 表示该材料的剪切模量 G' 随温度与频率变化的趋势。G' 与温度呈反比，与激振频率成正比。其与频率的关系与式（9-8-19）一致。同时，亦表明了 G' 与 K^* 的关系一致，如图 9-8-4 所示。

该黏滞阻尼材料的测定结果，表明了该材料具有良好的阻尼物理力学性能。当频率为

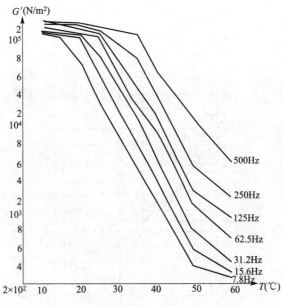

图 9-8-3　某黏滞阻尼材料 G'-T 曲线

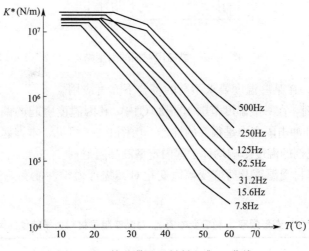

图 9-8-4　某黏滞阻尼材料 K^*-T 曲线

15Hz 及 T 为 40℃时，G' 值比 T 为 20℃时减小了 20 倍。

2）"新型阻尼弹簧隔振器及其应用"课题中，对其新研制的黏滞阻尼剂，进行了系统试验研究。其温度对阻尼性能的影响如图 9-8-5 所示，其中 3 号～6 号阻尼剂温度性能较好，温度性能比较接近；1 号和 2 号温度性能差。本试验以 20℃时阻尼器的阻尼系数为 1，用其他温度时阻尼系数（换算为动力黏度）与其进行比较，得出修正系数。图 9-8-5 所示为目前国内定型商品油阻尼器的阻尼修正系数和本课题研制的阻尼器阻尼修正系数对比图。图中，a 和 b 分别为定型系列商品阻尼剂温度修正曲线，c 为本课题 3 号阻尼剂温度修正曲线，d 和 e 分别为本课题 1 号和 2 号阻尼剂温度修正曲线。显然，3 号阻尼剂温度适用范围远大于定型商品阻尼器的阻尼剂。本课题研制的 2 号阻尼剂温度适用范围较

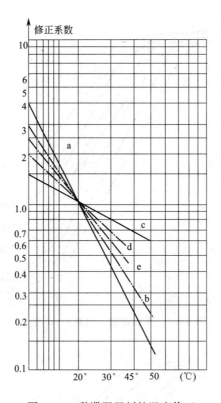

图 9-8-5 黏滞阻尼剂的温度修正

窄，因为其成本低，在某些温度要求不高的场合下亦可应用。

对于 3 号阻尼剂，在一般温度范围 10～30℃内，其因温度引起的偏差范围为－20％～＋20％，这在振动和冲击隔离中是很好的性能。由图 9-8-5 可见，本课题 c、d、e 曲线的 1、2 号尤其是 3 号阻尼剂的温度影响均优于国内定型商品阻尼剂。

3）某黏流体材料受温度及剪应变幅值变化对其物理力学性能影响试验，结果见表 9-8-1。

温度 T、变形频率 f 和应变幅值 γ_0 对黏滞阻尼材料力学特性的影响　　　　表 9-8-1

T (℃)	f (Hz)	γ_0 (%)	k' (×1.75N/cm)	G' (×0.69N/cm²)	G'' (×0.69N/cm²)	η
24	1.0	5	2124	142	193	1.36
24	1.0	20	2082	139	192	1.38
24	3.0	5	4084	272	324	1.19
24	3.0	20	3840	256	306	1.2
36	1.0	5	880	59	67	1.13
36	1.0	20	873	58	65	1.12
36	3.0	5	1626	108	119	1.1
36	3.0	20	1542	103	112	1.09

由表中试验结果显示，这些阻尼材料，所测温度变化 24～36℃，及剪应变幅值变化对其损耗系数 η 值亦即其阻尼性能影响不大。但因其所测温度变化范围较小，而且是很多一般阻尼材料均能达到的温度范围，还难以评价表 9-8-1 中试验的黏滞阻尼材料的优劣。

（5）黏滞阻尼剂动力黏度测试要点

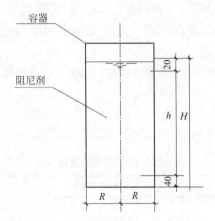

图 9-8-6　盛有黏滞阻尼剂的阻尼器

1）测试目的

为黏滞阻尼器的设计提供各类黏滞阻尼剂的动力黏度 μ（kN·s/m²）。

2）测试前的准备工作

①收集资料

· 已有黏滞阻尼剂的型号及相关化学性能；

· 黏流体材料的市场供应现状；

· 黏滞阻尼器的工作环境温度。

②制订测试方案

· 依据已有的黏流体材料，拟定具体测试目的与要求；

· 选择适合的测试设备；

· 确定测试内容；

· 确定测试数据处理方法。

③测试设备的选用与要求

· 盛黏流体材料的容器，其半径 $R \geqslant 220r$，其中 r 为小钢球半径，深度不宜小于 600mm，容器须透明并在其竖向两侧有明显刻度；

· 小钢球可用商品轴承用钢球，要求球表面光滑均匀，钢球直径约 4～6mm；

· 记时间用秒表；

· 温度计；

· 加温及控温设备；

· 降温及控温设备。

3）测试方法

①如图 9-8-6 所示，在盛有黏流体容器的黏流体中心表面，放上钢球，待钢球下沉 20mm 后，开始观测并记录；

②观测、记录的截止距离为距容器底部 40mm；

③在有效距离 h 内，依据黏流体的黏度及纯度，在常温下可分次观测，对黏度小、纯度高的黏流体，也可一次观测 h 范围内钢球的下沉时间；

④一种黏流体至少测试三次，对其纯度较低的黏流体，可适当增加测试次数；

⑤不同温度下工作的阻尼器，应在相应温度下，测试其黏滞阻尼剂的动力黏度；

⑥高于或低于常温环境下，阻尼剂的升温或降温，应待相应温度稳定后，并在其稳定的温度下，测试其动力黏度；

⑦对于深色阻尼剂，肉眼无法观测钢球位置时，宜采用无损观测设置观测小球下沉速度。

4）试记录与数据处理

①测试记录：如表 9-8-2 所示。

黏滞阻尼剂测试记录　　　　　　　　　　　表 9-8-2

阻尼剂型号：				
t_1(s)	h_1(m)	v(m/s)	$\mu\left[(\mathrm{kN\cdot s})/\mathrm{m}^2\right]$	备注
		$v=h/t$ $t=\dfrac{\sum\limits_{i=1}^{n}t_1}{n}$		
测试温度	℃		年 月 日	记录人

②测试数据处理

由钢球的半径及观测的测试记录 t，求出 v 后，可按下式计算被测试的黏流体动力黏度：

$$\mu=\frac{10(m-\rho V)}{6\pi r v} \tag{9-8-20}$$

式中　μ——黏流体材料动力黏度（$\mathrm{kN\cdot s/m^2}$）；

　　　m——钢球质量（t）；

　　　ρ——黏流体的密度（$\mathrm{t/m^3}$）；

　　　V——钢球的体积（$\mathrm{m^3}$）；

　　　r——球的半径（m）；

　　　v——钢球下落速度（m/s）。

③误差修正

当盛黏流体材料的容器半径 $R<220r$ 时，由式（9-8-20）计算的 μ 值应按式（9-8-21）修正：

$$\mu=\frac{10(m-\rho V)}{6\pi r v\beta} \tag{9-8-21}$$

$$\beta = 1 + 2 \cdot \frac{r}{R} \tag{9-8-22}$$

④温度修正

·以测试时室温（例如 22℃）测得的黏流体动力黏度 $\mu = 1$；

·再由 22℃升温至 30℃、40℃、50℃，此时 $\mu < 1$；

·再由 22℃降温至 10℃、5℃、0℃，此时 $\mu > 1$；

·将所测到的全部不同温度的 μ 值按其比值，用双对数曲线图连接，便可获得不同温度下的集合—黏流体的 μ 值修正系数。温度性能修正示例，如图 9-8-5 所示。

二、黏滞阻尼器的设计方法

1. 力学模型

一般均以 Maxwell 模型描述黏滞阻尼器的力学性能，Maxwell 模型假设黏弹性阻尼器等效为一个弹簧和一个黏滞元件串联形式，其表达式为：

$$F(t) + \lambda \frac{\mathrm{d}F(t)}{\mathrm{d}t} = C_0 \frac{\mathrm{d}u(t)}{\mathrm{d}t} \tag{9-8-23}$$

式中 F——作用在阻尼器动片上的力（N）；

λ——松弛因子。

由于阻尼器的工作频率一般并不高，通过试验认为，当振动频率小于 4Hz 时，式 (9-8-23) 左边第二项可以忽略。于是黏滞阻尼器的力学模型退化为：

$$F(t) = C_0 \frac{\mathrm{d}u}{\mathrm{d}t} \tag{9-8-24}$$

式中 C_0——常见的运动方程中的黏滞阻尼。

2. 黏滞阻尼器设计原理

最简单的黏滞阻尼器如图 9-8-7 所示，系由两个内夹黏滞阻尼剂的平行钢片组成，其面积为 S，在其平面内的速度分别与 $v_1 - v_2$ 成正比，由式（9-8-24）得：

$$F = C \frac{\mathrm{d}z}{\mathrm{d}t} = \frac{\mu_n S_n}{d_s} v \tag{9-8-25}$$

$$C = \frac{\mu_n S_n}{d_s} \tag{9-8-26}$$

式中 C——阻尼系数（N·s/m）；

z——隔振体系竖向位移（m）；

t——时间（s）；

S_n——钢片单侧面积（m²）；

μ_n——黏流体材料动力黏度（N·s/m²）。

3. 黏滞阻尼器的阻尼系数

(1) 单片型阻尼器，如图 9-8-8 所示，动片与黏流体接触面为两侧面积，故其阻尼系数为：

$$C_{zz} = C_{zy} = 2 \frac{\mu_n S_n}{d_s} \tag{9-8-27}$$

另由流体力学中的 Stoke′s 定律，一面积为 S 的物体在黏流中作侧向（x 向）运动时，其阻尼系数为：

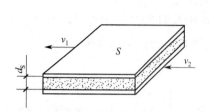

图 9-8-7　作相对运动钢片之间黏
流体剪切阻尼模型

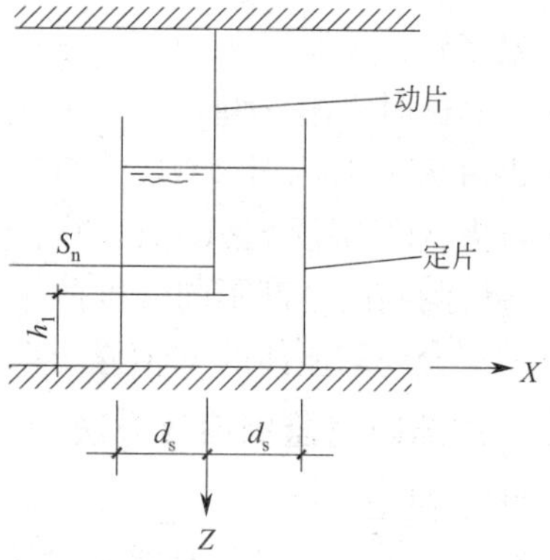

图 9-8-8　单片型阻尼器

$$C_{zr} = 6\frac{\mu_n \delta_s S_n^2}{3t^3 L_s} = 2\mu_n \frac{d_s^2}{L_s t^3} \tag{9-8-28}$$

式中　t——动片在黏流体中的侧面与定片三面的间隙（m）；

δ_s——动片的厚度（m）；

L_s——动片在黏流体中的三边边长（m）；

S_n——动片与黏流体接触面的单侧面积（m^2）；

d_s——动片与定片之间距离（m）。

（2）多片型阻尼器（图 9-8-9）的阻尼系数，可按下列公式计算：

$$C_{zy} = C_{zz} = 2\mu_n \sum_{i=1}^{n} \frac{S_{ni}}{d_{mi}} \tag{9-8-29}$$

$$C_{zx} = 2\mu_n \sum_{i=1}^{n} \frac{S_{ni} S_{ni}^2}{d_{mi} t_i^3} \tag{9-8-30}$$

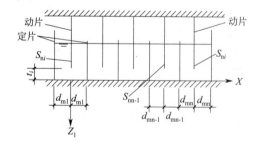

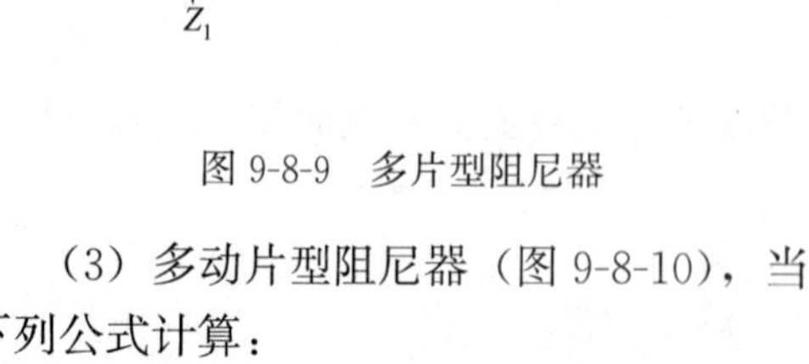

图 9-8-9　多片型阻尼器

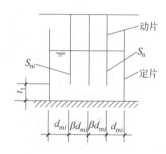

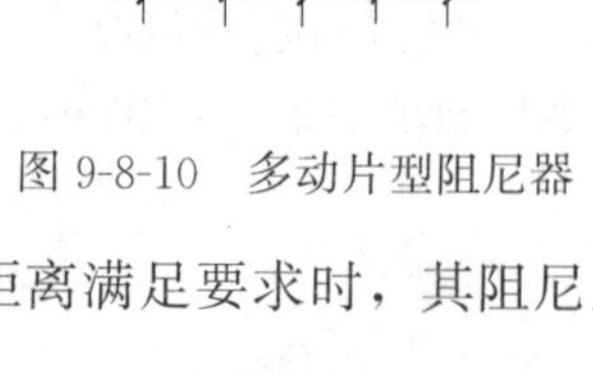

图 9-8-10　多动片型阻尼器

（3）多动片型阻尼器（图 9-8-10），当动片之间的距离满足要求时，其阻尼系数可按下列公式计算：

$$C_{zy} = C_{zz} = 2\mu_n \frac{\sum\limits_{i=1}^{n} S_{ni}}{d_{mi}} \qquad (9\text{-}8\text{-}31)$$

$$C_{zx} = 2\mu_n \frac{\delta_s S_{ni}^2 \sum\limits_{i=1}^{n} \beta d_{mi}}{L_{mi} t^3} \qquad (9\text{-}8\text{-}32)$$

式中　L_{mi}——多动片型阻尼器动片在黏流体中的三边边长；

β——系数，根据已有的试验资料，当黏流体材料运动黏度不大于 $100\text{m}^2/\text{s}$ 时，β 取 1.5；当运动黏度不大于 $200\text{m}^2/\text{s}$ 时，β 取 2.0；当运动黏度更大时，β 应由试验确定。

（4）锥片型阻尼器，如图 9-8-11 所示，由于圆锥壳片的面积与角度的变化，内锥不封底的圆锥片型阻尼器的竖向和水平阻尼系数，可按下列公式计算：

$$C_{zz} = \frac{2\pi\mu_n l_n^3 r_n}{d_{mi}^3} \cos^2\alpha_2 \qquad (9\text{-}8\text{-}33)$$

$$C_{zx} = \frac{2\mu_n l_n^3 r_n}{d_{mi}^3} \sin^2\alpha_2 \qquad (9\text{-}8\text{-}34)$$

式中　r_n——内锥壳平均半径（m）；

α_2——锥壁与水平线间的夹角；

l_n——内锥壳边长（m）。

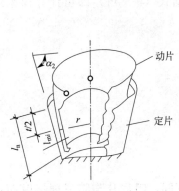

图 9-8-11　圆锥片型阻尼器

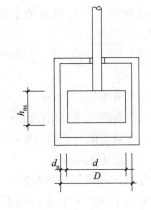

图 9-8-12　活塞型阻尼器

（5）活塞柱型阻尼器（图 9-8-12）的阻尼系数，可按下式计算：

$$C_{zz} = 12 \frac{\mu_n h_{ns} S_{ns}^2}{\pi d_{ns} d_n^3} \qquad (9\text{-}8\text{-}35)$$

式中　d_{ns}——活塞柱直径（m）；

h_{ns}——活塞高度（m）；

S_{ns}——活塞底面面积（m^2）；

d_n——活塞动片与静片之间的距离（m）。

4. 黏流体材料的动力黏度，可按下式计算：

$$\mu = V\rho \tag{9-8-36}$$

式中　V——黏流体运动黏度（m^2/s），一般由生产厂家提供或由测试确定；

ρ——黏流体质量密度（$N \cdot s^2/m^4$）。

5. 隔振体系的阻尼比

（1）式（9-8-27）～式（9-8-35）各式中阻尼系数 C_v 常数，设置阻尼器的隔振体系中的阻尼比，还应由该体系中的质量 m 与刚度 K_v 相互作用形成，沿隔振器刚度中心 v 轴振动的阻尼比为：

$$\zeta_v = \frac{C_v}{C_c} \tag{9-8-37}$$

$$C_c = 2m\omega_{nv} \tag{9-8-38}$$

$$\zeta_v = \frac{C_v}{2\sqrt{K_v m}} \quad (v = x \cdot y \cdot z) \tag{9-8-39}$$

（2）绕隔振器刚度中心 v 轴振动的阻尼比为：

$$\zeta_{\varphi v} = \frac{C_{\varphi v}}{2\sqrt{K_{\varphi v} J_v}} \tag{9-8-40}$$

6. 黏滞阻尼器的测试研究

（1）测试方式

采用的测试方式如图 9-8-13 所示。由质量 m、弹簧 K 和阻尼器 C 组成一隔振系统。给 m 一初位移或一初速度，则系统中质量块 m 位移呈指数状态衰减。根据两个相邻波的位移幅值可计算出系统中的阻尼比 ζ，再根据式（9-8-41）即可计算出系统的阻尼系数 C。

$$\zeta = \frac{C}{2\sqrt{mK}} \tag{9-8-41}$$

式中　m——系统质量（t）；

K——系统刚度（kN/m）；

C——系统阻尼系数（kN·s/m）；

ζ——系统阻尼比。

（2）阻尼比和阻尼片面积的关系

在阻尼筒中插一阻尼片，随着阻尼片插入深度不同，阻尼片与阻尼剂接触面积也不同，分别为 S_1、S_2、S_3、$\cdots$、S_n，于是可测出不同的 C_1、C_2、C_3、$\cdots$、C_n。测试中注意阻尼片和阻尼筒壁保持一定距离，在图 9-8-8 中 $d_s = 1$。按上述方法反复试验，并取不同阻尼剂进行试验，所得结果为阻尼系数和阻尼片与阻尼剂接触面积呈线性关系，这和有关文献报道是一致的。图 9-8-14 表示几种不同阻尼剂的试验结果，直线的斜率不同，表示不同阻尼剂的单位面积阻尼系数不同，阻尼系数按下式计算：

$$C = 2C_c S \tag{9-8-42}$$

式中　C——阻尼系数（kN·s/m）；

C_c——单位面积的阻尼系数（kN·s/m^3）；

S——动片与黏流体接触的单面侧面积（m^2）。

（3）动片和定片之间距离的关系

为在有限的阻尼器体积情况下增加阻尼系数，可在阻尼筒内增设固定阻尼片（图9-8-15），由理论和试验分析均可得出，此时除原有动片在阻尼剂动力中产生阻尼外，还因增设的定片增加阻尼，这阻尼甚至很大，可由式（9-8-43）表达。试验采用如图9-8-16的方法，调节 l 大小，可以得出不同阻尼系数，经反复试验，得出如图9-8-17所示的规律。

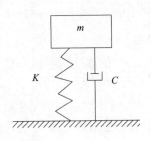

图 9-8-13　测试方式

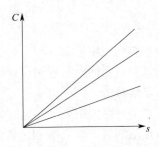

图 9-8-14　不同阻尼剂试验结果

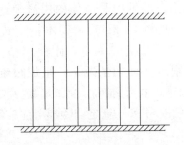

图 9-8-15　增设定片

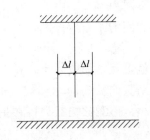

图 9-8-16　阻尼试验方法

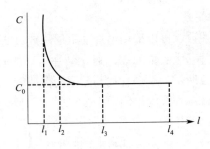

图 9-8-17　阻尼系数变化规律

$$C = C_0 + C'_0 \qquad (9\text{-}8\text{-}43)$$

式中　C_0——无定片时阻尼；

　　　C'_0——有定片时增加的阻尼（图9-8-17）。

注：Δl 即为 9-8-8 中的 d_s。

1）当 $l > l_4$ 时，l 的变化对阻尼系数 C 基本上无影响；当 $l_3 < l < l_4$ 时，随着 l 的减小，C 呈上升趋势。此时：

$$C_{01}' = k_1 \Delta l \qquad (9\text{-}8\text{-}44)$$

式中 k_1 ——对同一阻尼剂近似为一个常数。

2）当 $l < l_3$ 时，随着 l 的减小，C 值剧增，在 $l_2 < l < l_3$ 时有近似于下式的规律：

$$C_{02}' = \frac{k_2}{\Delta l} \qquad (9\text{-}8\text{-}45)$$

3）当 $l < l_2$ 时，随着 l 的减小，阻尼系数增加速度更快，呈现下式的规律：

$$C_{03}' = \frac{k_3}{\Delta l^2} \qquad (9\text{-}8\text{-}46)$$

式中，对同一阻尼剂，k_2、k_3 值近似为一常数。

上述试验对不同阻尼剂而言，k 值不同，l_1、l_2、l_3、l_4 值亦不同。试验的结果从理论上是可以解释的。

①当动定片之间距离足够远时，主要是动片和阻尼剂之间相对运动的结果，当其距离减少到一定范围时，阻尼剂和定片之间黏滞阻力显示作用，相对增加了对动片运动的阻力。动定片之间距离越小，动定片与阻尼剂之间黏滞阻力越大，即动片的阻力越大，因而阻尼系数也越大，与经典理论吻合。

②在不同距离范围内 C 与 l 的关系呈现不同规律，这可用黏流体的层流理论解释。动、定片之间的距离应控制在 l_2 与 l_3 之间范围内，如式（9-8-45），即本指南式（9-8-26）中的 d_s 值，否则，距离太远，动定片阻尼效应不显著；太近，距离稍微变化一点，阻尼就迅猛增加或减小，这在制作和装配精度很难保证的情况下，阻尼很难控制；或者当运动竖向及横向位移较大时，其运动阻尼也难以控制准确，故动、定片之间距离不宜过小。但对微幅振动可在提高阻尼器制作精度时考虑，总之，距离 l 应控制在适宜范围内。

已知黏流体材料（阻尼剂）动力黏度 μ（N·s/m²）时，依据所需阻尼系数 C，即可由式（9-8-23）、式（9-8-25）求得合适的距离 d_s。

（4）动片和动片距离的关系

为了增加阻尼器的阻尼系数，可以采用增加动阻尼片数目的办法，这相当于增加了动片面积。理论上似乎若一片动阻尼片系数为 C，则 n 动片阻尼的阻尼系数应为 nC，但与动片之间的距离有关。如图 9-8-18 所示，两动片均与阻尼筒保持较远的距离以减小筒壁影响，变换相互平行的动片之间的距离 δ，可得出不同阻尼系数，其结果如图 9-8-19 所示。

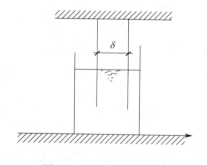

图 9-8-18 增加动阻尼片

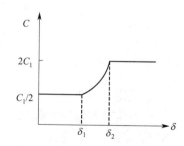

图 9-8-19 动阻尼片距离变化对阻尼系数的影响

试验表明，当两动片之间距离 $\delta > \delta_2$ 时阻尼系数为 C，随 δ 增大，C 值基本不变，相当于两个动片之和 $2C_1$。当 $\delta < \delta_2$ 时随着 δ 的减小，C 值下降，即 $C < 2C_1$。当 δ 继续减小，一直到 $\delta < \delta_1$ 时，C 值变为 $C_1/2$，即两动片的效果相当于一动片的效果。其原因是：$\delta > \delta_2$，两动片各自与阻尼剂作用，因而两片阻尼片作用与单片动片面积增加一倍相当。当 $\delta < \delta_1$ 时，两动片之间阻尼剂和动片一起运动（即基本上无相对运动），因而此时两动片呈现一片的作用。当 $\delta_1 < \delta < \delta_2$ 时，作用比较复杂，因而阻尼 C 为 $C_1/2 < C < 2C_1$。因此动片之间的距离应大于某个数值，不同阻尼剂这个数值是不同的。

（5）黏滞阻尼剂的温度修正

1）以测试时室温（例如 22℃）测得的新流体动力黏度 $\mu = 1$；

2）再由 22℃ 升温至 30℃、40℃、50℃，此时 $\mu < 1$；

3）由 22℃ 降温至 10℃、5℃、0℃，此时 $\mu > 1$；

4）将所测到的全部不同温度的 μ 值按其比值，用双对数曲线图连线，如图 9-8-5 所示，便可获得不同温度下的某一黏流体的 μ 值修正系数。

三、黏滞阻尼器的使用要求

1. 阻尼器的结构选型

隔振体系中阻尼器的结构选型，应根据黏流材料的运动黏度和隔振对象综合选择：

（1）对旋转式及曲柄连杆式稳态振动机器主动隔振，宜采用片型或多动片型阻尼器，亦可选用活塞柱型阻尼器；

（2）对冲击式或随机振动隔振，可采用活塞柱型或多片型阻尼器；

（3）对水平振动主动隔振，可采用锥片或多片型阻尼器；

（4）对被动隔振，可采用锥片或片型阻尼器；

（5）当黏流体 20℃ 时的运动黏度不小于 $20\mathrm{m}^2/\mathrm{s}$ 时，可采用片型阻尼器。

2. 阻尼器的构造设计

（1）阻尼器体积较小时，阻尼器可在隔振器箱体内与弹簧并联设置；当阻尼器体积较大时，阻尼器可与隔振器相互独立并联设置；

（2）阻尼器应沿隔振器刚度中心对称设置，其位置应靠近竖向或水平向刚度最大处；

（3）单独设置的阻尼器，宜设置在动位移较大的位置，并对称于隔振器的刚度中心布置，阻尼器两端应与基础和隔振器台座可靠连接；

（4）片型阻尼器的形状可采用矩形，也可采用以定片为内外圆圈的圆柱形；多片型阻尼器、多动片型阻尼器各空腔间应设置通气孔，静片各腔室间也应设置通气孔。

第九节 电涡流阻尼器

一、电涡流阻尼器原理与结构形式

1. 电涡流阻尼器是一种基于电磁感应原理的全金属结构阻尼器，在很大的速度范围内，产生的阻尼力随速度增加。

传统的电涡流阻尼生产单元是将磁极放置在导体板的两侧（图 9-9-1a），湖南大学陈政清等人的研究将磁极放置在导体板的同一侧（图 9-9-1b），从而形成了板式电涡流阻尼单元。与传统方式相比，板式电涡流阻尼单元具备两个方面的优点：（1）最短封闭磁路，显著提升耗能效率；（2）可分为几何拓扑结构完全分离的两部分，不仅安装调节方便，而且可沿平面两个正交方向提供阻尼。

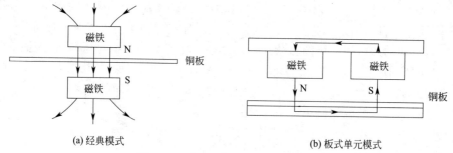

(a) 经典模式　　　　　　　　　　　　　(b) 板式单元模式

图 9-9-1　电涡流阻尼单元形成方式

2. 电涡流阻尼器按结构形式可分为两种，如图 9-9-2 和图 9-9-3 所示。其中板型电涡流阻尼器可取代片型黏滞流体阻尼器，轴向电涡流阻尼器可取代活塞柱型黏滞流体阻尼器。

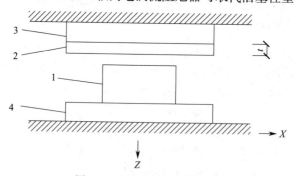

图 9-9-2　板型电涡流阻尼器

1—永磁体；2—导体板；3—导磁铁板；4—导磁铁板

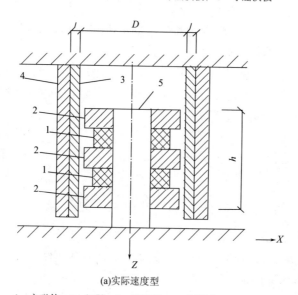

(a) 实际速度型

1—永磁体；2—极靴；3—导体管；4—导磁管；5—不导磁轴

图 9-9-3　轴向电涡流阻尼器（一）

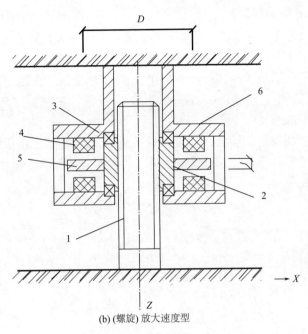

(b) (螺旋) 放大速度型

1—滚珠丝杠；2—滚珠螺母；3—轴承；4—永磁体；5—导体板；6—导磁铁板

图 9-9-3　轴向电涡流阻尼器（二）

同时，两种结构的阻尼器都可以设计成实际速度型或放大速度型。实际速度型阻尼器中导体切割磁力线的速度与隔振体系实际振动速度一致。放大速度型阻尼器采用了螺旋等机械措施，使得导体切割磁力线的速度是隔振体系实际振动速度的数十倍以上，其阻尼系数也比同重量的实际速度型阻尼器大数十倍以上。

二、隔振体系中阻尼器的结构选型

应根据隔振对象、振动速度和阻尼系数等综合考虑，按下列规定选择：

1. 稳态振动的主、被动隔振体系和调谐质量减振器，宜优先选用板型电涡流阻尼器，特别是在面内两个垂直方向都需要提供阻尼力的场合。

2. 冲击型或随机振动的隔振体系，宜采用轴向电涡流阻尼器。

3. 需要很大的阻尼系数的场合，宜采用放大速度型阻尼器。

三、板型阻尼器与轴向阻尼器的设计

除应符合《工程隔振设计标准》第 9.7.2 条中与片型阻尼器和活塞柱式阻尼器相对应的规定外，还应符合如下要求：

1. 板式阻尼器宜参照图 9-9-2，分别将磁体部分与导体板部分固定在隔振体系中发生相对运动的两个部件上，并使两部分之间的间隙足够小，而且在振动状态下保持此间隙不变。这种安装方式保持了电涡流阻尼无摩擦损耗、无机械连接的优点。不宜将板型阻尼器设计成一个独立部件，因为这会导致需要额外的机械连接措施。

2. 采用放大速度型阻尼器时，其速度放大机构要满足相应的疲劳寿命要求。

3. 永磁体要参照有关规定，采用严格的防腐措施。如工作温度超过 80℃，要选用耐高温的永磁体。

四、电涡流阻尼器工程应用

1. 图 9-9-2 所示的板型电涡流阻尼器，在张家界大峡谷人行桥减振、深圳世界之窗观光塔减振中均得到了应用，还可用于机械管道、大型机械设备或厂房振动的减隔振。

2. 图 9-9-3（a）所示的实际速度型轴向电涡流阻尼器在某武器缓冲减振、某空间站设备减隔振中应用，还适合用于机械高速运动缓冲、坠落冲击减振以及普通黏滞阻尼器很难实现的小阻尼力设备。

3. 图 9-9-3（b）所示的螺旋放大速度型轴向电涡流阻尼器已经在杭瑞高速洞庭湖悬索桥、湖北石首长江大桥等大型工程减振中应用，还适合应用于核电、大型精密机械等特殊设备的减隔振（震）。

参 考 文 献

[1] 中华人民共和国国家标准.GB 50463—2019 工程隔振设计标准.北京：中国计划出版社，2019.

[2] 中华人民共和国国家标准.GB/T 51228—2017 建筑振动荷载标准.北京：中国建筑工业出版社，2018.

[3] 中华人民共和国国家标准.GB 50868—2013 建筑工程容许振动标准.北京：中国计划出版社，2013.

[4] 中华人民共和国国家标准.GB/T 51306—2018 工程振动术语和符合标准.北京：中国建筑工业出版社，2018.

[5] 中华人民共和国国家标准.GB/T 50269—2015 地基动力特性测试规范.北京：中国计划出版社，2015.

[6] 中华人民共和国国家标准.GB 50190—93 多层厂房楼盖抗微振设计规范.北京：中国计划出版社，1994.

[7] 徐建.工程振动控制技术标准体系.第2版.2018.

[8] 徐建.建筑振动工程手册.第2版.北京：中国建筑工业出版社，2016.

[9] 徐建，尹学军，陈骝.工业工程振动控制关键技术.北京：中国建筑工业出版社，2016.

[10] 徐建.建筑振动荷载标准理解与应用.北京：中国建筑工业出版社，2018.

[11] 徐建.建筑工程容许振动荷载标准理解与应用.北京：中国建筑工业出版社，2013.

[12] 徐建.隔振设计规范理解与应用.北京：中国建筑工业出版社，2009.

[13] 杨先健，徐建，张翠红.土－基础的振动与隔振.北京：中国建筑工业出版社，2013.

[14] 中国工程建设标准化协会建筑振动专业委员会.首届全国建筑振动学术会议论文集.无锡，1995.

[15] 中国工程建设标准化协会建筑振动专业委员会.第二届全国建筑振动学术会议论文集.北京：中国建筑工业出版社，1997.

[16] 中国工程建设标准化协会建筑振动专业委员会.第三届全国建筑振动学术会议论文集.昆明：云南科技出版社，2000.

[17] 中国工程建设标准化协会建筑振动专业委员会.第四届全国建筑振动学术会议论文集.南昌：江西科学技术出版社，2004.

[18] 中国工程建设标准化协会建筑振动专业委员会.第五届全国建筑振动学术会议论文集.防灾减灾工程学报，2008，(28).

[19] 中国工程建设标准化协会建筑振动专业委员会.第六届全国建筑振动学术会议论文集.桂林理工大学学报，2012.

[20] 中国工程建设标准化协会建筑振动专业委员会.第七届全国建筑振动学术会议论文集.建筑结构学报，2015.

[21] 潘复兰.弹性波的传播与衰减.振动计算与隔振设计.北京：中国建筑工业出版社，1976.

[22] 吴世明.土介质中的波.北京：科学出版社，1997.

[23] 张有龄.动力基础的设计原理.北京：科学出版社，1959.

[24] 刘纯康.机器基础的振动分析与设计.北京：中国铁道出版社，1987.

[25] 何成宏.隔振与缓冲.北京：航空工业出版社，1996.

[26] F.E. 小理查特，R.D. 伍兹著.土与基础的振动.徐攸在译.北京：中国建筑工业出版社，1976.

[27] S. 普拉卡什著.土动力学.徐攸在译.北京：水利电力出版社，1984.

[28] 首培杰，刘曾武，朱镜清.地震波在工程中的应用.北京：地震出版社，1982.

[29] O.A. 沙维诺夫著.机器基础的设计原理.建设部华东工业建筑设计院译.北京：冶金工业出版社，1957.

[30] H. 考尔斯基著.固体中的应力波.王仁译.北京：科学出版社，1966.

[31] J.P. Wolf 著.土－结构动力相互作用.吴世明译.北京：地震出版社，1989.

[32] 章熙冬.锻锤基础中的橡胶垫.北京：机械工业出版社，1980.

[33] RICHART FE, WOODS R D, HALL J R 著.土与基础振动.徐攸在译.北京：中国建筑工业出版社，1976.